高等职业教育课程改革成果教材

U0369421

职业素养训练

主 编	刘 辉			
副主编	梁 毳	蒋 牻	崔建琦	
参 编	张 健	王 涛	严 萍	鲍建玲
	刘 慧	宋 柯	吴守建	王松亮
	李 铮	郑克宇	曹 杰	关 鹏
	李 雅	李 健		
主 审	韩晓平			

机 械 工 业 出 版 社

本教材是职业素养领域的创新教材。在企业调研的基础上，本教材结合职业院校毕业生的真实案例，根据企业对高职人才的要求编写而成。学生通过本教材的学习，能够了解社会、了解职业、了解自己，树立精益求精的职业精神，形成忠诚、勇于承担责任等符合时代要求的职业态度，树立正确的职业理想，掌握职业意识培养的途径和方法，学会职业习惯养成的方法，塑造良好的职业形象，为逐渐成长为德智体美全面发展的社会主义事业的合格建设者和可靠接班人，打下扎实的基础。

　　本教材内容结合企业实际，案例丰富，图文并茂，便于学生阅读。教材安排了情景再现、实践园地、素养训练等内容，可帮助学生按照企业要求训练自身职业素养。

图书在版编目（CIP）数据

职业素养训练／刘辉主编 . —北京：机械工业出版社，2020.6（2024.8重印）
高等职业教育课程改革成果教材
ISBN 978-7-111-64828-4

Ⅰ.①职…　Ⅱ.①刘…　Ⅲ.①职业道德—高等职业教育—教材
Ⅳ.①B822.9

中国版本图书馆 CIP 数据核字（2020）第 031348 号

机械工业出版社（北京市百万庄大街22号　邮政编码100037）
策划编辑：宋　华　　　　　　责任编辑：宋　华　刘益汛　赵志鹏
责任校对：聂美琴　　　　　　责任印制：邸　敏
中煤（北京）印务有限公司印刷
2024 年 8 月第 1 版第 6 次印刷
184mm×260mm · 11.5 印张 · 284 千字
标准书号：ISBN 978-7-111-64828-4
定价：38.00 元

凡购本书，如有缺页、倒页、脱页，由本社发行部调换
电话服务　　　　　　　　网络服务
客服电话：010-88361066　机　工　官　网：www.cmpbook.com
　　　　　010-88379833　机　工　官　博：weibo.com/cmp1952
　　　　　010-68326294　金　书　网：www.golden-book.com
封底无防伪标均为盗版　机工教育服务网：www.cmpedu.com

前　言

　　理想的职业是令许多人，尤其是那些将要走上工作岗位的高职生非常向往的。编者作为长期从事职业教育的老师，深知同学们选择了职业院校的时候，就选择了自己的未来，甚至选择了自己的一生。为此，编者深入企业调研，先后采访了企业人力资源部招聘人员，全国劳动模范、技能大赛获奖者，副总经理、车间主任、班组长，高级工程师、工程师、技术员，高级技师、技师、高级工、中级工、初级工等企业管理、生产第一线的高素养的劳动者和应用型人才，掌握了大量的第一手资料，力争按照企业要求训练同学们成为具有较高职业素养的职业人，这是本教材最突出的特点。

　　编者在企业调研的基础上，结合职业院校毕业生的真实案例，根据企业对高职人才的要求，精心组织教材编写内容，使高职生通过本教材的学习，能够了解社会、了解职业、了解自己，树立精益求精的职业精神，形成忠诚胜于能力等符合时代要求的职业态度，树立正确的职业理想，掌握职业意识培养的途径和方法，养成安全生产及清洁工作的职业习惯，塑造良好的职业形象；为逐渐成长为德智体美全面发展的社会主义事业的合格建设者和可靠接班人，打下扎实的基础。

　　在深入企业调研后，编者发现：低调做人、高调做事的职业形象，一丝不苟地做事、认真细致、精益求精、发现问题、解决问题、主动学习、终身学习、可持续发展的职业精神，忠诚于企业、对企业高度负责任的职业态度是深受企业青睐的。企业更愿意为那些吃苦耐劳、不怕脏、不怕累的职业劳动者提供发展的空间和舞台。即将成为社会主义建设者的高职生，应自觉树立正确的职业观和人生价值观，从而形成有益于社会的职业目标，逐渐成为高素养的劳动者，这是企业的期望，更是社会对新一代高职生的期望。

　　对劳动者来说，在日常生活中有意识地培养良好行为规范，自觉提高职业素养，可帮助劳动者在变化的环境中获得新的职业技能和知识，实现可持续发展。对企业来说，人力资源是第一资源，提升员工的职业素养是增强企业竞争力的基础。在激烈的市场竞争条件下，无论在传统行业，还是在高科技行业，职业素养与其他知识和技能一样，都是企业取得成功的基本要素。在经济竞争中，开发员工的"职商"，是提高员工工作绩效、提高企业效益、增加企业利润的基础，也将是当今经济社会"第四利润"的源泉。事实上，不少企业在招聘员工时，十分注重应聘者的职业素养。在企业的内训中，除重视提高员工的岗位技能素质外，不少企业越来越重视职业素养的培训，对高职院校来说，提高高职生的职业素养是学生就业竞争力的根本，是学校得以长远发展的根本。

　　"职业素养训练"是高等职业院校的公共必修课程，也是在国家规定的基础上，结合企业对人才的要求和高职学生的实际设置。

　　本教材学习任务的基本架构是根据企业生产情境、教学案例、教学目标及职业素养训练的要求，精心研制出来的。

　　本教材活动设计的基本思路是强调岗位实际，以学生为主体开展形式多样的训练活动，如实践园地、情景再现、素养训练等。活动设计以提高学生能力为根本落脚点，以《职业

素养训练》为依据，以探索工作世界为依托，以提高学生的职业适应能力、择业创业能力、履行职业责任的能力、可持续发展能力为目标，培养学生具有精益求精、主动学习的职业精神，树立踏实肯干、忠诚于企业及高度责任心的职业态度，养成与人合作、与人沟通的职业习惯，具有团结合作的职业意识，具备着装整洁、符合规定、富有激情的职业形象等。生动活泼的企业实践教学活动方案，可使学生树立正确的职业价值观，掌握发现问题和解决问题的方法，提高自己的职业素养。"活动"的设计以企业对人才的要求为依托，通过对"企业生产过程"的模拟来实施职业素养的训练。

本教材内容的确定是在深入企业调研的基础上，携手企业、企业专家、职业院校毕业生共同开发的，兼顾了职业发展、社会发展及高职生的实际情况。

职业教育的本质是教会学生做人、做事。职业教育与普通教育最大的区别是其职业性的特征，为此，开展职业素养训练就显得尤为重要。但在现实生活中，一些学生忽视自身的职业素养，片面地认为只要掌握了专业技能就能胜任职业岗位，事实证明：只会做事不会做人同样不能取得事业的成功。本教材从走进职业、职业精神的焕发、职业态度的力量、职业理想的树立、职业习惯的养成、职业意识的培养、职业形象的树立等基础知识出发，注重"寓德于行"。教材通过生动活泼的职业实践活动进行职业素养行为方式的训练，运用案例教学方法，遵循行动导向教学法的理念，让学生在模拟的企业生产情境和真实的案例中获得深刻的感受，从而在体验与感悟中达到能力的培养与训练的目的。

本教材各专业通用。使用时，各专业可根据实际需要，对教材内容进行适当的增减。

本教材主编是刘辉，副主编是梁磊、蒋姽和崔建琦。具体分工：第一章梁磊、蒋姽（北京北方节能环保有限公司）；第二章蒋姽、宋柯；第三章梁磊、刘辉、吴守建（国网计量中心）、李健；第四章鲍建玲、王涛（北京交通职业技术学院）、王松亮（北京利达华信电子有限公司）、关鹏（北京航天金盾科技有限公司）；第五章鲍建玲、张健、李铮（北京电控爱思开科技有限公司）；第六章刘慧、崔建琦、曹杰（原首钢日电电子有限公司）、郑克宇（原首钢日电电子有限公司）；第七章刘慧、严萍（原中国人生科学学会中小学专业委员会副秘书长）、李雅（原中建一局二公司医院）。本教材由韩晓平任主审。

本教材在编写过程中，得到了北京信息职业技术学院党委书记张岳明、洪伟，党办主任韩晓平，部分企业的大力支持、帮助与指导；得到了北京信息职业技术学院南校区各级领导、各个部门的帮助与支持；同时，本教材参考了有关教材、著作、报刊资料、网络资料，在此一并表示诚挚的感谢！

由于编者水平有限，虽竭尽全力，但仍有许多不完善之处，恳请读者批评指正，以帮助我们不断完善。

编　者

目　　录

第一章　走进职业

【情景再现】 不忘初心，知识改变命运

【岗位】 电能计量技术研究员

【职称】 高级工程师

【工作业绩】 吴某毕业于北京市某中专学校。中专毕业的他走上工作岗位后不久，深切感受到知识储备的不足，于是毅然辞去工作，怀着对知识的渴望，以优异的成绩考入本科继续深造。他毕业后应聘至电力科学研究院，先后从事电力信息化技术研发、电能计量技术研究工作。在这期间，怀着对知识的追求、对技术精益求精的执着，他放弃了所有的休息时间，在职攻读了硕士学位，并先后取得计算机软件信息项目管理师高级资格证书和一级注册计量师资格证书，并取得高级工程师职称。自工作以来，他不忘初心、持续进取，先后取得了电力科学研究院科技进步一等奖 1 项、三等奖 3 项、发明专利 5 项，参与制定、修订行业标准、公司标准 7 部，参与编写著作 1 部，发表学术论文 10 余篇，为中国的电力事业奉献自己的青春和热情，描绘了自己的精彩人生。

【点评】 吴某在电能计量技术研究员的岗位上不忘初心、持续进取、积极创新、勇创佳绩，实现了职业人服务社会、贡献社会的价值。高职生进入高职院校后，应努力学习专业知识、提高专业技能、主动培养自己具备企业所需的职业素养，才能像许许多多吴某式的职业人一样在平凡的职业岗位上做出不平凡的业绩，用知识改变命运，实现自己的人生价值。

情景再现说明：一个电能计量技术研究员通过掌握专业知识，刻苦钻研专业技能，实现了技术创新，为企业创造了经济效益，实现了自己的人生价值，成为企业所需的应用型人才。每一个高职生都愿意像吴某一样拥有成功的事业和光辉灿烂的人生。那么，什么是职业、职业素养？企业对职业劳动者职业素养的要求是什么？职业对人生的意义不仅是人谋生的手段，劳动者生存和发展的主要经济来源，还是劳动者创造人生价值的舞台，实现生活理想的桥梁，更是使人的聪明才智得到充分发挥的场所。职业对人生理想的实现起着非常重要的作用，其中，谋生是基础，实现价值是追求，奉献社会是目的。通过职业求得生存、谋求发展、发挥能力、贡献社会，这才是职业人的价值之所在。高职生迈入职业院校的大门的时候，都憧憬着美好的未来。职业教育发展面临新机遇与挑战，高职国际化已经成为职业教育改革的重要内容。高职生成为国际应用型人才，已成为校园与社会协奏曲的主旋律。高职生只有自觉培养知识经济时代的职业精神、职业态度、职业理想、职业习惯、职业意识、职业形象等素养，才能成为同现代化要求相适应的应用型人才，为开创就业创业成功新天地打下坚实的基础。

第一节　职业与职业素养

【案例】　　　　　　　　令企业青睐的高职生

某网络公司招聘软件开发人员，招聘条件为名牌大学、计算机专业、硕士研究生及以上学历。小王是某高职机械专业的学生，但他平时爱好广泛，肯钻研，在学好自身专业的同时，还辅修了计算机专业，通过了微软认证。由于积极参加学校的课外科技活动，实习期间他参加了企业的技改项目并受到企业的表扬，具有较强的实践能力，最重要的是在实习中虚心向工人师傅学习，不怕苦不怕累，得到了企业的认可。当得知这一招聘信息并经过冷静分析后，他勇敢地敲响了网络公司招聘人员的房门，递交了自己的简历和相关证书。招聘人员一看是个高职生，又非计算机专业，就想婉言谢绝。但看过他的简历、相关证书、企业的推荐信后，对他产生了浓厚的兴趣：丰富的科研开发工作经历反映了他的实力，吃苦耐劳的工作精神说明了他的职业素养。于是，招聘人员向公司总经理专门打了报告，请求特批录用。总经理了解情况之后，特批予以录用，待遇与录用的研究生相同。

【点评】　一滴水能折射太阳的光辉，一个职业素养高的人能在激烈的市场竞争中取胜。企业不仅看重学校、学历和专业，更看重毕业生的综合素养和能力。高职生只要具备较高的职业素养，就有能力胜任工作。

进入高职学院，很多高职生有疑问，高职与普通大学有什么区别？自己所学的专业将来可使自己从事什么领域的工作？带着迷茫与好奇，让我们首先从对职业与职业素养的了解开始。

一、职业的含义与分类

高职生迈进职业院校大门时，都在思考一个问题，我将来能干什么？我适合干什么？要回答这个问题，高职生首先要对职业有一个感性认识，在此基础上形成对职业的理性认识，才能有一个清晰的职业选择的方向。

（一）了解职业是高职生明确职业选择的基础

许多刚入学的新生满怀着对未来的憧憬来到了高职院校，可是到学校后发现，怎么和过去初高中阶段所学的知识结构、学习方式不同呢？为什么开设的课程大多是专业基础课和专业课呢？为什么还有实训课、毕业实习呢？公共基础课的学习也不是为了升学，而是为了专业学习打基础。这时他们才逐渐认识到原来选择高职院校，就等于选择了未来的人生道路，选择了专业，就等于选择了未来的职业方向，高职教育的特点就是要实施高等职业教育，就是为了培养在生产、服务、技术、管理一线的高素质高技能的国际应用型人才，这体现了高职教育的职业性要求。因此，如果不能对职业有清晰明确的了解和认识，高职生就会陷入学习的茫然而感到失落或失望，就会丧失学习的目标而整天无所事事、虚度青春年华。高职生要提高专业学习的主动性和积极性，激发学好专业知识、服务社会的热情和动力，明确未来职业选择的方向，就要首先从对职业的了解开始。

1. 了解职业的名称，提高对职业的感性认识

现阶段，我国都有哪些职业？它们的名称是什么？

1999 年 5 月正式颁布的《中华人民共和国职业分类大典》对中国社会职业进行了科学划分和归类，对职业名称、职业定义、工作活动的内容、范围以及与工种的联系等作了准确的界定和表述，全面客观地反映了我国当时的社会职业结构状况，是高职生学习和了解职业的权威文献。

随着经济的发展、科学技术的进步，客观反映这一进程的职业结构也发生了相应的变化，国家产业结构的调整也引起了一些传统职业活动内容的变化和一批新职业的诞生，2015 版《中华人民共和国职业分类大典》调整后的职业分类结构为 8 个大类、75 个中类、434 个小类、1481 个职业，与 1999 版《中华人民共和国职业分类大典》相比，维持 8 个大类不变，减少 547 个职业（其中新增 347 个职业，取消 894 个职业）。结合人力资源与社会保障部（原劳动和社会保障部）发布的新职业与 2015 版《中华人民共和国职业分类大典》中的新职业，归纳总结近年来的新职业，如表 1-1 所示。了解这些新职业的名称有助于高职生提高对职业的感性认识，同学们可以从表 1-1 中找一找和自己所学的专业相关的职业。

表 1-1　新职业名称

序号	发布时间	发布批次	新职业名称	发布部门
1	2004 年 8 月 19 日	首批 9 个	形象设计师、锁具修理工、呼叫服务员、水生哺乳动物驯养师、汽车模型工、水产养殖质量管理员、汽车加气站操作工、牛肉分级员、首饰设计制作员	劳动和社会保障部
2	2004 年 12 月 2 日	第二批 10 个	商务策划师、会展策划师、数字视频（DV）策划制作师、景观设计师、模具设计师、建筑模型设计制作员、家具设计师、客户服务管理师、宠物健康护理员、动画绘制员	劳动和社会保障部
3	2005 年 3 月 31 日	第三批 10 个	信用管理师、网络编辑员、房地产策划师、职业信息分析师、玩具设计师、黄金投资分析师、企业文化师、家用纺织品设计师、微水电利用工、智能楼宇管理师	劳动和社会保障部
4	2005 年 10 月 25 日	第四批 11 个	健康管理师、公共营养师、芳香保健师、宠物医师、医疗救护员、计算机软件产品检验员、水产品质量检验员、农业技术指导员、激光头制造工、小风电利用工、紧急救助员	劳动和社会保障部
5	2005 年 12 月 12 日	第五批 10 个	礼仪主持人、水域环境养护保洁员、室内环境治理员、霓虹灯制作员、印前制作员、集成电路测试员、花艺环境设计师、计算机乐谱制作师、网络课件设计师、数字视频合成师	劳动和社会保障部
6	2006 年 4 月 29 日	第六批 14 个	数控机床装调维修工、体育经纪人、木材防腐师、照明设计师、安全防范设计评估师、咖啡师、调香师、陶瓷工艺师、陶瓷产品设计师、皮具设计师、糖果工艺师、地毯设计师、调查分析师、肥料配方师	劳动和社会保障部

（续）

序号	发布时间	发布批次	新职业名称	发布部门
7	2006年9月21日	第七批12个	房地产经纪人、品牌管理师、报关员、可编程序控制系统设计师、轮胎翻修工、医学设备管理师、农作物种子加工员、机场运行指挥员、社会文化指导员、宠物驯导师、酿酒师、鞋类设计师	劳动和社会保障部
8	2007年1月11日	第八批10个新职业	会展设计师、珠宝首饰评估师、创业咨询师、手语翻译员、灾害信息员、孤残儿童护理员、城轨接触网检修工、数控程序员、合成材料测试员、室内装饰装修质量检验员	劳动和社会保障部
9	2007年4月25日	第九批10个新职业	衡器装配调试工、汽车玻璃维修工、工程机械修理工、安全防范系统安装维护员、助听器装配师、豆制品工艺师、化妆品配方师、纺织面料设计师、生殖健康咨询师、婚姻家庭咨询师	劳动和社会保障部
10	2007年11月22日	第十批10个	劳动关系协调员、安全评价师、玻璃分析检验员、乳品评鉴师、品酒师、坚果炒货工艺师、厨政管理师、色彩搭配师、电子音乐制作员、游泳救生员	劳动和社会保障部
11	2008年5月28日	第十一批8个	动车组司机、动车组机械师、燃气轮机运行值班员、加氢精制工、干法熄焦工、带温带压堵漏工、设备点检员、燃气具安装维修工	人力资源和社会保障部
12	2009年11月12日	第十二批8个	皮革护理员、调味品品评师、混凝土泵工、机动车驾驶教练员、液化天然气操作工、煤气变压吸附制氢工、废热余压利用系统操作工、工程机械装配与调试工	人力资源和社会保障部
13	2015年7月30日	新增347个职业，取消894个职业	安全评价工程技术人员、网络与信息安全管理员、快递员、文化经纪人、动车组制修师、风电机组制造工、信息通信信息化系统管理员、基金发行员、期货交易员、光伏组件制造工、音像制品复制员、信息通信网络测量员、呼叫中心服务员、中医亚健康医师、中医康复医师、中医营养医师、中医整脊科医师、中医全科医师、民族药师、中医技师、中医护士、中式烹调师（含药膳制作师工种）等	国家职业分类大典修订工作委员会

2. 了解特定职业的定义，明确职业选择的方向

在表1-1中，高职生有没有找到与自己现在所学的专业相近或一致的职业？有的高职生会想这么多社会生活中诞生的新职业，它们都是做什么的？有没有适合自己做的呢？为此，高职生就要进一步了解每一个特定职业的内涵，为职业方向的选择提供参考。在《中华人民共和国职业分类大典》对职业定义的基础上，我国原劳动和社会保障部（现人力资源与社会保障部）自 2004 年 8 月开始发布新职业信息的同时，也对新职业进行了定义。例如，会展策划师是从事会展的市场调研、方案策划、销售和营运管理等相关活动的专业人员。会展设计师是运用现代设计理念，从事大、中、小型会展、节事活动空间环境的展示设计、施工并提供具有创造性和艺术感染力的视觉化表现服务的人员。了解了某一特定职业的定义，便于让高职生对某一特定职业的性质和内涵有明确的认识，为明确职业选择的方向奠定基础。

3. 了解特定职业的技能要求，提高专业学习的自觉性

以上只是选取了与高职生现在所学专业有一定联系的职业定义，以会展专业为例，会展策划师、会展设计师都是会展专业的学生未来的职业选择方向，那么会展专业的学生，在了解职业名称、职业定义基础上，就要深入了解该职业所需的能力要求。其他专业的同学，同样也可以根据这些新职业揭示的职业发展的趋势作为职业选择的依据，提早进行专业知识的储备，专业技能的培养。以某一特定职业为例，编者归纳了其工作内容和范围，以便让高职生对特定职业的工作内容和技能要求有清晰的认知，提高专业学习的自觉性。特定职业的工作内容和技能要求，详见表 1-2。

表 1-2　特定职业的工作内容和技能要求

序号	职业名称	工作内容	技能要求
1	形象设计师	为普通消费者或特定客户提供化妆设计、发型设计；着装、色彩、美容、摄像形象、体态语言表达、礼仪指导；陪同购物	具备服饰搭配、化妆造型、色彩诊断能力，以及独立开展形体矫正训练、礼仪培训的能力
2	会展策划师	从事会展（会议、展览、节事活动、场馆租赁等）项目的市场调研、会展项目的销售、现场运营管理、全程策划协调	具备外语口语能力、计算机应用能力、组织管理和运作能力以及展台设计能力
3	黄金投资分析师	进行黄金市场和黄金投资战略的分析、咨询与规划；进行价格预测；提供黄金投资策略；进行风险或收益分析；指导黄金投资；代客户拟定黄金投资计划的相关业务	具备从全球视角研究和分析国际金价形成机制的能力；具备从国际货币、资本、商品（期货）和黄金及衍生工具市场间的游资分布分析的能力；具备把握黄金价格的走势、控制黄金市场的风险、确保国家金融安全、投资收益的能力
4	农业技术指导员	采集农业技术信息，把农业科技、农产品供求和生产资料等有关信息发送给农户；向农民推荐优良品种；传授种养技术、病虫害诊断防治技术、实用的生产技术；推广农产品标准化；开展农业生产的田间或现场技术指导工作；组织开展农业生产相关的法律、法规和技术咨询、技术培训	具备将农业优良品种、先进技术和实用技术普及到农业生产中的能力；具备农业技术引进、试验、示范和指导能力；具备进行科学种田、科学养殖、良种推广、种养技术的普及和病虫害的诊断防治等有关的技术指导的能力

（续）

序号	职业名称	工作内容	技能要求
5	礼仪主持人	联络主、承办方，明确礼仪活动的各种要求；参与方案的构思和撰写；承担导入、串联、收合礼仪活动的过程筹办；与礼仪活动参与者进行交流互动，营造气氛	具备良好的独立策划及主持能力，较强的语言与文字表达、人际沟通、信息获取能力及分析和解决问题的基本能力
6	糖果工艺师	设计、研发符合需要的产品配方、表现形式、产品包装形式；确定生产工艺，保障产品质量与安全；研究、探索新设备、新工艺在糖果、巧克力生产中的应用	具备对产品从外观到口味、口感的整体设计和实现产品的工艺设计能力；具备生产安全食品的工艺知识
7	房地产经纪人	采集、核实、陪伴客户查看房屋；分析客户与房源等信息；测算购房费用；代理契约鉴证与契税缴纳及权证办理；咨询与代理各类房贷事宜；协理房屋验收与移交等；申办租售许可证；核算与评估房价；处理面积误差	具备在房地产开发、销售、租赁、购买、投资、转让、抵押、置换及典当等各类经济活动过程中，以第三者的独立身份，从事顾问代理、信息处理、售后服务、前期准备和咨询策划的能力
8	会展设计师	分析标书应招、展出资料、设计展位；实施施工质量、展会过程监督；核算项目经费	具备根据国家、地区的旅游、餐饮、通信、交通等经济部门的发展情况进行展会的经营策划、设计、管理的能力
9	安全防范系统安装维护员	根据安全防范系统的设计方案，安装和调试各种设备和器材，进行系统的日常检测和维护、基本故障的排查和维修	具备出入口控制技术、报警系统安装技术、安防系统操作技术、计算机技术
10	电子音乐制作师	为广播、电视、电影、电视剧配乐；为歌曲、舞蹈、体操、滑冰、大型活动仪式、通讯、网络、动漫、游戏、广告、音乐教学、其他教学课件、演示制作音乐伴奏和背景音乐	具备音乐创作、配器、演奏、制作的能力与计算机技术
11	设备点检员	检测设备关键点的运行状态；对设备及设备状态信息进行分类、编码、更新、管理维护、采集和分析；确定设备检修方式、维修方案；监控设备维修过程	具备运用智能诊断系统及设备寿命周期分析评价系统对生产设备（系统）的关键设备点，进行检测、监控、准确判断、制定维修方案的能力；具备对方案的实施进行全程监控的设备点检专业技能和设备管理知识
12	皮革护理员	使用洗衣机或手工清洗皮革制品上的污垢；对皮革制品上的划伤、磨损、裂纹等破损进行修复、加脂处理、涂饰上色处理及手感、光泽处理；对皮革制品及饰件进行修补、翻新、更换	具备运用专业设备和专用产品对高档皮鞋、皮衣、皮包、皮沙发、皮制汽车座椅等皮革制品进行清洁、保养的技术与皮革维修技术

（续）

序号	职业名称	工作内容	技能要求
13	网络与信息安全管理员	监视网络系统和信息系统安全告警信息，进行相关审计信息的常规分析和统计；实施网络系统和信息系统安全策略；进行安全管理、防护、监控；维护网络系统以及信息系统；应急处理网络系统安全和信息系统安全的各类突发事件；保障通信网络设备和配套设施运行环境的安全；保障网络系统、信息系统的正常和安全运行	具备利用网络及信息技术从事网络安全与信息安全等工作的专业技能和知识

通过对特定职业的职业名称、职业定义、工作内容和技能要求的了解，高职生对职业有了一定的感性认识，那么如何定义具有普遍性的职业这一概念呢？职业对人生的意义是什么？在明确《中华人民共和国职业分类大典》对职业定义的基础上，作为高职生该如何认识职业呢？

（二）职业的含义

谈到职业，人们总会想到教师、农民、工人、医生、律师、工程师等。例如，公共营养师是对人体、膳食、食品及配方营养状况进行评价、管理和指导，进行营养知识的咨询与宣传的工作。又如，汽车玻璃维修工是使用气动、电动、手动等专业工具和设备对汽车玻璃进行拆卸、更换、安装、修补及其他维修工作的人员。他要从事使用专业工具施用汽车玻璃专用胶，拆、装汽车玻璃，利用仪器、仪表对汽车玻璃相关的控制电路、电子元件进行检验、检测并处理机械故障，进行汽车玻璃的修补、更新、安装的工作。从这个意义上来讲，职业似乎与我们所扮演的工作角色密切相关。《中华人民共和国职业分类大典》指出，职业就是从业人员为获取主要生活来源所从事的社会工作类别。在此基础上，作为个体的人，我们通过职业实践认识到，职业必须依赖一定的知识、技能并能从中获取物质和精神的回报。从这个角度我们也可以说，职业是指人们在社会生活中所从事的以获得物质报酬作为自己主要生活来源并能满足自己精神需求的、在社会分工中具有专门技能的工作。

高职生可以从以下四个方面来理解这一定义：

1. 职业的主体是为了获取基本生存权而工作的人

从个人角度来讲，职业的主体是人，职业是个人为了不断取得物质报酬作为自己主要生活来源而从事的工作。职业是有报酬的劳动，是人谋生的手段，是劳动者生存和发展的主要经济来源。人们通过职业为社会奉献劳动，社会按照一定的标准付给劳动者报酬。但是不是所有付给报酬的劳动都是职业呢？例如，同学们勤工俭学也是通过劳动获得了报酬，但那份工作不是职业，因为勤工俭学的收入不足以维持自己吃穿住行等基本的生活需要，不能成为主要的生活来源，因此虽然勤工俭学是有报酬的劳动，但不是职业。人们通过职业首先获得的是基本生存权，是人们物质需要的满足，人们通过职业获得物质需要满足的同时也为社会创造了物质财富，为社会提供的劳动越多、创造的物质财富越多，人们的物质生活质量就会越高，人们生存权的范围就会越广，这样才能通过职业求得生存、谋求发展、发挥能力、贡献社会。

2. 职业的载体是人为了满足社会需要而进行的劳动

从社会角度来讲，职业的载体是人的劳动，是生产力发展和社会分工的产物，它反映了一种或多种的社会需要。职业是在社会分工的基础上逐渐形成的，生产力的发展和社会分工是产生职业的社会基础。社会大分工需要有人固定地从事某些工作。随着社会大分工的出现，人类社会就有了不同职业之分。农夫、牧人、工匠、商人是最初的职业，随着生产力水平的不断提高，人的劳动方式、劳动内容发生了质的变化，新的职业不断出现，诸如艺术家、诗人、文学家、科学家、医生、教师、售货员、推销员、秘书、家政服务员、技术员、警察、司机、会计等。时代发展到今天，科学技术得到了迅猛的发展，职业也得到了空前的发展，职业世界展现出一幅幅崭新的图景。在对表 1-1、表 1-2 了解的基础上，可知新职业在满足社会需要的基础上带给了人们耳目一新的职业认知。但不管是什么职业，都是在一定生产力发展水平的基础上，人们在社会劳动分工情况下从事社会劳动的具体形式，都是社会劳动分工体系中的一个环节，只是不同的职业具有不同的职责，包含不同的工作内容，要求劳动者具有不同的技能和职业素养。

3. 职业的内容是人运用知识和技能技巧进行劳动的过程

从内在属性来讲，职业的内容是人运用知识、技能、技巧进行劳动的过程。职业的内容也是人的知识、技能、技巧适应生产发展的需要而不断创新的过程。职业是有劳动能力的人从事的具有专门技能的工作。如数控程序员是由于科学技术的发展，特别是计算机技术在现代制造业中的普及，数控机床等数控加工设备在我国机械制造企业中的广泛运用而出现的，从事数控加工的技能人才。数控程序员既要能根据零件的加工要求，选用合适的工具、夹具、加工设备与刀具，又要能使用计算机辅助制造软件进行数控加工程序的编制，数控程序员既要有实际的机械加工经验，又要能胜任数控加工的编程工作。随着社会的发展、科技的进步，劳动的专业化程度越来越高，职业的专业性越来越强，对专业人才的要求也越来越高。在知识经济时代，由产业结构、行业结构、社会结构共同决定的职业结构发生了巨大变化，职业越来越向高科技化、智能化、专业化方向发展。知识以及知识的运用，是人类又一财富之源，是社会发展又一动力之源，而知识只有转化为现实的生产力才能改变命运。

《2017 年政府工作报告》指出，全面实施战略性新兴产业发展规划，加快新材料、新能源、人工智能、集成电路、生物制药、第五代移动通信等技术研发和转化，做大做强产业集群。深入实施《中国制造 2025》，加快大数据、云计算、物联网应用，以新技术新业态新模式，推动传统产业生产、管理和营销模式变革。持续推进大众创业、万众创新。全面提升质量水平。广泛开展质量提升行动，加强全面质量管理，健全优胜劣汰质量竞争机制。质量之魂，存于匠心。要大力弘扬工匠精神，厚植工匠文化，恪尽职业操守，崇尚精益求精，完善激励机制，培育众多"中国工匠"，打造更多享誉世界的"中国品牌"，推动中国经济发展进入质量时代。对于今天的高职生，未来的从业者要随时关注社会经济的发展，不断调整知识结构，提高技能水平，才能跟上时代的发展，按照社会经济发展需要架构自身的职业发展步伐才是明智之举。

随着科技进步转化为生产力的速度越来越快，职业演变的速度也不断加快，21 世纪的职业演变速度已经大大快于 20 世纪。有资料显示：50% 的职业可能在一代人的时间内发生变化，每 3～5 年就有约 50% 的职业技能需要更新。人类的职业大约每过 15 年就将更换

20％，而 50 年后，现存的大部分职业都将消失，取而代之的是我们现在无法想象的职业。职业劳动者必须不断学习，掌握新知识、新技能才能适应经济社会的发展。

4. 职业的价值是满足人的精神需要

从价值属性来讲，职业是人的综合素养在劳动中发挥调节作用的体现，是个人通过向社会做出贡献而满足自己的精神需要的工作。个人的世界观、人生观、价值观决定了人的职业观，而人的职业观决定了人的职业幸福观，反过来，一个人能够将服务社会、贡献社会作为自己最大的幸福和精神追求时，职业就成了劳动者创造人生价值的舞台、实现生活理想的桥梁、发挥聪明才智的场所、奉献社会的理想归宿。正如马克思所说："如果我们选择了最能为人类福利而劳动的职业，那么重担就不能把我们压倒，因为这是为大家而献身；那时我们所感到的就不是可怜的、有限的、自私的乐趣，我们的幸福将属于千百万人，我们的事业将默默地，但永恒地发挥作用下去，面对我们的骨灰，高尚的人们将洒下热泪。"

职业对人生的意义是什么呢？实际上，人的一生是以职业为依托，通过职业把自己的聪明才智贡献给社会，得到社会的认可，做一个对社会有用的人，就是我们的最大幸福与追求。

○小资料

教师的幸福：我送同学们扬帆远航

今天你们通过五年的努力，终于拿到毕业证书，顺利毕业了！

古人云："投我以木桃，报之以琼浆。"教师的理想，教师的付出，教师的奉献，本不需要回报。但我们却从你们毕业生身上读懂了"我们爱学生，学生爱我们"的真谛，品味到了教书育人的甘甜和快乐！

毋庸置疑，对于大多数同学来讲，学生时代从今天起结束了，从今天起你们将要面临社会的挑战，也将面临人生的诸多选择、百般诱惑。我们衷心希望同学们：在挑战面前多一点冷静，在人生的诸多选择面前多一份勇敢，在社会的百般诱惑面前多一份镇静，对于挫折，勇于面对、敢于承担，在是非面前保持冷静。多年的学习只能给予你们今后做人做事的原则和方法，但无法给予你们每一个人的一生。它需要用你们的智慧和创造力去开创、去奋斗，母校等着你们的好消息，等着看到你们成功的欢笑。

"雄关漫道真如铁，而今迈步从头越"，百般努力就为了今天，同学们，让我们送你们扬帆远航！

小资料显示：一名教师的幸福就是在高职生们即将面临人生新的征程时及时地给予他们人生的嘱托、社会的期望，因为教师付出了爱、承载了教书育人的重任，品味到了教书育人的快乐所以幸福，这是教师职业赋予教师的精神满足，进而使成千上万名教师在平凡的教师岗位上甘为人烛，照亮学生人生的征程，这就是教师职业赋予教师的人生意义。作为高职生将来也要通过自己的职业劳动承载着对社会的责任，成为一个有益于社会的人，这就是职业赋予人的人生意义。做一个有品德、有知识、懂技术、努力开拓创新的职业人是高职生从现在开始应有的选择。

（三）职业的分类

经济发展、科技进步带动职业结构的变化，产业结构的调整同样在职业领域中发挥着重要的影响作用，新职业产生、旧职业消失就是这一影响的客观结果，职业分类就是国家根据社会的发展进步对职业进行系统划分，它有助于高职生了解职业发展的现状及发展趋势，为科学择业、合理合法择业奠定基础。

职业分类是以工作性质的同一性为基本原则，对社会职业进行的系统划分与分类。这种划分体现了职业活动的对象、从业方式等的不同。它是把一般特征和本质特征相同或相似的社会职业，进行了科学、系统地划分和归类。

生产力的发展和社会分工的出现是职业分类的依据。职业的产生和发展既是社会生产力进步的结果，同时，它又反过来进一步促进了生产力的提高。一个国家的经济结构、产业结构、科技结构和生产力总体水平决定了社会职业的构成；而职业构成的变化也客观反映着经济、产业、科技以及生产力水平的状况。在社会分工体系的每一个环节上，劳动对象、劳动工具以及劳动的支出形式都各有特殊性，这种特殊性决定了各种职业之间的区别。随着中国经济国际化步伐的加快，我国的职业分类与国际标准职业分类的相互兼容也成了必然。了解国际标准，为更好地把握国家标准奠定了基础。世界各国国情不同，其划分职业的标准也有所区别。

1. 国外对于职业的划分

在国外，依据一些学者提出的理论，职业的划分主要分为两种类型：

（1）在国外，传统的职业划分方法是按脑力劳动和体力劳动的性质、层次进行分类。按照性质分为以脑力劳动为主的职业和以体力劳动为主的职业。按照层次分为以脑力劳动为主的人（白领工人）从事的职业和以体力劳动为主的人（蓝领工人）从事的职业。"工人"一词在西方社会出现，是随着英国产业革命的发生，对在工厂中从事生产劳动的人的称谓。20世纪50年代，随着美国进入信息化时代，开始将从事以体力劳动为主的人称为"蓝领工人"，如钢铁工人、建筑工人、码头工人、技术工人、仓库管理员、服务员、电工、销售员等。将从事以专业性和技术性劳动为主且不需做大量体力劳动的人称为"白领工人"，如技术人员、工程师、销售主管等。除了以上两类外，随着社会的进步、科技的发展，职业种类的增多，出现了除蓝领、白领外更多的"衣领工人"，如粉领、灰领、金领和红领工人等，衣服领子的颜色已成为区分不同职业的象征物。

金领是指具备复合型的知识结构、公关能力、团队协调能力、管理经营能力、社会关系资源等综合素质较高的工作人员。他们是新兴的一个群体，由于其一般具有精深的专业知识、顶尖的技术、优秀的职业素养和执着的追求，赢得了人们的尊重和认可。

粉领是指那些在家工作的自由职业者。家既是他们的栖息地又是他们的工作场所，他们通过现代通信工具，如网络、电话、传真等与外界保持联系，体现的是工作方式的与众不同。

红领是指公务员阶层，他们一般有一定的社会地位，收入较稳定，在金融危机席卷全球后成了令人称羡的工作群体。

此外，还有在喷漆、采矿、冶炼等领域中代替工人劳动的机器人，它们被称为"铁领工人""钢领工人"等。

【案例】　　　　　　　　　　我想成为一名"灰领"

姚某是电子信息专业的学生，她说我想成为一名"灰领"：虽然我学的是电子信息相关专业，有很多的职业都很适合我，如电子工程师、电脑工程师、软件开发工程师等，这些职业虽然都很好。但是，我还是希望我所从事的职业能把这些职业的特点都综合起来，这个职业就是"灰领"。

"灰领"是指具有较高的知识层次，较强的创新能力，掌握熟练的心智技能的新兴的技能人才。简单来讲，就是既能动手又能动脑的复合型人才。它兼有"白领"和"蓝领"的共同特性，是目前职场中最稀缺的人才，也可以理解为是在制造企业生产一线从事高技能操作、设计或生产管理以及在服务业提供创造性服务的专门技能人员。目前，广告创意、网络管理、会展策划、服装设计、电子工程师、软件开发工程师、装饰设计师等25个大类的岗位，都被冠以"灰领"。但是，目前我国还是一个制造业的大国，在制造业中的"灰领"人数远远超过服务业中的"灰领"人数。制造业主要是指已由传统制造业转型为用现代高新技术支撑的现代制造业，如电子、汽车、通讯等，在这种制造业中，高级技师所需的动手动脑的复合程度，远远超过了传统制造业中的相同角色。正因为"灰领"有那么多的要求，我才要更加严格要求自己，让自己努力向这些方面发展。

从目前社会的现状上来看"灰领"这个职业是我们高职生很适合的一种职业。

【点评】姚某适时把握世界职业发展对我国职业发展的影响，对自己进行了具体细致的职业规划，因此她就能有学习的主动性积极性，进而能在求学阶段懂得珍惜时间，努力向理想迈进。生命是有限的，青春是短暂的，所以同学们要珍惜高职学习的时间。我们都知道时间是最宝贵的，但却不知道时间是一种独特的资源。正如李大钊所说："谁对时间越吝啬，时间越对谁慷慨，要时间不辜负你，首先你要不辜负时间，抛弃时间的人，时间也抛弃他。"从现在开始，不要在茫然中蹉跎岁月，而应立即着手规划自己的职业生涯，让自己赢在起跑线上。

（2）国际标准职业分类和国民经济行业分类。这两种分类方法较为普遍，是具有代表性的职业分类，它们是依据各个职业的主要职责进行分类。一是国际标准职业分类。这种分类把职业由粗至细分为四个层次，即大类、中类、小类和细类。我国的职业分类大典就是在与国际标准职业分类兼容的基础上对我国职业进行的划分。二是加拿大《职业岗位分类词典》的职业分类。这种分类把分属于国民经济中主要行业的职业划分为23个主类，主类下分81个子类，489个细类，7200多个职业。该分类对每种职业都有定义，逐一说明了各种职业的内容及从业人员在教育程度、能力倾向、职业培训以及性格、兴趣、体质等方面的要求。这两种分类方法都对我国的职业分类起到了借鉴作用，也促使了我国的职业分类走上了国际化的轨道。

2. 我国对于职业的划分

我国的职业分类有两种类型，一种是以《中华人民共和国职业分类大典》为依据对我国的职业进行的分类，另一种是以《国民经济行业分类》为依据对我国的国民经济的行业进行的分类。职业分类是以人的工作性质的同一性为依据来划分职业类别，而行业分类是以单位的经济活动的同质性为依据来划分行业类别，两者是相互交叉的，共同服务于我国经济

社会的发展，为高职生提供就业信息、就业服务的同时，让高职生了解国家宏观管理、从事相同性质的经济活动的所有单位的发展趋势，以提高自身的专业技能和专业学习的自觉性，适应社会发展的需要。

职业的分类与一个国家一定时期的社会政治、经济制度以及与国家的政策密切相关；还与一个国家的科技发展、经济繁荣、社会进步密不可分。随着我国经济发展，职业的种类不断增加，职业分类也实现了与国际标准接轨，这都为高职生的择业、就业、创业提供了更多的机会和发展空间。

我国职业分类，主要有两种类型：

（1）《中华人民共和国职业分类大典》。这是按照工作性质的同一性的基本原则来划分职业类别的。《中华人民共和国职业分类大典》最初是根据国家统计局、国家标准总局、国务院人口普查办公室1982年3月公布的供第三次全国人口普查使用的《职业分类标准》编写的。《职业分类标准》依据在业人口所从事的工作性质的同一性对当时中国社会的职业进行了分类，将全国范围内的职业划分为大类、中类、小类三层，即8大类、64中类、301小类。职业分类标准中的8个大类如表1-3所示。

表1-3　职业的种类

序号	大类（职业类别）
1	各类专业、技术人员
2	国家机关、党群组织、企事业单位的负责人
3	办事人员和有关人员
4	商业工作人员
5	服务性工作人员
6	农林牧渔劳动者
7	生产工作、运输工作和部分体力劳动者
8	不便分类的其他劳动者

在8个大类中，第1、2大类主要是脑力劳动者，第3大类包括部分脑力劳动者和部分体力劳动者，第4、5、6、7大类主要是体力劳动者，第8大类是不便分类的其他劳动者。

从1995年2月开始，参照国际标准职业分类，国家职业分类大典修订工作委员会和职业资格工作委员会经过四年的艰苦努力，于1998年12月编制完成了《中华人民共和国职业分类大典》，并于1999年5月正式颁布实施。《中华人民共和国职业分类大典》是我国第一部对职业进行科学分类的权威性文献，由于它的编制与国家标准《职业分类与代码》的修订同步进行，相互兼容，因此，它本身也就代表了国家标准。

2015年修订后的《中华人民共和国职业分类大典》延续职业分类的大类、中类、小类和细类（职业）结构，维持8个大类，增加9个中类、21个小类，共计1481个职业。

从行业来看，《中华人民共和国职业分类大典》中，在涉及第一产业的"农、林、牧、渔业生产及辅助人员"大类中，6个小类、83个职业不复存在；在涉及第二产业的"生产制造及有关人员"大类中，24 个小类、526 个职业得以缩减；而在涉及第三产业的"专业技术人员"和"社会生产服务和生活服务人员"大类中，细类数量分别增加了 11 个和 81 个。细类为最小类别，亦指职业。具体见表1-4。

表1-4 职业种类的变化

大类 （职业类别） 1999 版	大类 （职业类别） 2015 版	大类数	中类数 1999 版	中类数 2015 版	小类数 1999 版	小类数 2015 版	细类数 1999 版	细类数 2015 版
国家机关、党群组织、企事业单位的负责人	党的机关、国家机关、群众团体和社会组织、企事业单位负责人	第 1 大类	5	6	16	15	25	23
专业技术人员		第 2 大类	14	11	115	120	379	451
办事人员和有关人员		第 3 大类	4	3	12	9	45	25
商业、服务业人员 社会生产服务和生活服务人员		第 4 大类	8	15	43	93	147	278
农、林、牧、渔、水利业生产人员 农、林、牧、渔业生产及辅助人员		第 5 大类	6	6	30	24	121	52
生产、运输设备操作人员及相关人员 生产制造及有关人员		第 6 大类	27	32	195	171	1119	650
军人		第 7 大类	1	1	1	1	1	1
不便分类的其他从业人员		第 8 大类	1	1	1	1	1	1
合　计		8	66	73	413	422	1838	1481

　　需要说明的是职业种类与名称是不断发展变化的，一批新职业需要补充纳入职业分类，而一部分职业已经或正在消失，需要删减，因此，发达国家或地区往往每年或定期发布新的职业目录。我国原劳动和社会保障部（现人力资源与社会保障部）自 2004 年到 2009 年，5 年间就发布了 12 批次 122 个新职业的信息。2015 版《中华人民共和国职业分类大典》取消了 894 个职业，新增了 347 个职业，这些职业的更替不少都与科技进步相关联。高职生应随时关注新职业的发布信息，抓住机会顺应时代发展的趋势将自己的专业学习与社会发展紧密相连并将所学贡献给社会。

　　其中，原劳动和社会保障部发布了实行就业准入的 87 个职业目录，分别是车工、铣工、磨工、镗工等。这意味着：如果从事这些实行就业准入制职业之中的任何一个时，高职生就必须按照《劳动法》《职业教育法》的有关规定，通过培训，考取相应的技能证书后，方可持证上岗。

　　（2）《国民经济行业分类》。这是按照经济活动的同质性的原则来划分国民经济行业类别的。它最初是由国家发展计划委员会、国家经济委员会、国家统计局、国家标准局批准，于 1984 年发布，并于 1985 年实施的《国民经济行业分类和代码》。这项标准主要按企业、事业单位、机关团体等单位所从事的生产或其他社会经济活动的性质的同一性，将我国国民

经济行业划分为门类、大类、中类、小类四级，共 13 个门类，具体见表 1-5。

《国民经济行业分类（GB/T 4754—2017）》已于 2017 年 10 月 1 日实施，新版行业分类共有 20 个门类、97 个大类、473 个中类、1380 个小类。该标准是依据 ISIC 基本原则建立的国家统计分类标准，明确规定了全社会经济活动的分类与代码，适用于统计、规划、财政、税收、工商等国家宏观管理中对经济活动的分类，并用于信息处理和信息交换，是经济管理和统计工作的基础性分类。随着我国产业结构转型升级加快，互联网经济和现代服务业迅猛发展，新产业、新业态和新商业模式大量涌现，该标准及时、准确地反映了我国经济新常态和产业结构转型升级涌现出来的新产业、新业态、新商业模式，监测了经济增长动力转换进程，提供了更好的统计信息服务，并为生产业分类提供了可操作的基础行业分类。

表 1-5 国民经济行业分类

序号	1984 年门类	编码	2017 年门类	编码	2017 年门类
1	农、林、牧、渔、水利业	A	农、林、牧、渔业	N	水利、环境和公共设施管理业
2	工业	B	采矿业	O	居民服务、修理和其他服务业
3	地质普查和勘探业	C	制造业	P	教育
4	建筑业	D	电力、热力、燃气及水生产和供应业	Q	卫生和社会工作
5	交通运输业、邮电通信业	E	建筑业	R	文化、体育和娱乐业
6	商业、公共饮食业、物资供应和仓储业	F	批发和零售业	S	公共管理、社会保障和社会组织
7	房地产管理、公用事业、居民服务和咨询服务业	G	交通运输、仓储和邮政业	T	国际组织
8	卫生、体育和社会福利事业	H	住宿和餐饮业		
9	教育、文化艺术和广播电视业	I	信息传输、软件和信息技术服务业		
10	科学研究和综合技术服务业	J	金融业		
11	金融、保险业	K	房地产业		
12	国家机关、党政机关和社会团体	L	租赁和商务服务业		
13	其他行业	M	科学研究和技术服务业		
合计	13		20		

这两种分类方法符合我国国情，简明扼要，具有实用性，也符合我国的职业现状与发展趋势。高职生了解了国家标准后，就要按照其要求不断提高自身的专业技能和专业学习的自觉性，跟上时代发展的脚步。

○小资料

表 1-6 2017 全国十大城市岗位需求和求职排行榜

城市	岗位空缺与求职人数的比率	第二产业需求	第三产业需求	岗位空缺大于求职人数缺口最大的前三个职业	岗位空缺与求职人数比	岗位空缺小于求职人数缺口最大的前三个职业	岗位空缺与求职人数比
上海	1.17	9.6%	90.4%	证券业务人员	5:1	其他运输服务人员	1:2
				推销展销人员	4:1	其他安全保卫消防人员	1:2
				保险业务人员	3:1	公路运输服务人员	1:2
重庆	1.42	40.2%	57.7%	部门经理	7:1	其他社会服务人员	1:3
				裁剪缝纫人员	5:1	药品生产制造人员	1:4
				加工中心操作人员	4:1	文体用品乐器制作人员	1:4
石家庄	1.2	19.8%	80.2%	推销展销人员	2:1	行政办公人员	1:2
				购销人员	2:1	计算机工程技术人员	1:2
				行政业务人员	2:1	驾驶员和运输工人	1:2
沈阳	0.93	22.9%	74.0%	推销展销人员	2:1	财会人员	1:2
				机械冷加工人员	3:1	行政办公人员	1:2
				客服人员	4:1	建筑工程技术人员	1:3
郑州	1.86	22.6%	73.8%	简单体力劳动人员	2:1	治安保卫人员	1:3
				推销展销人员	2:1	其他仓储人员	1:2
				餐厅服务员、厨工	3:1	其他企业管理人员	1:3
武汉	1.14	37.1%	61.0%	机械制造加工人员	3:1	行政办公人员	1:3
				餐厅服务员、厨工	2:1	财会人员	1:4
				保险业务人员	4:1	秘书、打字员	1:3
福州	1.2	63.8%	36.1%	简单体力劳动人员	2:1	营业人员、收银员	1:2
				电子器件制造人员	2:1	治安保卫人员	1:2
				鞋帽制作人员	2:1	秘书、打字员	1:2
南宁	1.43	23.3%	75.3%	推销展销人员	2:1	简单体力劳动人员	1:5
				营业人员、收银员	2:1	其他仓储人员	1:2
				餐厅服务员、厨工	2:1	物业管理人员	1:3
昆明	1.84	28.1%	68.1%	推销展销人员	4:1	其他社会服务人员	1:2
				餐厅服务员、厨工	5:1	保管人员	1:2
				治安保卫人员	4:1	行政业务人员	1:2
成都	1.49	31.6%	66.9%	简单体力劳动人员	8:1	中餐烹饪人员	1:4
				市场销售服务管理人员	14:1	财会人员	1:2
				治安保卫人员	6:1	火锅厨师	1:4

（资料来源：中商情报网）

根据表 1-6，高职生可了解社会需求的职业岗位，那么高职生将如何规划自己的职业人生呢？明确社会需求是职业选择的前提，高职生应从现在开始着手职业人生的思考和行动。哲学家说："零，是世界的本原，是无与有的对立统一。"数学家说："零，是数轴的原点。零的横向是横轴，纵向是竖轴。"物理学家说："零，是水的临界点。零度以上是液态的水，零度以下是固态的冰。"心理学家说："零，是零相关。表示一事物与另一事物之间没有任何相关关系。"老人说："零，意味着我将成为自然界的一捧土，滋润着大地。"中年人说："零，是我继续前行的见证。"青年人说："零，是美好爱情的开端。"少年说："零，是我的未来。"儿童说："零，是什么也没有。"企业家说："零，是创业的见证，是成功事业的开端。"……职业是实现人生理想的阶梯，是实现人生物质追求的主要手段，是贡献和激发人们聪明才智的场所。职业人生需要用我们的双手、辛勤的劳动和智慧去开创。高职生应在了解职业对人生的意义、职业分类的基础上，努力提高自身职业素养，迎接知识经济时代的挑战，成为努力开拓创新的俊才。

二、职业素养的含义与特征

为什么从事同一种职业的人，有的业绩丰硕有的平庸无为呢？为什么同一专业的毕业生即使从事同一职业，有的成功有的失败呢？难道从事了一定的职业，具备一定的专业知识、专业技能就一定成功吗？事实证明，只具备一定的专业知识、专业技能，如果没有积极乐观、忠诚负责的职业态度、精益求精的职业精神、团结合作的职业意识等优良的职业素养，同样也不能成功。一个人只有用科学的职业幸福观作指导，才能将服务社会、贡献社会作为自己的最大幸福和精神追求，也才能最大限度地将个人的聪明才智贡献在职业劳动中。同时，人的个性是千差万别的，人的综合职业品质的差异决定了人的职业素养的高低，也决定了人是如何对待职业劳动的，可以说人的综合职业品质决定职业素养，职业素养对职业具有能动作用。职业的载体是人的劳动，在职业活动中人付出的劳动不同，收获的则是不同的职业人生。

培根说："一方面，幸运与偶然性有关——例如长相漂亮、机缘凑巧等；但另一方面，人之能否幸运又决定于自身……幸运的机会好像银河，他们作为个体是不显眼的，但作为整体却光辉灿烂。同样，一个人若具备许多细小的优良素质，最终都可能成为带来幸运的机会。"一个人的成功是由许多综合因素共同决定的，取决于他拥有的专业知识、专业技能，但更取决于他在职业活动中所体现出的许多细小而优良的职业素养，这就是一个人在职业生涯中取得成功的原因，也可称之为职商，"一生成败看职商"就是这个道理。

职商主要由以下六大职业素养构成：职业精神、职业态度、职业理想、职业习惯、职业意识、职业形象。工作中需要知识和技能，但更需要职业的智慧，谁能具备这些做事的智慧，就拥有了做人的基础，谁就会生存、能生存。做事先做人，只有做好了人，才能做好了事，所以，高职生有意识地训练自己的职业素养是极为必要的。那么，什么是职业素养呢？哪些职业素养才是企业需要的呢？这就是本节要介绍的重点内容。

（一）职业素养的含义

职业素养是人们在职业活动中表现出来的综合品质，它反映一个人自觉遵守职业行为规范的状况和水平，是职业的内在要求在个体行为中的体现。职业素养所具有的内在品质外化成为可衡量的因素时，就体现为一个职业人在职业活动中成功的素养，这些素养综合表现为职业的智慧，即职商。

一个人的成功是因为他具备精益求精的职业精神、忠诚负责的职业态度、科学的职业理想、严格执行操作规范的职业习惯、团结协作的职业意识、踏实肯干积极创新的职业形象。作为人类在社会活动中需要遵守的行为规范而言，个体在职业活动中表现出来的综合品质构成了自身的职业素养，职业素养是内在品质，个体行为是外在表征。物质决定意识，意识对物质具有能动作用。那么，一个人如何认识职业，必然在职业活动中通过他的行为表现出来，不同的职业观决定着不同的行为，所以，从这个意义上说，职业素养是一个人职业生涯成败的关键因素。

职业精神是职业素养的核心，职业态度是职业素养的关键，认真细致、精益求精的职业精神和忠诚负责的职业态度是决定职业成功的关键因素。

【案例】　　　　　　企业招聘毕业生时更注重其职业素养

某职业学院就业部门负责人张某询问国有企业人力资源部的招聘负责人郑某，"你们在招聘毕业生时需要他们具备怎样的职业素养？"郑某回答："我们招聘的对象是面向企业的生产、制造、技术维护的人才。一般针对应届大中专毕业生，我们选择的标准就是学生的基本素质。第一，语言表达能力，在群体面试时，通过2分钟的自我介绍了解，面谈中需要毕业生表现出思路清晰、语言逻辑性强的特点，与外界打交道时需要借助外界资源的能力，因此需要其具备谈判的能力，能说服别人。第二，希望毕业生对自己的职业生涯有明确的职业定位，3~5年有明确的职业规划，想法明确、有清晰职业生涯定位的人是企业需要的。第三，对毕业生的职业品质要求高，希望其具有团队合作、沟通能力，能帮助他人、为他人着想，具备利他品质。这种考查一般在6个月的试用期中进行，通过对其岗位进行跟踪，了解他与同事、主管领导、高层领导多维度交流的情况，了解他的专业能力，在试用期内发现不合试的，解除劳动合同。第四，专业能力通过面试有一定了解，途径是让毕业生进行案例介绍，展示他的专业能力。第五，试用期内多维度考评。第六，对公司文化的认同，与企业价值观是否吻合。第七，行为文化的考查，面试中考查他是否用心做事并能把事做好。"

【点评】许多企业越来越重视毕业生的职业素养，这是企业的要求更是实践的要求，因为专业技能可以培训，但职业素养却不是一朝一夕能培养的，它是企业的核心竞争力，它需要职业劳动者在多年的生活实践和职业实践中不断涵养和锤炼。毕业生在面试时的一言一行、一举一动都是其职业素养的外化表现，所以，希望同学们从现在就开始有意识地训练自己具备企业所需的职业素养。

（二）职业素养的特征

1. 普遍性

职业素养是人们在社会活动中需要遵守的行为规范，这种行为规范具有普遍性的特征。尽管现代社会发展和分工细化正在创造出越来越多的职业、工种和岗位，然而它们实质上却具有许多相通的，或共同的职业功能模块。每一个具体的职业、工种和岗位领域，都需要一

定数量的职业特定素养，从总量上看，它们是最大的，而从适用范围看，它们是最狭窄的。对每一个行业来说，又存在着一定数量的共同适用的素养，可以叫行业通用素养，从数量上看，它们比职业特定素养显然少得多，但是它们的适用范围涵盖整个行业领域。就更大范围而言，必定存在着一些从事任何职业或行业工作都需要的、具有普遍适用性的素养，这就是核心素养。这种核心素养是从业者必须具有的通用的职业素养。

不同的职业，虽然劳动条件、工作对象、工作性质等有所差异，但职业素养却是人们在长期的社会实践过程中逐渐形成的，是人们在社会活动中需要遵守的共同的行为规范。爱岗敬业、诚实守信、办事公道、服务群众、奉献社会的要求是一致的。只要做到了这些，无论从事的是什么职业，同样能够成就一番事业。

2. 特殊性

随着社会的进步，社会分工越来越细，职业种类越来越多，职业的差别也越来越大，对从业者职业素养的要求呈现出特殊性的特点。我国的产业结构必将发生重大变化，随之会产生许多新行业，增加许多新职业。

根据人才需求预测，我国未来 10 年急需的人才有：金融分析师、传媒人士、网商、电商、律师、健康管理师、心理咨询师、直销商。这些不同的职业，具体的职业规范是有差异的，根据具体职业要求培养职业素养就显得尤为重要。不同的企业文化对从业者也提出了新的要求，只有具体问题具体分析，才能在变化中求得进步与发展。

3. 层次性

不同的职业对从业者的职业素养的要求是有差异的，同一职业的不同劳动者表现出的职业素养是有高低的。同一任务由高素质的职业劳动者完成是能起到事半功倍的效果的，这对提高企业的效益是大有益处的，所以，许多企业希望招到职业素养高的人。

每一种职业都有一定的技术含量或技术规范要求。职业教育就是要进行专业知识教育、专门的技术技能或操作规程的训练。职业是人们从事的专业业务，必须具备专业的知识、能力和特定的职业素养。如设备维修工既要学习电路、制图等专业知识，又要学习发现故障、排除故障等技术，更要有热情服务的工作态度。随着社会的发展、科技的进步，劳动的专业化程度越来越高，职业的专业性越来越强。但是专业技术水平高的人，他的职业素养水平未必也高：有的忠诚于企业，有的频繁跳槽；有的爱岗敬业、踏实肯干，有的得过且过、眼高手低。

近年来，一方面部分毕业生很难找到一份满意的工作，而另一方面很多企业又在叹息"招不到合适的人选"。很多事实表明，这种现象的存在与学生的职业素养难以满足企业的要求有关。部分学生只注重了专业技能的培养，却忽视了职业素养的培养，致使企业与学生都不能如意。"满足社会需要"是高职教育的目的之一。既然社会需要具有较高的职业素养的毕业生，那么，高职教育应该把培养学生的职业素养作为其重要目标之一。同时，学校也要主动走出校园，深入企业，与企业携手共同提高学生的职业素养。

4. 内在性

职业素养是职业内在的要求，是人在社会实践中长期积累的结果，是人接受知识、技能的教育和培养，并通过实践磨炼后逐步养成的，是将外在的社会规范内化、积淀和升华的结果，具有内在性的特征。正因为如此，对待工作的态度一旦形成就不易发生变化，比较稳定地在人的职业生涯中发挥作用。所以，职业素养训练的目的就是焕发每一个人深藏于内心深处的善意，从而才能外化为职业实践中的善行。

职业精神、职业态度、职业习惯和职业意识等方面，是人们看不见的、内在性的职业素养。但正是这内在性职业素养决定、支撑着外在性的职业素养，外在性的职业素养是内在性职业素养的外在表现。

正是由于看到了职业素养的内在性特征，认识到了职业责任感等内在性职业素养在职业实践中的重要作用，因此高职生要从现在开始着手有意识地培养自己职业态度等内在性的职业素养以适应企业和社会的要求。

5. 外显性

职业素养是一个人在职业过程中通过行为表现出来的综合品质，具有外显性的特征。职业素养可以通过个体在工作中的行为来表现，而这些行为以个体的知识、技能、价值观、态度、意志等为基础。良好的职业素养是企业必需的，是个人事业成功的基础，是高职生进入企业的"金钥匙"。

高职生的形象、资质、知识、职业行为和职业技能等方面，是人们看得见的、外显性的职业素养，这些可以通过学历证书、职业资格证书来证明，或者通过专业考试来验证。

6. 时代性

生产力的发展、科技的进步必然带来职业的迅猛发展，职业具有时代性，不同时代有不同的热门职业。热门职业急需新型人才：仿真与评估、云计算、大数据、物联网和网络空间安全等技术人才，互联网软件工程师，IT 资深研发工程师，系统分析员，数据开发工程师，证券、投资、理财服务人才，股票、期货操盘手，风险管理、控制人才，电子、电器工程人才，环保技术工程人才，三维、3D 设计、制作人才，动物育种、养殖人才，健康顾问，科技工作者，环保和能源专家。新型人才需要具备时代要求的新的职业素养。

职业素养体现一个职业人在职场中成功的素养及智慧，即职商。信息时代、知识经济时代不仅要求从业者具备较强的专业技能，更要具备较高的职商，这就是时代对从业者提出的崭新要求。

三、职业素养训练的主要内容

企业看重的职业素养包括职业精神、职业态度、职业理想、职业习惯、职业意识、职业形象。其中，职业精神是核心，职业态度是关键，职业理想是目标，职业习惯是基础，职业意识是本位，职业形象是保障。其中，职业精神、职业态度、职业理想、职业习惯、职业意识是职业素养中最本质的部分，是内在素养，属于世界观、价值观、人生观范畴的产物，是在从生到死的生命历程中逐步形成，逐渐完善的。而职业形象、职业技能是外显素养，是通过学习、培训比较容易获得的。例如，职业形象可以通过学习技巧方法后精心打造，职业技能可以通过掌握关键技术而成为专家。可企业更认同的道理是，如果一个人基本的职业素养不够，比如说忠诚度不够，那么技能越高的人，其隐含的危险性就越大。而认真负责地做好自己最本职的工作，也就具备了最基本的职业素养。所以，从现在开始有意识地训练企业所需的职业素养，就能为未来的发展积蓄成功的资本和智慧。

第二节 我的职业锚

【案例】 幸福源于对工作的满足

张某已近50岁，是一个初中毕业生，现在已经是高级技师，曾经获得全国劳动模范的称号。接受采访时，虽然刚下了白班就赶过来，但他从容不迫的谈吐、始终面带微笑的脸庞、礼貌的回答、崭新的衬衫给我留下了深刻的印象。我问他："你平时上班时也穿这样崭新的衬衫吗？"他说："是专门为了今天的采访而准备的，平时是穿工作服的。"一下子我被他的礼貌待人的形象所打动，这样文明有礼的老模范使我肃然起敬。接着我询问他："一辈子都在车间第一线工作，您不觉得烦吗？听说有许多家企业听闻您的专业技术过硬，爱岗敬业，争相高薪聘用您，您为什么没有跳槽？"，他微笑着说："我在这里干，虽然拿钱不多，但单位重用我，领导同事认可我，我很幸福，所以就没有考虑更换单位。虽然年轻人走得多，但我们这些企业的老同志还是很留恋企业，舍不得离开这里。"最后，我紧紧地握住他的手说，"祝您一生平安幸福！"

【点评】 职业的幸福源于人内心的幸福，这种幸福是一种精神需要的满足，它不仅仅是物质需要的满足所能代替的，也不是工作环境的好坏所能比拟的，正因为此，才更显出可贵和可敬。正因为这种幸福常留在心间，才使得职业劳动者在职业劳动中收获了长远与发展，也才使得职业生涯稳定而灿烂。

这种职业幸福是今天许多的职业劳动者所缺乏的，所以才出现频繁跳槽，它不仅为企业的稳定发展设置了障碍，而且也增加了企业的用工成本，更牺牲了个人的长足发展。职业劳动者的职业疲乏感不断增加，制约了职业劳动者的可持续发展。为了使高职生避免这种现象的出现，在职业素养训练中提早让同学们寻找能让自己感到满足的职业，为此，引进了施恩教授提出的可量化的将自己的个性、才干与需要、满足相符合的职业锚概念，使高职生在职业生涯的早期，发现自己的职业锚，最终实实在在地找到自己认为较理想的职业，收获职业的满足与幸福，实现马斯洛所说的："自我实现是一种连续不断的发展过程，它意味着一次次地做出种种选择，而且使每一次选择都成为成长性选择。这种成长性选择也就是走向自我实现的运动。"

找准前进的方向使我们人生拥有了希望，发现职业锚，明确职业目标才能使我们的职业生涯收获幸福。

如何找准职业定位、明确前进的方向呢？发现职业锚的标志是能清晰的回答这三个问题：我要干什么？我能干什么？我为什么干？职业锚明确的职业人会朝着选定的目标，克服各种艰难困苦，勇敢前行，直至取得最后的成功。

一、职业锚的含义与类型

在自主选择职业的今天，人们更加关注的是如何才能找到适合自己的好工作，人们开始思考：个人的职业价值观是否与所从事的职业相一致，个人的才干是否适合所在的岗位要求，个人的需要是否在职业活动中获得了满足等，如果所选择的职业与个人的才干、动机、价值观相一致，不仅能最大限度地发挥个人的能力，而且能激发工作的热情和积极性，从职业活动中获得物质的满足和精神的享受，这就是人们职业活动的理想归宿，就是人们发现并运用职业锚使自己获得的理想职业。所以，职业锚决定个体会选择什么样的职业与什么类型的工作单位；决定个体是否会喜欢所从事的工作，是否会跳槽；决定个体在工作中是否有成就感。这是人对职业有明确的自我认知和认同才能产生的。

施恩指出，对于一个新参加工作的人来说，他可能具有从学校学习的专业知识，但并不知道自己是否会喜欢所从事的工作，也不知道自己是否符合用人单位的期望，不明确自己该如何发展，也就不能提早在学习阶段有意识地规划自己的职业发展轨道，直到工作 10 年后才逐渐发现适合自己的职业。为了减少职业选择的盲目性，希望高职生能在学习阶段就能及早发现自己职业锚，实现成长性选择。

（一）职业锚的含义

锚，是船只停泊定位用的铁制器具。职业锚，就是人们在职业实践中逐渐发现并确立的、与个人的需要、动机和价值观相符合的职业定位。在职业实践的基础上，高职生经过不断调整逐渐形成更加清晰全面的自我职业认知后，最终形成达到自我满足的、长期稳定的职业定位。

当毕业生进入早期工作情境后，在实际工作中才逐渐发现，当自己所从事的工作与自己的兴趣、个性特征相一致时，就能最大限度地发挥主观能动性，使自己的聪明才智在职业岗位中得到尽情的发挥，这时自己才能从职业中获得职业满足感。但常常事与愿违，从业者很多时候考虑职业的物质报酬多于对自我职业价值观的认知，所以常常感到自己虽然物质报酬不菲，可并不能感到幸福。这时再反省自己为时晚矣，浪费了许多宝贵的时间。为此，施恩教授 1978 年开始在"职业动力论"中开始研究如何使求职者在学习阶段就开始思考自己的个性与需要，思考自己的能力与职业的匹配，提早进行职业规划，力争在职业生涯开始时就明确知道自己该如何发展，由于在职业生涯早期就做好了充分的准备，一旦机遇来临就能及时抓住机会寻求最大限度的发展。从这个意义上说，职业锚体现了就业者职业生涯的理想归宿，它的形成有一个思考和搜索的过程。在对自己的个性、才干、需要和价值观缺乏明确认识之前，就应该开始学习和思考，之后还要继续接受各种不同类型的环境和不同性质工作的测试。提早规划自己的职业发展轨道，事前做好充分的准备，需要对"真实的自我"有明确的认知，更需要个性的觉醒。美国《生活周刊》曾经登载一篇名为《从职业锚理论中巧选职业》的文章，它阐述了就业者为什么要了解自己的职业锚。

职业锚是美国麻省理工学院斯隆管理学院、美国著名的职业指导专家埃德加·H. 施恩（Edgar. H. Schein）教授提出的。职业锚理论是施恩教授对斯隆管理学院的 44 名 MBA 毕业生长达 12 年的职业生涯研究中，通过面谈、跟踪调查、公司调查、人才测评、问卷等多种方式，最终分析总结出的。

施恩在 1978 年指出，"设计这个概念是为了解释当我们在更多的生活经验的基础上发展了更深入的自我洞察时，我们的生命中成长的更加稳定的部分"，以帮助从业者更好地进行职业定位。职业锚理论显示，职业规划是一个持续不断的探索过程。在这一过程中，每个人都在根据自己的天资、能力、动机、需要、态度和价值观等慢慢形成较为明晰的与职业有关的自我概念。即我要干什么？我能干什么？我为什么干？它能带给我快乐吗？这种自我意识的觉醒将有助于我们在设计自己的职业目标时，都能思考怎样才能了解自己合适做什么工

作？如何根据自身特点做出正确的职业选择，获得职业的满足，找到理想的职业。

（二）职业锚的类型

职业锚以从业者在实践中获得的工作经验为基础，产生于早期职业生涯。从业者的工作经验进一步丰富发展了职业锚。1978年，施恩教授提出的职业锚理论包括五种类型：自主型职业锚、创业型职业锚、管理能力型职业锚、技术职能型职业锚、安全型职业锚。后来越来越多的人逐渐发现职业锚的研究价值，加入了研究的行列。在20世纪90年代，又发现了三种类型的职业锚：挑战型职业锚，生活型职业锚，服务型职业锚。施恩教授将职业锚增加到八种类型，并推出了职业锚测试量表。

职业锚的类型简要介绍如下：

1. 技术职能型

具备这种类型职业锚的人，他们看中的成功是自身专业地位的提高和技术领域的扩大，追求在技术职能领域的成长和技能的不断提高，以及应用这种技术的机会。他们对自己的认可来自他们的专业水平，他们喜欢面对来自专业领域的挑战。技术职能型职业锚的主要职业领域是专业技术人员、项目经理、工厂的技术副厂长、研究开发设计人员、统计人员和会计人员等。

2. 管理能力型

具备这种类型职业锚的人，他们的分析能力、人际沟通能力和情感能力突出，一般有强烈的升迁动机和价值观，追求并致力于工作晋升，倾心于全面管理，他们想去承担整个部分的责任，并将公司的成功与否看成自己的工作。具体的技术工作仅仅被看作是通向更高、更全面管理层的必经之路。管理型职业锚的主要职业领域是政府机构、企事业组织的主要负责人，如市长、局长、校长、厂长和总经理等。

3. 自主/独立型

具备这种类型职业锚的人，追求能施展个人能力的工作环境，最大限度地摆脱组织的限制和制约。他们即使放弃提升或工作扩展机会，也不愿意放弃自主与独立。视自主为第一需要，希望随心所欲地安排自己的工作方式、工作习惯和生活方式。自主/独立型职业锚的主要职业领域是学者、科研人员、职业作家、个体咨询人员、手工业者和个体工商户等。

4. 安全/稳定型

具备这种类型职业锚的人，追求工作中的安全与稳定感。他们希望有安定的工作、可观的收入、优越的福利和良好的退休保障，对组织有较强的依赖性。安全/稳定型职业锚的主要职业领域是工艺工程师、会计师、教师、工厂计划科副科长、政府机关行政办公室主任等。

5. 创业型

具备这种类型职业锚的人，具有强烈的创造需求和欲望，认为创建完全属于自己的公司或创建完全属于自己的产品（或服务）才能体现自己的才干，他们愿意去冒风险，并克服面临的障碍。他们想向世界证明公司是他们靠自己的努力创建的。创业型职业锚的主要职业领域是发明家、冒险性投资者、产品开发人员和企业家等。

6. 服务型

具备这种类型职业锚的人，一直追求他们认可的核心价值，例如帮助他人，改善人们的安全，通过新的产品消除疾病。他们一直追寻这种机会，这意味着即使变换公司，他们也不会接受不允许他们实现这种价值的工作变换或工作提升。服务型职业锚的主要职业领域是产品销售人员、保险推销员、社会工作者、医护人员、医疗设备生产及销售人员等。

7. 挑战型

具备这种类型职业锚的人，喜欢解决看上去无法解决的问题，战胜强硬的对手，克服无法克服的困难障碍等。对他们而言，参加工作或职业的原因是工作允许他们去战胜各种不可能。新奇、变化和困难是他们的终极目标。挑战型职业锚的主要职业领域是注册会计师、大学的工商管理教授、装修公司的业务承包人、专业画家、互联网站的经营者等。

8. 生活型

具备这种类型职业锚的人，喜欢允许他们平衡并结合个人的需要、家庭的需要和职业需要的工作环境。他们认为自己在选择如何去生活，在哪里居住，如何处理家庭事务，在组织中的发展道路等是与众不同的，他们希望一个能够提供足够的弹性让他们实现这一目标的职业环境。生活型职业锚的主要职业领域是零售店店主、自由职业者、自由撰稿人等。

以上这八种职业锚之间可能存在着交叉，但每一种都有突出的不同于其他类型的特性，要根据每个人自己的实际情况进行寻找和确认。

二、确立职业锚的意义

（一）有助于高职生确立职业定位、规划职业生涯

1. 有助于高职生及早培育对职业生涯的"自我认知"

在高职新生入学时，他们带着迷茫的神情，既不了解自己上高职与普通大学的区别，也不了解自己所学的专业，更不了解将来自己的职业方向。这种迷茫，常常使高职生陷入因缺乏学习动力而无所事事的恶性循环中。因此，当高职新生入学后，首先让他们开始学会认知自我，了解自己的个性特征、专长、专业，了解自己的能力倾向，端正自己的职业价值观，学会试着了解我要什么？我能干什么？我为什么干？进而才能激发高职生的学习自觉性，发挥职业选择的自主性，培育职业生涯规划的意识及能力。

2. 有助于高职业生求职时对职业生涯的"自我规划"

在高职生求职时，帮助高职生进行职业生涯的"自我规划"。自我规划包括人职匹配的测试与指导、职业锚测试、职业生涯的准备、职业生涯的可行性策划、职业生涯的实施措施、职业生涯的评估等。这样能使高职生在激烈的市场竞争中脱颖而出，成为一个有充分准备的、理性的求职者。

3. 有助于高职生就业时对职业生涯的"社会认知"及"社会选择"

毕业生就业时，应该重点端正职业价值观，学会按照企业社会的需要选择职业，而不是一味地强调自我的兴趣、爱好，这时对职业生涯的"自我认知"应向职业生涯的"社会认知"发展。在自主择业、双向选择的今天，应该适时指导学生学会按照"社会选择"调整"自我选择"，最终达到"社会选择"与"自我选择"的一致，实现就业。在就业中要帮助高职生认识到只有通过职业把自己的智慧与才能服务社会、奉献社会，才能创造自己有价值

的职业人生，进而提高高职生的职业满足感，获得职业生涯的长足而稳定的发展。

4. 有助于高职生在职业实践中让所选择的职业成为其终身事业

在早期的职业实践中，高职生需要不断调整自己的职业期望，这种期望既有对企业的期望，也有对工作岗位的期望，更要调整对自我职业的期望。通过不断调整，使高职生更加适应企业的要求，获得企业的认可，从而形成自我的职业认同，获得的个人才干与能力发挥的满足、个人动机与需要的满足、个人态度与价值观的满足。这三者的满足，就是高职生职业锚的确立。这种职业的满足感会促使高职生有信心有能力让自己所选择的职业成为自己的终身事业。

5. 有助于高职毕业生不断修正职业锚、获得职业生涯的不断发展

高职生在进行职业规划和定位时，可以运用职业锚思考自己具有的能力，确定自己的发展方向，审视自己的价值观是否与当前的工作相匹配。只有个人的定位和要从事的职业相匹配，才能在工作中发挥自己的长处，实现自己的价值。尝试各种具有挑战性的工作，在不同的专业和领域中进行工作轮换，对自己的资质、能力、偏好进行客观的评价，是使个人的职业锚具体化的有效途径，也是在职业发展中不断修正自己的职业锚、获得职业生涯的不断发展的有效途径。

【案例】 丰田公司调整员工的职业锚的方式

小王高职毕业后进入丰田公司工作，他要面临丰田公司实行的5年调换一次工作的选择了，他要抓住机会，主动选择，培养自己多功能作业的能力。因为对于岗位一线工人采用工作轮调的方式来培养和训练多功能作业员，这样既提高了工人的全面操作能力，又使一些生产骨干的经验得以传授。员工还能在此过程中发现了自己的优势在哪里，从而进行准确定位，找到真正适合自己的岗位。5年调换一次工作是日本丰田公司对员工的职业锚进行调整的方式。

【点评】 对于个人而言，一旦在工作实践中确立了自己的职业锚，工作起来将会更具积极性和主动性，效率将会有很大提高。丰田公司采取5年调换一次工作的方式对员工进行职业锚调整，帮助员工发现自己的优势，这给了高职生有益的借鉴：高职生可以自己主动调整职业锚以获得职业生涯的不断发展。对于企业而言，通过从业者在不同的工作岗位之间的轮换，了解从业者的职业兴趣、爱好、技能和价值观，将他们放到最合适的职业轨道上去，可以实现企业和个人的共同发展。

（二）有助于高职生提高职业的适应性及促进个性的全面协调发展

高职生尽早发现自己的职业锚有助于在未来的具体职业活动中，使职业的工作性质、类型和工作条件，与个人需要和价值目标融合，使自身在职业工作中获得最大的满足，进而提高职业的适应性。个人的职业适应性是在职业活动实践中验证和发展的。高职生在学习阶段及早发现自己的个性特征，有意识地培养自己对职业的兴趣，按照职业的技能要求培养自己的专业技能，在未来的职业实践中，由于有充分的职前准备，进入工作情境后，就会主动地由最初的主观职业适合，通过职业活动实践，逐步调整个人的兴趣、价值观与职业相符合，形成实际的职业技能、能力，进而得到他人和企业对自己工作的认可，获得良好的人际关系，最终形成职业的适合性，获得职业的满足感。职业适应性提高了就能保证高职生从业后在较长一段时间内能稳定地从事某种职业活动，也就保障了高职生在职业活动中有较高的效率，从而促进了高职生个性的全面协调发展。

（三）有助于高职生获得职业满足感及促进职业生涯稳定而长足的发展

职业锚是高职毕业生早期职业发展过程中经过搜索逐步确立的长期职业贡献区或职业定位，这一搜索定位过程，依循着个人的需要、动机和价值观进行。所以，职业锚清楚地反映出个人的职业追求与抱负。这种职业追求与抱负一旦经过职业实践的验证，就会使高职毕业生在长期从事某项职业中增长工作经验，增强职业技能，从而直接提高工作效率或劳动生产率，得到企业的认同与重用。高职毕业生的职业满足感不断增强，最终形成维系职业生涯长足发展的职业幸福感。这种幸福感一旦产生就会放射出持久的魅力，使高职毕业生不断为社会创造物质财富的同时，获得精神的满足和人生的幸福。

高职毕业生也应当借助企业的职业计划表所列职工工作类别、职务升迁与变化途径，结合个人的需要与价值观，实事求是地选定自己的职业目标。一旦瞄准目标，就要根据目标工作对人员素质的要求，有目的地进行自我培养和训练，使自己具备从事该项职业的充分条件，从而在企业中树立良好的职业角色形象，获得职业生涯长足而稳定的发展。

三、如何发现并确立自己的职业锚

发现职业锚的标志是能清晰地回答这三个问题：我要干什么？我能干什么？我为什么干？要想科学地确立自我的职业锚，应做到以下几点：

（一）正视自我才能准确定位

哲学家尼采说："聪明的人，只要能认识自己，便什么也不会失去。"常言道：知人为聪，知己为明；知人不易，知己更难。一个不能正确认识自己的人，又怎么能把主观愿望和客观条件有机地结合起来，从而选择切合实际的择业目标呢？正视自身，首先要对自己有充分的认识，如思想表现、专业学习状况、身心素质等。对自己有充分的认识，有助于将主观愿望与客观实际结合起来。这里需要指出，对自身个性心理特征的充分、客观的认识，在择业时有着重要的参考作用。

职业认识影响职业选择。每个人对职业的认识不同，职业本没有高低贵贱之分，都是为人民服务，但不同行业、不同职业收入水平是有差异的，因此，有的人在选择职业时，是考虑专业应用情况，还是考虑收入水平，抑或考虑工作单位的地理位置等，都会对选择的职业产生或多或少的影响。

性格影响职业选择。性格反映着生活，同时也影响着人的生活方式。高职生选择职业时，如果善于把自己的性格特征和职业特点结合起来考虑，则有利于更好地发挥个人的性格优势和潜能。一般把性格分为外倾型和内倾型两种类型；苏联的一个科研机构曾把学生的性格划分为 16 种类型："未来理想专家"型、"理想大学生"型、"职业家"型、"院士"型、"纯理性主义"型、"勤奋"型、"平庸"型、"懒汉"型、"社会活动家"型、"博学"型、"运动员"型、"消费"型、"假现代派"型、"中心人物"型、"机灵鬼"型、"极端消极"型。

兴趣特点影响职业选择。高职生在择业中应适当考虑自己的兴趣和爱好，以便在将来的工作中更加充实、丰富，更加富有乐趣。不同的兴趣使人对不同的职业产生不同的态度。高职生应当注意培养自己多方面的兴趣爱好，增加自己选择职业的机会。

能力倾向影响职业选择。能力是指直接影响活动效率，使活动顺利完成的个性心理特征。能力是和活动密切相关的。只有通过活动才能发展能力，也才能表现一个人的能力。人的能力是在先天的基础上通过后天的社会实践而获得的。

高职生的能力除了一般能力（即智力）之外，还包括学习能力、实践能力、科研能力、社交能力、组织管理能力、创造能力等。在双向选择的今天，用人单位对高职生的要求，不仅仅局限于思想素质和学业水平，而且包括其他能力的要求，特别是需要动手能力和实际操作能力。高职毕业生在职业选择上要考虑自己的能力倾向。

综上所述，高职生在择业时，正视自我，对自己的个性心理特征有一个比较客观的认识，有助于发挥优势，避免劣势，选择理想的、适合自己的职业。

【案例】　　　　　他不是最优秀的但一定是最努力的

李某由于中考 1 分之差和重点高中失之交臂，当时的想法比较沮丧和消极，在当时的年代，一般高中升学率又很低，最终走上职业教育的道路。初到学校感觉比想象中要亲切但更有压力，本以为成绩是头几名的他，到了班里才知道成绩只能算中等偏下。但老师和同学很热情，他一下子就融入其中。由于大家都曾是以前学校的尖子……学习氛围很浓，他终于感觉到压力，第一次考试下来他成绩平平……开始有平平常常混个毕业的想法，消沉了很长时间。但是班主任梁老师的一番话让他彻底改变了这种想法。"我们要做就做第一名，就像名字 95 电一，也就是 95 第一，同时自己的人生也要是一个进取的人生，我可以不是最优秀的，但一定是最努力的，至少对得起自己的青春……"在老师的鼓励下，他发奋学习，在每天上学路程 4 个小时的情况下，每年都取得了奖学金，取得了各种职业资格证书。最终班级也评上了北京市优秀班集体。这种不虚度青春的感觉至今回想起来也算是人生的骄傲。转眼间毕业来临，终于走上社会，那时合资公司是最好的选择，由于学校口碑好，各个优质企业对该校毕业生很感兴趣，他也就有幸成为某电子有限公司的一员，由于是中日合资又是制作半导体，对员工要求非常严格。为了做好工作，他不断努力提高自己的业务素质，同时也不断努力学习充实自己，在此期间完成了本科和日语三级的深造。工作也得以晋升。如今是中国走向富强最快的年代，在 2015 年他有幸成为中国新能源产业的开创者，就职北京某科技有限公司，通过不断努力成为生产管理科科长，为国家新能源产业做出贡献的同时也实现了自己的梦想和人生价值。不忘初心，继续前进。

【点评】　每个人都是社会大机器上不可或缺的一个零件，各有各的作用。就业之前，毕业生一定要准确定位。李某认为：成功和向上真的很难很艰辛，需要有耐心，需要不断积累，不断坚持，厚积薄发，才能取得进步。工作经历使他懂得机会是给有准备的人的，当然更重要的是要踏踏实实、一步一个脚印地进行自我提升。只有找准自己的坐标，才能充分发挥作用，让自己快乐地工作，快乐地生活。

（二）立足专业规划职业生涯

高职生在进行职业选择时，应在正视自身个性特征的基础上，立足专业特长，发现并确立职业锚，科学地进行职业生涯的规划。下面是李某同学在运用职业锚理论规划职业生涯的实例，如图 1-1 所示。

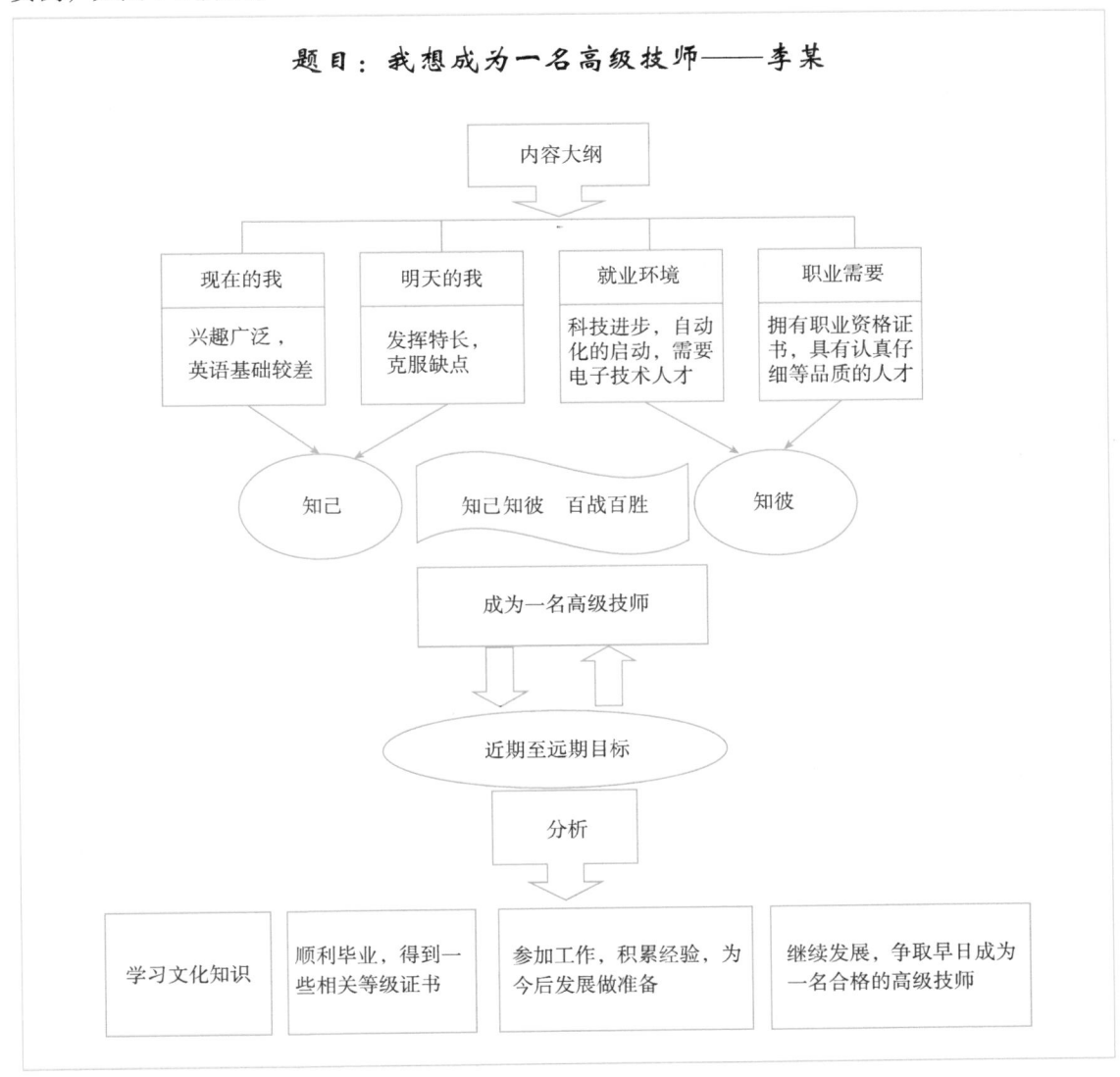

图 1-1　职业生涯规划案例

多少年来，我们似乎只知道一个信念：知识创造财富。但随着目前职业市场的激烈竞争，人们越来越意识到：如果自己要踏上事业的旅程，不仅要有文化知识还要手握一技之长，自我的人格魅力与办事能力有时比学历还要重要。

可以预见，一个全面而实用的职业生涯规划将会使高职生在众多竞争中脱颖而出，充分发挥自己的优势。

当然，一个好的职业生涯规划不能过分理想化，应该从自身出发，立足社会。根据所学专业实事求是地确定目标，落实措施。下面以李某同学的职业生涯规划为例，如图 1-1 所示。

首先，高职生应迈出最关键的第一步，确定志向。志向是事业成功的基本前提，没有志

向，事业的成功也就无从谈起。例如，李某选择的是职业学校，因而他在就学时就已经确定了专业——电子技术专业，在现今的企业中这个专业是最易被录用的，他想通过这几年的学习进入单位工作后成为一名熟练的技师，继而成为一名高级技师。

第二步，了解自身条件与对社会环境的适应性。

首先，高职生应正确认识自己，了解自己，做出恰当的自我评估。例如，李某是个兴趣广泛的男孩，爱好书法，喜欢打球，棋类也马马虎虎。在班上他虽然没有职务，是个普通学生，但自以为不差，上课认真听讲，课下帮助同学，劳动积极，参加学校及班级活动等。

其次，适时评价外界环境因素对自己职业生涯发展的影响。随着社会不断发展，科技不断进步，各行各业的自动化程度越来越高，电脑控制的普及程度越来越广，李某所在的电子技术专业的适应性也就越来越强，无论是本地企业，还是外地企业对电子技术专业的学生的需求量都很大。

因此，根据现学专业加上吃苦精神，李某认为毕业后选择一所好的企业应该是不太困难的。李某想，经过今后的努力自己可以实现更大的理想，收获更多的知识，面对更多的挑战，赢得更多机遇。

第三步，高职生确定职业选择的正确性。

首先是性格与职业的匹配。例如，李某认为自己是个有眼力见儿的人，同时也非常爱动脑，电子技术专业除了要有较强电子的专业基础知识外，还应对动手动脑能力有较高的要求，他想认真仔细、敢于创新是对这个专业最好的性格要求。

其次是兴趣与职业的匹配。古人云"干一行，爱一行"，但李某却认为应该是"爱一行，干一行"。因为喜欢，才会用心去做，他喜欢电子这门技术，同时也非常喜欢电脑，所以他选择它，相信只要有兴趣就能学好。

最后是特长与职业的匹配。当然李某的特长有很多，有些特长只能作为一种爱好，但有些特长却可能成为一种职业。擅于钻研电脑这一特长是他选择这一专业的前提。

鉴于自己的兴趣和爱好，李某更加明确地肯定了自己的志向——一名优秀的高级技师。

第四步，职业生涯路线的选择和职业目标的设定。每个人从小都有远大的理想，有些人想当科学家，有些人想当飞行员，有些人想当伟人、名人。毕业生肯定也曾经有过这样伟大的抱负，但随着时间的推移，这样的理想慢慢淡化了，变成了更有实际意义的目标。

例如，李某既然选择了专业，那么他的职业也就随之缩小了范围，他想成为一名电子技师，而成为电子技师的前提是先学好自己的专业，再找一份可以提高自己实践操作能力的工作，那他才有希望成为一名合格的电子专业的技术人才。

正确适当的目标是职业生涯规划的核心，一个人事业的成败，很大程度上取决于合适的目标。

目标应该包含两种，一种是近期目标，另一种是远期目标，并且可分为三个小阶段。

他所设定的近期目标是在学生生涯结束时得到一些有用的证书，如计算机二级证书、技能证书等。他是一名在校新生离毕业还有三年的时间，社会变化很快，他应在这三年的时间中不停地调整自己，修订目标，以期能很好地适应环境的变化。他在学完自己本专业的课程之外还应与社会环境接轨，掌握好计算机与外语等相关技能，此外，还应积极参加校内外文化活动，增强适应能力，培养吃苦精神，学会与人相处。在实习期间，树立自己的良好形象，培养正确的职业道德观。

第五步，制订行动计划与措施。

为提高自己的学习效率，尽早达到自己的目标，从入学开始他就应提高自己学习的积极性，通过动手实践与专业理论相结合的方式来提高自己的专业素质，并充分发挥《职业素养训练》课程主导作用，提高自己的职业素养。

例如，为达成远期目标，在业务素质方面所采取的措施。为更好地走入社会，适应岗位，李某除了要学习自己的本专业外，还应当掌握一些配套的辅助专业，近年来科学技术高速发展，知识流通范围日趋广泛，一项技术甚至有好几个国家共同完成，因此掌握一些必需的语言技能会在很大程度上提高自己的业务能力。这样，平时就要重视外语的学习，尽可能地在学好理论课的同时找机会积极锻炼自己的听写能力，如听听英语新闻，看看外语杂志等。

同时，互联网的作用越来越不容忽视，21世纪是网络时代，网络生存成了现代人一项很重要的生存方式。世界很大，但也可以很小。因此，熟练掌握电脑也成了今后走向社会、展现自我的重要技能。现在学校里每年都开设与计算机相关的一些课程，李某认为他应努力掌握，不断实践。

潜能的开发既有智能开发又有体能开发。智能开发是不断提高自身优势的关键，古人云：家有千金不如一技在身。现在的社会其实只掌握一门单一的专业技术是远远不够的。高职生要不断深入地挖掘，熟练掌握两至三门相关专业，这个过程在求学期间就可完成。例如，李某所学专业是电子技术专业，该专业所学内容既涉及电工、低频又涉及电子，他可以根据自己的喜好再深入学习一些机械类或电工类的课程，而且电子专业是一个基础专业，由此而派生的许多新兴专业将会更为实用。

第六步，评估与回馈。在高速发展的信息时代，变化是快速且必然的，高职生为使得现在所订的职业生涯规划行之有效，就必须在这个计划的基础上根据社会环境的变化适当地调整与修订。例如，李某的目标是一名电子技师，但若毕业后他所能找到的工作只是与电子专业相关的工作的话，如芯片组装，他就要调整这一目标，在新的环境中适应。

因此，对一份完整的职业生涯规划来说，评估与回馈是该规划能否实行的重要组成部分，在评估与回馈中，高职生可重新选择职业生涯路线，修定人生目标，变更我的计划与措施，以此来达到最好的人生状态。

第三节　低调做人　高调做事

高职生要成为企业需要的人才就要首先培养自己低调做人、高调做事的智慧。现代化大生产将生产中的每一个环节连接在一起，在环环相扣中促进了生产力水平的提高，而每个从业者都是生产环节上的一个小环节，只有懂得合作生产才能提高效率。而市场经济强调的是在竞争中发展，那么如何处理好竞争和合作的关系，不仅是企业的主题更是从业者永恒的主题。在企业中，合作要求从业者与人分享而竞争要求从业者突现个性，智慧的从业者就要学会处理好竞争和合作的关系，这就是低调做人、高调做事的智慧。低调做人强调的是学会与人分享、与人合作，高调做事强调的是学会积极拼搏、竞争创新。做人是做事的基础，只有做好了人才能做好了事，只有营造团结协作的人际关系，才能取得事业的发展。正所谓合作中有竞争、竞争中有合作，你中有我、我中有你，才能形成良性竞争、合作发展。

【案例】 　　　　　　　　　低调做人　 高调做事

　　王某1999年毕业于北京某高职学校，同年10月进入利达公司，经过实习期，进入工程部先后从事安装、调试、维修、技术指导、新员工培训等工作。在进入公司的17年的时间里，他学到了很多工作经验。领导和同事对他的支持与关爱使他在工作中更加得心应手。在工作中，他围绕中心工作，严于律己，较好地完成各项工作任务。在工作态度上，能遵章守纪、团结同事、务真求实、乐观上进，始终保持严谨认真的工作态度。在工作中，他努力提高各代产品的技术技能，积累了丰富的实践经验，取得了一定的工作经验，得到了同事、领导认可，在工作遇到疑难问题及时和领导及现场人员进行沟通并寻找最佳解决方案，总结了大量的解决疑难问题的经验，丰富了自己的技术水平，同时也为同事进行工作中的排忧解难。他强化理论和业务学习，不断提高自身综合素质，在工作中，坚持一边工作一边学习，不断提高自身综合素质水平。在生活中，他坚持发扬艰苦朴素、勤俭耐劳、乐于助人的精神，老老实实做人，勤恳做事，严格要求自己。

　　【点评】做事先做人，只有做好了人，才能做好了事。做人要低调谦虚，做事要高调有业绩，事情做好了，才能搭建继续发展的平台，寻求职业的更大发展。

一、低调做人的含义及要求

　　在企业调查中，编者了解到职场中最基本也是最重要的一个智慧，就是低调做人高调做事的智慧。高职生在应聘学校学生会干部的时候，都把低调做人高调做事作为他们应聘最重要的理由，并且得到了同学们的一致认可和广泛使用。为什么企业和高职生这么欣赏这一智慧，并积极实行落实到日常学习和工作中呢？在激烈的市场竞争中，人们更多的关注了如何去表现自己、展现自己的才华和能力，而忽略了做事是以做人为前提的。当一个人能力很强，却得不到周围人的认可时，才发现，人们不是不认可他的能力，而是不认可他趾高气扬的为人，进而否定了他的能力。高职生具有参与意识强的特点，但参与意识强不等于事事逞强，要营造人际关系的合力，就要首先从放低做人的姿态、拥有宠辱不惊的平常心开始，要从实实在在做人、踏踏实实做事开始。

（一）低调做人的含义

　　低调做人，就是拥有一颗宠辱不惊的平常心，真心诚意地与人合作，实实在在做人。它要求做人不张扬、不得意忘形，做事不追名逐利、不志得意满、不恃才傲物，低调做人才能易于合作。低调，强调的是行为表现上的低调，而内心则是目标明确和意志坚定。

【案例】 　　　　　　　　　沃尔顿的节制生活

　　沃尔顿是全球最大零售商"沃尔玛"的老板，是2002年度世界首富，他曾经慷慨捐出数亿美元给美国五所大学。不过，人们在沃尔玛的网页上根本找不到沃尔顿的照片，人们只知沃尔顿一直坚持驾驶一辆旧货车到平价理发店理发，过着有节制的生活。

　　【点评】拥有财富而不炫耀财富，拥有才智而不锋芒毕露，才能为自己在激烈的市场竞争中争取机会而不是设置障碍。《庄子》云："直木先伐，甘井先竭"，只有学会低调做人，才能为自己营造出温馨的生存环境，才能做出一番事业。

（二）低调做人的意义

在企业调查中，编者采访了许多的成功人士后发现，他们虽然在自己的岗位上取得了令人炫耀的成绩，但是为人很谦虚、心态很平实，谈到自己的成绩会轻描淡写，谈到企业的发展却侃侃而谈、充满乐观与自信。这就是他们成功的秘诀，获得成绩却做到宠辱不惊，面对名利不追逐，面对物质利益不过分奢求，进而成就了自己也发展了自己。因此，高职生要学习这种做人做事的智慧，才能成就事业。

1. 低调做人有助于营造合作的氛围

社会是由每一个充满个性的个体组成，弘扬个性、发展个性是时代进步的表征，但如果一个人过分张扬自己的个性，则不利于在团体中营造合作的氛围，也不利于营造团队和个人双赢的局面。一个人无论多么的才华出众，都不可能做完所有的工作；一个团队和社会也不可能只依靠一个人。所以，在学习和工作中，要能够团结大多数人一道做事。有人的地方就会有矛盾和冲突，因为矛盾无时不有、无处不在，许多人一道做事肯定有意见、有分歧，这是必然的，但关键是如果取得的成绩能与周围的人一同分享，那么就不是一个人单独的快乐，而是团体的荣耀，这就要求取得成绩者要学会尊重别人的劳动并给予充分的认可，这种低调做人的方法能为自己加分，也能促进团队的合作。

日常学习和生活中不难发现这样的情形：有人虽然思路敏捷，口若悬河，但他讲话别人都不愿意听，因为他表现得太张狂。表现自己没有错，错的是张狂地表现自己，就会令人不舒服。这类人喜欢表现自己，总想让别人知道自己很有能力，处处都在显示自己的优越感，以期获得他人的敬佩和认可，然而结果却失掉了在他人心中的威信，因为他人不是不认可他的能力而是不能接受他高高在上、趾高气扬的为人，最终导致对他能力的否定。因此，只有学会低调做人，才能获得人际交往的合力，才能拥有进步的源泉。

【案例】 小张的黯然离去带给我们的思考

小张，在公司工作不到半年，就选择了离开。他的专业能力和表达能力都很强并且也得到了单位的重用，那为什么他要选择离开呢？原来他在从事自由研究之余，通过偶然的机会与这家公司的员工接触，发现这位员工在介绍自己公司的产品时，说得有些不明白，于是他就从沟通技巧方面有针对性地提了一些建议。没想到该公司的老板直接打电话邀请他面谈，而后，他意外地进入了这家公司。刚进入公司，老板就让他主管产品的包装设计，他在没有征求原设计人员和同事意见的情况下大刀阔斧地修改了原设计方案，虽然有人提出了不同意见，他也不听取，自以为是地推行新的设计方案，虽然获得了老板的认可，但为此却失去了同事们的支持。当感觉工作的阻力越来越大时他选择了离职。

【点评】 做事先做人，小张的黯然离去告诉我们，个人能力再强，如果不能虚心听取他人的意见和建议，只卖弄自己的才华，结果是既不能获得他人的支持，也很难有发展个人能力的舞台。明代学者吕坤在《呻吟语》中写道："气忌盛，心忌满，才忌露。"说的就是心满气盛、卖弄才华是做人的大忌。

2. 低调做人有助于搭建踏实做事的平台

一个低调做人的人，是一个踏踏实实想干事的人。业绩是一点一滴干出来的，而不是想

出来的。想干事，是获得成长、获得社会认可、企业认可的第一步。想干事，能干事，还必须干成事，一个人只有干成了事，才能证明他能够承担责任，具备能力。能够干成事的人，首先是一个能够团结大多数人一起把事干好的人，必须是一个能够低下头来虚心倾听他人的意见的人，是一个能够弯下腰来勤恳做事的人。

3. 低调做人有助于提高做人的境界

低调做人是一种修养，是一种宽阔的胸襟，更是一种做人的境界。低调做人意味着自己要放弃虚荣、放弃张扬、放弃卖弄。学会和同学、朋友、同事、部下平等相处能使自己与他人有更多的机会相互沟通、相互融合。只有牵手他人一同在人生的赛场上奋斗，才能最终拥有分享的快乐。竞争促进社会发展，但竞争需要良性竞争而不是恶性竞争，任何竞争都需要勇气，更需要坚守做人的道德，做到谦虚谨慎、戒骄戒躁。低调做人是一种智慧，更是一种境界，懂得谦虚礼让、举荐贤者的人，必将得到人们的尊重，受到世人的敬仰。

（三）低调做人的要求

1. 自豪而不自满

低调做人要求高职生在学习和工作中踏踏实实地做人做事，努力奋斗，最大限度地发挥主动性、积极性、创造性，取得骄人的业绩，但业绩骄人却不能骄傲，因为，谦虚使人进步，骄傲使人落后。在取得成绩时，高职生不能自满、裹足不前，而要更加虚心，求得更大更好的发展。

【案例】 助理工程师小金受到工人师傅的好评

2018 年毕业于北京某大学的小金，是学机械设计制造专业的，刚到企业时，主动申请到车间一线锻炼，他把主要的工种如车工、铣工、钳工都干了一遍，熟悉了这些工种的要求，具备了一定的基层工作经验。由于尊重师傅，主动向工人师傅学习，踏实肯干、不怕脏、不怕累，很快赢得了领导、工人师傅的好评。一年后，他就调到技术开发中心，独立负责一个项目的设计开发工作。他并没有因为很快得到重用而洋洋得意、志得意满，反而更加虚心向工人师傅学习，每一个设计细节都是主动和工人师傅商讨研究的结果，最后他独立负责设计开发的第一个项目经受了实践的检验，受到了客户和用人单位的好评。但他并没有停滞不前，而是默默地和往常一样踏实地干着本职工作。

【点评】 在实践中增长才干，在"做中学""做中发展"是从业者不断进步的不竭之源。才干增长了是好事，但不能就此志得意满、趾高气扬，而要更加虚心地向实践学习、虚心地向工人师傅学习，才能迈出不断前进的步伐。

2. 低调而不低沉

低调做人要求高职生满怀高昂的热情投入到学习和工作中去，而不是每天怨天尤人地什么都不做，低沉地生活和工作。做事要懂得日积月累、不积跬步无以至千里的道理，只有脚踏实地、一步一个脚印地做事，才能成就事业。

3. 常怀宠辱不惊的平常心

低调做人要求高职生在学习和工作中，要做到正确对待成功与失败，失败是成功之母，但成功不意味着永远的高枕无忧，成功之时只是新起点的开始，人们知道这个道理但却很难做到。这就要努力培养自己常怀宠辱不惊的平常心。对待人生的成功与失败要学会用辩证的方法，看到事物有利的一面，也要看到事物不利的一面，面对不利不要悲观失望，面对有利也不要骄傲自满，这就是宠辱不惊的平常心。它要求高职生在取得成绩时，要感谢他人、与人分享。不能有一点成绩就恃才傲物，要不断地充实、完善自己。

【案例】   **恃才傲物者阻碍自身发展**

毕业于北京某大学的张某，现就职于一家装潢设计公司，张某的个人能力很强，是公司的骨干，他主持设计的几套装潢设计方案为公司带来了很大的社会效益，一些中小企业常常请他帮忙做些装潢设计，并付给他丰厚的报酬。按常理来说，张某的资历和能力早该被提拔到主任设计师的位置了，可到如今他还是个普通设计师。这是为什么呢？由于他的工作能力强，公司领导几次想提拔他，可征求意见时，同事们都说他恃才傲物、看不起人、不好共事，并表示不愿到他负责的设计室工作。由于他整天一副洋洋得意、高高在上的样子，张某逐渐失去了同事们的支持，成了"孤家寡人"，最终阻碍了自身的发展。

【点评】 当在工作上有特别表现而受到肯定时，千万不要恃才傲物，否则会给个人的继续发展带来障碍。高职生要常怀宠辱不惊的平常心，才能得意而不忘形，得利而不忘义，才会赢得人们的尊敬，成为企业需要的员工。

低调做人，不是没有原则地去做"老好人"，而是要振奋精神，脚踏实地地干好每一件工作。低调做人是自豪而不自满，低调而不低沉。低调做人的真谛是高调做事。

二、高调做事的含义及要求

【案例】   **工作就是解决问题**

随着技术的不断创新，滤波器开始向体积小功率大的方向发展，但体积的减小在增大加工难度的同时也使得波段间的干扰问题越来越严重，滤波器是重要的射频功率模块，波段间的干扰问题不解决，就会影响滤波器的工作性能。电气专业毕业的职校生方某，通过多年装配经验总结，自创了多种屏蔽板的巧妙安装方法，解决了波段间的干扰问题。在工作中，方某还通过自制调试工具，设计简易工装方法，为设计及调试人员解决了很多实际问题。

【点评】 方某通过对滤波器的屏蔽板进行巧妙地安装，就解决了工作中的实际问题。工作无小事，只要有一颗发现的心，有一种创造的冲动，就可以在平凡的岗位上做出不平凡的业绩。

在案例中，电气专业毕业的职校生方某，发挥其专业特长，对滤波器的调试和结构进行了改进，取得了骄人的业绩。职业人应像方某一样努力在工作岗位上建功立业，这就是高调做事的要求。

（一）高调做事的含义

高调做事，就是满怀高昂的热情，积极主动、敢于竞争、善于创新、勇创佳绩地做事的方式，它要求做事不沽名钓誉、不追名逐利，要以脚踏实地、精益求精的精神，坚持做实事、做好事并持之以恒。高调，强调的是事业上的成就，而面对挫折和困难时内心则是勇敢坚毅和果敢顽强的。

（二）高调做事的要求

1. 积极作为而不锋芒毕露

有为才有位，高职生只有在学习和工作中充分展示自己的才华，积极主动地工作，努力创新，奋发向上，才能有所成就，才能有所作为；但有的高职生在生活中处处锋芒毕露，期望得到认可，可是得到的不是认同而是他人的反感，这就是没有明确做事的目的是什么而遭遇的挫折，要明确有所作为是以贡献社会为目的的，而不是为了炫耀自己的成功，更不是为了沽名钓誉、追名逐利。只有这样的积极拼搏和努力才能换来丰硕成就。

【案例】　　　　　　　勤恳做事　积极创新

贺某是一个工艺员，在工作中发现封装机在封装过程中存在漏气问题，因为这个问题每年造成的直接经济损失达10万多元，他看在眼里，急在心中，虽然自己是一个刚毕业一年多的高职生，但能不能用自己的所学为企业分忧呢？于是他暗下决心，一定要解决这个技术难题。为此，他每天下班后跑图书馆翻阅大量技术文献，一有机会就把自己的改造设想与工人师傅交流，听取老师傅的意见，不断改进。经过近一年的努力，他终于探索出了主要的技术参数，对原有工具进行了改造，不仅解决了漏气问题，而且产品封装合格率由85%提高到96%，工作效率提高了20%，每年为企业节约生产成本20多万元，还获得了技术创新奖。在成绩面前，他没有沾沾自喜，只是继续默默地勤恳地工作着。

【点评】成大事者，以勤为径、以苦作舟才能实现自己的理想和抱负，世上没有做不成的事，只有做不成事的人。一个真正想成就一番事业的人，一定会在工作中积极作为、勇于创新但却不锋芒毕露，贺某可贵的是在成绩面前，他没有沾沾自喜，而是继续努力踏实地工作着，这是值得高职生学习的做事方式。

2. 勇创佳绩而不炫耀自夸

英国思想家培根说过这样一段话："如果问人生最重要的才能是什么，那么回答是：第一，无所畏惧；第二，无所畏惧；第三，还是无所畏惧。"只有在困难面前不低头，具有无所畏惧的勇气和力量，积极行动，敢于创新，才能勇创佳绩。

【案例】　　　　　　　身残志坚　勇创佳绩

莫某是名残疾人，但他身残志坚，用自己的双手在县城开辟了近百亩的美国甜竹林，创造每年4万余元的可观收入。之所以能取得这样的成绩，正是因为他超人的勇气和坚强的意志。

一无基础、二无资金、三无技能的他，仅凭着一股勇气，就开始了他的艰难的创业历程。在林业部门的技术指导下，挖坑整地种下2500株美国甜竹苗。经过一步一步地摸索，加上超出常人百倍的辛勤付出，功夫不负有心人，莫某终于有了回报。

莫某身残志坚，艰苦创业，成绩突出，但在成绩面前他没有止步，而是带领乡亲们一起干，被选为县里的残疾人代表，出席了残联代表大会，成了县城的致富模范。

【点评】取得成绩而不被成绩所累，勇创佳绩而不炫耀自夸这就是莫某成功的秘诀。成功并没有什么秘诀，就是在行动中尝试、改变、再尝试……直到成功。有的人成功了，只因为他们做到了积极行动、敢于创新、勇往直前、克服困难、艰苦创业，他们才敢于向命运挑战，不被客观条件所束缚，创造条件努力实现事业的梦想。高调做事，就要积极行动、敢于创新，机遇是不会自动找上家门的，它只会青睐那些认真做事、积极行动的人。

高调做事，不是让从业者去炫耀自己的成功，而是要求从业者要脚踏实地地干好每一件工作。高调做事是积极作为而不锋芒毕露，是勇创佳绩而不炫耀自夸，高调而不自满。高调做事的真谛是低调做人。只有处理好合作与竞争的关系，才能拥有事业的成功和长久发展。

第四节　按照企业要求进行职业素养训练

【案例】　　　　　　　　千里之行，始于足下

一位相貌平平的高职女学生，学习成绩一般。她妈妈患了不治之症。为了减轻家里的负担，她希望尽快找到一份工作。她到一家外企公司应聘，经理看了她的履历表，婉言谢绝了她。她收拾起材料，准备告辞。但她起身时，扶椅子的手掌被钉子扎了一下。原来，椅子上有一颗钉子露出了头，幸好手掌没怎么伤着。见桌子上有一条镇纸石，征得同意后，她用镇纸石将钉子敲平，然后转身离去。几分钟后，经理派人将她追了回来：她被录用了。

【点评】　勿以善小而不为，勿以恶小而为之。细小的事情也能体现出求职者的责任心。有强烈责任感的人，正是许多用人单位所需要的。面对激烈的市场竞争，高职生在任何时候都应记住"千里之行，始于足下"的道理。

对于高职生而言，要想获得事业的成功，需要首先从细节入手、从小事做起，在"做中学"，在"实践中增长才干"，更需要在日常生活和学习中有意识地训练自己的行为道德，做一个职业生涯的有心人。人生需要智慧，职业生涯更需要智慧。这种智慧对于高职新生而言就要做好迎接职业生涯的各种准备，包括：思想准备、知识准备、能力准备和素养准备。这里重点探讨的是职业素养的准备。千里之行，始于足下，从现在开始，高职生应有意识地储备自己的综合职业素养，才能成为智慧的求职者和从业者。

一、高职生要提高自身综合职业素养

21世纪是一个科技迅速发展、社会全面进步、充满着机遇和挑战的时代。在这个时代里，职业劳动者遵循职业道德规范，职业素养的高低是其事业成败的重要因素。面向企业和未来，高职生应具备哪些综合职业素养，才能胜任未来职业的要求呢？

一般认为，综合职业素养由思想政治素养、职业道德素养、科学文化素养、专业技能素养和身体心理素养五个方面的内容构成。那么，高职生应如何提高综合职业素养呢？

1. 提高思想政治素养

高尔基认为"正确的思想是引导生命航船的灯塔"。思想政治素养是人们修习科学的思想、拥有正确的政治立场与方向的素养。思想是人生的导向，政治是做人的立场，道德是做人的根本。高职生的思想政治素养表现在：具有正确的政治立场、观点和态度；正确的世界观、人生观、价值观；爱国主义、集体主义、社会主义思想；正确的劳动态度；道德品质及道德能力等。这是一个合格职业人最基本的条件，是做人的根本。思想政治素养的形成以科

学文化素养为基础，受到职业道德素养、专业技能素养的影响，又以身体心理素养为条件。

良好的思想政治素养，是成为一个合格的社会主义劳动者的先决条件。它也是人们从事职业、成就事业的精神支柱。

2. 增强职业道德素养

职业道德素养是人们在一定的职业活动范围内遵守职业道德规范的素养。高职生的职业道德素养表现在：具有社会主义职业道德意识，严格遵循社会主义职业道德基本规范；具有良好的职业道德行为，爱岗敬业，遵守诺言，履行合同；遵纪守法，以法律规范约束自己的行为。

在社会主义市场经济的发展过程中，部分从业者的拜金主义、享乐主义和个人主义思想滋生蔓延，职业道德滑坡，如商业的假冒伪劣、欺诈蒙骗等。大力倡导爱岗敬业、诚实守信、办事公道、服务群众、奉献社会的职业道德，在全民族树立艰苦创业精神，是实现社会主义现代化的重要思想保证。

如果高职生不注意提高思想政治素养、职业道德素养会造成怎样的危害呢？人们或许还记得，某公司为了走"捷径"发财，在中秋节前，把陈陷儿翻炒后制成月饼出售。不料，此事被媒体曝光，招来极大民愤，公司名声扫地。该公司由于拖欠食品原料款 2000 多万元，而自身资产却只有 600 多万元，已经向该市中级人民法院提出破产申请，法院已立案受理。

正是掺假制假断送了该公司的前程，不重视产品质量，不讲究经营道德、职业道德，最终将失去市场信誉，失去消费者的信赖，惨遭淘汰。

"人无信不立，国无德不强"，高职生是未来的职业劳动者，在未来的职业岗位中要把诚实守信的职业道德贯彻到社会生活和经济生活的各个环节，更要把讲究质量放在第一位。在充满竞争的市场经济体制下，各行各业要树立强烈的质量意识，以质量求生存，以信誉求发展。它要求每个从业者，树立"质量第一"的观念，认真履行岗位职责，有高度的事业心、责任感，一丝不苟，严把质量关，同私利驱动下的缺斤少两、坑蒙拐骗、偷工减料、假冒伪劣等不诚不信现象做斗争，使真诚成为精神生活的基础，使诚实守信蔚然成风。

职业教育要把提高高职生的职业道德素养放在首位，帮助高职生树立正确的职业观，养成良好的职业道德品质，这样高职生才能在从业过程中，认真按照职业道德规范要求自己，抵制不正之风，敬业乐业，艰苦创业，建功立业，最终努力做到"慎独"，达到道德修养的最高境界。

高职生不仅要有思想政治素养，高尚的职业道德素养，如果没有科学文化素养，也不能很好地为人民服务。

3. 加强科学文化素养

科学文化素养，是指人们获取知识和运用知识解决问题的素养。在知识经济时代，科技迅猛发展，用人单位对劳动者的科学文化素养要求很高，因为文化知识水平的高低，直接关系到经济与社会的发展。因此职业劳动者提高科学文化素养具有重要的意义。

（1）良好的科学文化素养是学习职业技能的基础。社会生产力的发展，新兴产业的崛起，新技术的采用，对劳动者科学文化素养的要求也越来越高。越来越多的用工单位在招收员工时，强调其文化程度，因为文化知识是学习职业技能的基础。科学文化素养差，掌握职业技能也就困难。

（2）科学文化素养的高低，对劳动者工作能力的大小有着决定性影响。不同的职业要求不同的文化知识。当然，一个人不可能掌握所有的文化知识，这不仅因为人的精力、能力是有限的，而且因为文化知识处于经常更新的状态。但是每个人都应当为自己选择职业而努力学好文化知识，并通过自己的勤奋学习、刻苦钻研，不断更新知识，适应职业岗位的需要。

高职生的科学文化素养主要表现在具有科学精神、文化修养、基础知识、专业知识、基本技能与专业技能等。科学文化素养是劳动者将来认识、改造自然，迎接科学技术高速度发展的挑战的必备素养，是其将来获得谋生手段和发展自身的必要条件。

【案例】 知识与技能是开启职业成功大门的金钥匙

知识就是力量。在今天的成功者中，掌握知识与技能已经成为人们走向成功和创造财富的重要途径。设备维修工徐某，充分发挥多年的设备维修经验，在保证设备运行正常、节约维修成本的前提下，对仪器进行技术改造，调换了关键部位的零部件，选用先进优质的配件和部分旧设备拆下的品牌元件，重新对设备进行了技术改造。改造后的设备操作方便、质量可靠性高。该设备投入生产后，运行正常，没有出现任何故障，为企业重点任务的完成发挥出了保障作用，但总费用只用了 1 万元，为企业节约了 8 万多元改装费。

【点评】 从徐某成功的历程中我们不难发现：在市场上求生存、求发展，仅有力气是不够的，技能、知识将是生存的根本，是开启职业成功大门的金钥匙。有知识、有技能的人在市场上有更多的就业机会和发展条件。无论如何，都不能忽视一个事实：知识与技能将越来越显示它无穷的力量！

4. 加强专业技能素养

专业技能素养，是指人们运用知识或技术，完成一定生产或工作的素养。技能有狭义和广义之分。狭义的技能，是指具有某种基础知识、完成一定生产活动的能力，即经过简单培训就能掌握或发挥的能力。广义的技能，还包括智力技能和操作技能。智力技能，是语言在头脑中进行的认识活动。操作技能也称动作技能，是由一系列外部动作构成，通过培训形成的一种合乎规定的行动方式。在完成复杂活动时，既需要智力技能，又需要操作技能。

高职生的专业技能素养主要表现在具有资料查阅能力、业务组织能力、设计计划能力、文字表达能力、实际操作能力等。随着社会生产力的飞速发展，特别是高科技产业的崛起，网络产业的迅猛发展，企业越来越需要掌握多种技能的混合型人才。

掌握专业技能，首先要学好专业知识和专业理论，这是掌握专业技能的前提；其次要进行实际操作技能实习，苦练基本功，这是掌握实际操作技能的关键。增强专业技能学习和锻炼是职校生将来成为合格劳动者的基础。

5. 提高身体心理素养

身体心理素养是人们体格和精力的状况和水平，包括身体素养和心理素养两个方面的内容。身体素养是由人的生理结构、生理机能、人体运动状况构成的，如力量、速度、耐力、灵活性、平衡、柔韧性等。此外，还包括劳动后消除疲劳的能力。身体素养直接反映人体承受负荷的能力水平，是劳动能力的基础。因此，身体素养是用人单位招工考核的一项重要内容。

不同的职业对劳动者的身体素养具有选择性。如从事铸造、冶炼、装卸、搬运等劳动强

度大的职业，对力量、耐力、平衡、柔韧性要求较高；从事脑力劳动的职业，对智力、思考集中力、反应敏锐等方面要求较高。特别应当注意的是，随着社会生产力的发展，市场竞争的加剧，生活节奏的加快，职业对劳动者身体素质的要求会越来越高。高职生要具备良好的身体素养，一要坚持体育锻炼，注意生理卫生，这样可以使人的体力、耐力增强，还可以使人的思维活动敏捷，有利于提高劳动能力。二要培养良好的生活习惯。不良的生活习惯会造成视力下降、体质减弱，不仅影响学习、影响健康，也会影响就业。良好的身体素养是学习和掌握先进的科学技术、适应紧张的社会生活和工作的保证，也是获得个人幸福的必要条件。身体素养是整个素养结构赖以存在和发展的载体和物质基础。

心理素养是个内涵较广泛的概念，包括人的情绪、意志、性格、兴趣、气质、能力等。许多研究成果表明，劳动者具有良好的心理素养才能与职业要求相适应，才能充分发挥个人的能力，创造出较高的工作效率。如果心理素养差，就难以承受市场竞争带来的压力，也难以学习和掌握较高层次的职业技能，当然也就难以创造出良好的工作业绩。

良好的心理素养是正确选择职业和顺利实现就业的前提，也是一个人事业成功的基础。

良好的心理品质包括认知、情感、意志、个性、健康人格五项指标。健康人格是指为预防人们在高科技、高竞争、高速度的现代社会中患有各种心理疾病而设立的指标。心理素养是适应环境、赢得学习和生活成功的必要条件，在人的素养形成中发挥着调节机制。

二、高职生要拥有科学的职业观

职业观是人们对某一特定职业的根本看法和态度。它包括职业地位观、职业待遇观、职业苦乐观等。

职业观是在长期的职业实践中逐步形成的，有其产生和发展的规律，它一经形成，又反过来影响甚至指导具体的职业工作和职业行为。职业观是人生理想在职业问题上的反映，是人生观的重要组成部分；正确的人生观决定正确的职业观。劳动力市场上，每个择业者都在自觉不自觉地以一种职业观指导自己选择职业，如对为什么要选择职业、选择什么职业、什么是好职业、个人适合从事什么职业劳动等的不同看法。正是由于在这些问题上的看法不同，也就产生了不同的择业方向、不同的职业行为。有人择业方向正确，有人进入误区；有人在职业劳动中成绩卓著，有人毫无作为，甚至屡次在择业竞争中失败。由此可见，职业观对就业者有非常重要的意义。

高职生要拥有科学的职业观。科学的职业观包括：树立职业没有高低贵贱之分的观念、树立扎根基层艰苦创业的观念、树立追求物质报酬与精神需求相一致的观念、树立"干一行爱一行"的观念等。

三、高职生要培养精心、精细、精确地做好每一件事的职业精神

职业精神与人们的职业活动紧密联系，是具有自身职业特征的精神。社会主义职业精神是社会主义精神体系的重要组成部分，其本质是为人民服务。不仅要有为人民服务的决心，更要有能力。高职生如果从现在开始一丝不苟、认真细致、精益求精地做事，善于发现问题、解决问题，养成主动学习终身学习的习惯，培养可持续发展的职业精神的话，那么就一定能提高为人民服务的能力。

在全面建设小康社会，不断推进中国特色社会主义伟大事业，实现中华民族伟大复兴的

历史征程中，从事不同职业的人们都应当大力弘扬社会主义职业精神，尽职尽责，贡献自己的聪明才智。在企业，想做大事的人很多，但愿意把小事做好的人却很少。再高的山都是由细土堆积而成，再大的河海也是由细流汇聚而成，再大的事都必须从小事做起，先做好每一件小事，大事才能顺利完成。高职生必须改变心浮气躁、浅尝辄止的毛病，提倡注重细节，培养把小事做细、做精、做好的职业精神。

【案例】 **企业需要精益求精的执行者**

某学校就业部门的负责人，采访了一位曾在英国学工商管理，现在在企业担任部门经理的海外归国人员张某，让他从自身经历出发谈谈企业对毕业生职业素养的要求。张某说："对职校生而言，精益求精的能力最重要。高职生需要从学校学习时就开始培养缜密思维的习惯，有意识地训练自己从全方位多角度去做好一件事的能力，学会独立思考。在工作中不是看别人是怎么做的，而是要高职生自己提出一个模型、一个方法，并具备严谨论证这个方法的可行性的能力。"

【点评】 企业不缺少雄韬伟略的战略家，缺少的是精益求精的执行者。不论做什么工作，都要具备精益求精做事的能力。高职生只有重视小事，关注细节、把小事做细、做精，才能体味细中见精，小中见大，寓伟大于平凡的道理，才能具备企业所需的职业精神。

四、高职生要培养忠诚、尽职尽责地做好每一件事的职业态度

职业态度决定职业发展，对职校生事业的成功具有重要的影响。高职生只有确立忠诚胜于能力；按照岗位要求履行职责；千方百计达成目标；改变现状首先改变自己；保持责任心，提高事业心的职业态度，才能在激烈的市场竞争中拥有一席之地，才能在未来的职业活动中不断提升自己的能力。

"积极乐观"的职业态度不仅要求劳动者忠诚，而且要求做到认真工作、快乐工作。只有把极大的热忱投入到工作中，才能做到自觉自愿地按照岗位要求履行职责。职责的履行需要坚守，只有坚守得牢固才能真正履行职责。

"责任"是最基本的职业态度，它可以让一个人在所有的员工中脱颖而出。责任胜于能力，没有做不好的工作，只有不负责任的人。责任承载着能力，一个充满责任感的人才有机会充分展现自己的能力。

高职生应有意识地在学习、生活的细节中培养爱岗敬业、忠诚于企业的职业态度和对企业、对社会、对他人负责的职业责任感。

【案例】 **忠诚敬业的毕业生受企业欢迎**

小李是个助工，刚从职业学校毕业不到两年，他总结自己的经验时说："在上学时我就特别喜欢到实验室做实验，我认为这是锻炼自己动手能力的好机会，我的毕业设计做的就是一个电路板和三接系统纠正器，虽然做得很简单，但也锻炼了自己的能力。我从小就喜欢做小模型，后来长大些，在生活中，家里的电灯坏了，我自己研究灯是怎么做的，线路是怎么接的，就这样一点点积累实践知识。我认为动手能力实际考查的是一个人的生活能力和工作态度。"他是这么说的更是这么做的，由于他积极动脑、乐于动手、忠诚敬业，工作一年半

后就被升为班组长，现在可以独立完成设计人员交付的项目制作任务了，这不仅得益于他肯动手，更得益于他忠诚负责的职业态度。

【点评】企业讲究的是经济效益，从业者对企业忠诚负责，企业就给从业者发展的机会和平台。积极动脑、乐于动手、忠诚敬业使助工小李得到了企业的培养和重用，这是值得高职生借鉴的成功经验。

五、高职生要按照企业需要确立职业理想

在双向选择的今天，高职生按照企业需要确立职业理想是非常重要的，树立正确的职业理想，对于高职学生正确处理择业问题，正确对待职业生涯，最大限度地施展自己的才华和实现自身人生价值具有十分重要的意义。高职生应该以科学的方法来正确地、全面地认识自我，了解社会、企业对人才的需要，找出自己在知识、能力等方面与社会、企业需要之间的差距，确定自己的发展方向与目标。为了成就自我，实现人生目标，高职生有必要对职业生涯进行科学合理的规划，并通过规划采取实际而具体的行动。

六、高职生要养成与人合作的职业习惯

美国心理学家威廉·詹姆士说："播下一个行动，收获一种习惯；播下一种习惯，收获一种性格；播下一种性格，收获一种命运。"

职业习惯是指职业人在长期、重复的职业活动中逐渐养成的比较稳定的行为模式。一个人的职业竞争力主要体现在他的职业习惯上。因此培养良好的职业习惯，应该成为高职生职业准备阶段的当务之急，因为习惯不可能是一天练就的，它是一种日久天长、水滴石穿的积累结果。

高职生通过学习和训练能养成与人合作的习惯、养成良好沟通的习惯、形成强大的执行力、塑造清洁工作的心态，这些都有利于高职生的事业成功。

七、高职生要培养团结协作的职业意识

高职生要培养团结协作的职业意识。团结协作的职业意识包括人和意识、时间管理意识、抗挫意识和创新意识等。职业意识的形成不是突然的，而是经历了一个由幻想到现实、由模糊到清晰、由摇摆到稳定、由远至近的产生和发展过程。

良好的职业意识是一个人事业成功的关键。高职生应在日常学习和生活中培养团结协作的职业意识，掌握团结协作的方法，进而具备团结协作的能力，最终获得事业的成功！

八、高职生要树立激情有礼自信文明的职业形象

职业形象不仅是外在的仪容仪表，更是内在职业人格的外化，是一个人综合素养的表现。所谓职业形象就是别人对从业者的工作能力、性格特征等一致而稳定的评价。高职生展示在人们面前的应该是整洁大方、富有激情、彬彬有礼、开朗、自信、文明……的形象，还应该具备踏实肯干、竞争创新的职业形象。渊博的知识和娴熟的技能固然重要，但是光有这些还远远不够，拥有大方得体的装扮，充满激情的工作态度和自信礼貌的行为举止，是高职生树立良好的职业形象，取得事业成功的条件。高职生应了解培养职业形象的途径和方法，并通过这些方法的训练，能够真正提升自身的职业形象。

只有从业者自己主动的改变，职业才会多彩，人生才能精彩，改变从现在开始！

实践园地

1. 自我检测表：《职业锚测试量表》

指导语：

《职业锚测试量表》是国外职业测评运用最广泛、最有效的工具之一。《职业锚测试量表》是一种职业生涯规划咨询、自我了解的工具，能够协助组织或个人进行更理想的职业生涯发展规划。职业锚倾向没有好坏，请根据自己的第一感觉，不假思索迅速答题。

【发放问卷】（详见教学资源）

【结果显示】

1）个人得分。

2）得分对照：了解自己的职业锚类型。

【交流研讨】如何看待自己的职业锚类型？如果自己在这个测查中某种类型得分较高，说明了什么？如果自己的某种类型得分较低，该怎么办？

2. 实践活动模型

思辨使人增长智慧，交流使人明辨是非，创造使人实现价值。所谓辨析思考，是指以教师为主导，充分发挥学生的主观能动性，以反向性思维和发散性思维为特征，根据提出的问题，经过认真准备后，发表每个人的意见，互相启发，共同研究，得出比较全面深刻的结论，通过设疑、质疑、探讨，调动学生探索知识的积极性的一种探究式学习方法。它是引导学生研究真理、探求真理、坚持真理、发展智力、提高能力的一种方法。请同学们一起来交流、思辨、创造吧！

（1）实践活动：

1）实话实说——《徐虎走进我们的生活》。

内容：为了深入理解职业劳动者应具备的优秀职业素养，同学们观看徐虎的录像后进行角色模拟。

【角色模拟】

主持人：我作为《实话实说》的主持人，下面我们采访一下徐虎，好吗？

主持人：有许多同学认为，总是从电视上看到您的事迹，可以说家喻户晓，但就是觉得您离我们现实生活很远，您怎么认识这个问题？

徐虎：□

主持人：□

徐虎：□

……

主持人总结：□

2）考评步骤。

①根据提供的题目、人物、情节开展案例讨论，如果采用分组编排小品的形式，则课下排练，演出时间不宜过长。

②紧扣"职业素养"这一主题。

③因课上时间有限，如果是表演建议用抽签方式确定 1~2 组在全班汇报表演。

④表演组要做好准备，以备表演时向同学们展示。

⑤请表演者和观看者在表演过程中产生互动，表演后谈一谈自己的体会。

3）考评要求。

根据学习内容、案例等编成短剧，分角色进行表演或案例讨论。融情景教学与情感教学、知识性与趣味性于一体，使学生始终处于一种积极愉快的学习状态。每组实行组长负责制。评委及老师将根据每位同学及小组的不同表现记录成绩。

评委组成人员由班长、团支部书记、学习委员、科代表、学生代表、教师7人组成，评委将以公正的原则、严谨的态度、严格的程序及标准给每一位同学打分。

【评分标准】（见表1-7）

表1-7 评分标准

序号	理论思维能力（20分）	理论联系实际、学以致用（20分）	语言表达能力（10分）	表演能力（10分）	态度认真（20分）	综合（15分）	加分或减分（5分）	总计（100分）
1								
...								

（2）社会调查：

内容：对一两个职业进行调查，分析职业的素养要求，目前从业者已具备的基本素养以及有待完善之处，将调查结果填入表1-8中。

表1-8 调查结果

姓 名	学 历	职 称	职 业	素养要求	有待完善之处

素养训练

游戏——提高职商

（1）训练名称：自我激励。

（2）训练目标：提高职商。

（3）训练内容：本游戏通过让同学们各抒己见，理解职业素养训练中"自我激励"的重要性。

（4）训练步骤：

第一，同学们坐好，尽量采用让自己感到舒服和放松的姿势。

第二，教师给同学们提出的命题：如何度过你生命中的最后一天？

第三，同学们就此各抒己见，讲讲自己的设想。

（5）相关讨论：

第一，同学们觉得这个命题怎么样？

第二，从这个命题中，同学们得到什么启发？

第三，同学们对"自我激励"有什么新认识？

（6）总结：

第一，这是一个很有意义的话题。话题告诉我们，假如今天是你生命中的最后一天，你就会加倍地珍惜生命、热爱生活，竭尽全力地做好力所能及的每一件事，力争做一些对自己、对他人有意义的事情，绝不浪费时间，更不会虚度年华。将生与死的主题融入每个人的体验中，进而把活着的每一天都当作生命中的最后一天去珍惜，进而提升自我激励的意义。

第二，鼓励同学们多想一些自我激励的方法，并将这种理念带回到学习和工作中去。

（7）参与人数：全班参与。

（8）时间：10分钟。

（9）道具：无。

（10）场地：室内。

第二章　职业精神的焕发

【情景再现】 把握工作的精度，成就事业的高度

【岗位】 木工

【职称】 高级技工

【工作业绩】 现代化专业生产对加工精度的要求极为严格，车内钢骨架隔断焊接精度，只有在误差极小的时候才能实现每扇隔断门互换。初中毕业的王某，为了保证质量和工期，达到加工的一致性要求，潜心研究，利用精密锯和多层板制作隔断焊接模具，使整批车内的钢结构隔断骨架焊接的误差控制在正负零点几个毫米以内，每扇隔断门都可以互换使用，做到了严丝合缝的精度。他改进的模具不仅使加工精度大大提高，而且明显提高了工作效率，使每一辆车骨架的焊接时间缩短了 4 小时。

【点评】 王某凭着对工作认真负责、精益求精的精神，对车内隔断模具设计进行了改进，提高了加工精度和工作效率。现代化的专业生产要求达到严丝合缝的精度，从事现代化专业生产的职业人更要具备这种精益求精的职业精神。有细度才有精度，有精度才有高度。滴水穿石，骄人的业绩是由无数细小的成功凝聚而成。让我们把握工作的精度，成就事业的高度。

情景再现说明：高职生应该树立精益求精的职业精神。随着社会分工的精细化程度和专业化程度的越来越高，一个要求严谨与精细的时代已经到来。可以说，现在的市场竞争已经到了精细制胜的时代，要做到精细，就要做到一丝不苟地做事，具备认真细致、精益求精，发现问题、解决问题，主动学习、可持续发展的职业精神，这是现代化大生产的客观要求，也是企业需要高职生具备的职业精神。作为 21 世纪的主人，高职生掌握企业所需的职业精神的内涵与要求，焕发起内在的现代职业精神，既有利于提高自身的职业素养，又有利于在职业活动中增加成功的机会，更有利于推进整个社会风气积极健康的发展。那么，焕发企业所需的职业精神有哪些具体内容和要求？本章将引导高职生走入既平凡又高尚、既现实又理想的职业精神境界。

职业精神是与人们的职业活动紧密联系、具有自身职业特征的精神。社会主义职业精神是社会主义精神体系的重要组成部分，其本质是为人民服务。高职生不仅要有为人民服务的决心，更要有能力。高职生如果从现在开始培养企业所需的职业精神，那么就一定能提高为人民服务的能力，成为企业需要的有用的人才。

第一节　一丝不苟地做事

【案例】　　　　　　　统一标准提高产品质量

付某为提高功放插件的装接质量，提高工作效率，经过认真研究，仔细推敲，制作了功放插件的标准导线表和样板工艺图，在实际施工时，组织人员严格按照标准工作，不仅保证了产品的一致性，还确保了产品质量，使功放插件的装接工作实现了准流水线的工作方式，大大提高了工作效率，仅此一项，每年为企业节约成本19.5万元。

【点评】　一个严格遵循标准、一丝不苟做事的人能在实际工作中为企业节约生产成本，用行动诠释为人们服务的决心和能力。这就是企业看重的职业精神，只要具备了像付某一样一丝不苟工作的职业精神，就有能力建功立业。

在全面建设小康社会，不断推进中国特色社会主义伟大事业，实现中华民族伟大复兴的历史征程中，从事不同职业的人们都应当大力弘扬社会主义职业精神，尽职尽责，贡献自己的聪明才智。在企业，想做大事的人很多，但愿意把小事做细的人很少。不论做什么工作，都要重视小事，关注细节，把小事做细、做精，才能细中见精，小中见大，寓伟大于平凡。高职生要培养注重细节，把小事做细、做精，精确地做好每一件事的职业精神。

一、一丝不苟地做事的含义及意义

认真做事只是把事情做对，用心做事才能把事情做好。一丝不苟地做事才能把事情做细、做精。

（一）一丝不苟地做事才能体现严谨精细的作风

"泰山不拒细壤，故能成其高；江海不择细流，故能就其深"。随着科学技术在生产中的广泛应用，严谨与精细已经成为企业在竞争中取胜的法宝。可以说，哪个企业生产的产品能够达到严丝合缝的精度，哪个企业就会在激烈的市场竞争中脱颖而出，哪个劳动者生产的产品能达到严丝合缝的精度，哪个劳动者就能在激烈的市场竞争中崭露头角。要做到严谨与精细，首先要做到严谨地做事、严格地按照规范要求做事，不论是从企业的内部管理，还是外部的市场营销、客户服务，能否做到严谨与精细关系到企业的前途，关系到个人的成败。

高职生总想轰轰烈烈地做大事，成就一番伟业，这没有什么不好，但关键是，有多少人能天天轰轰烈烈、天天做大事呢？更多的人是过着平凡普通的生活，做着单调琐碎的事情，但这就是生活的每一天，工作的每一小时，是成就大事不可缺少的基础。因此，要想取得成功，就要做好每一件力所能及的小事，就要做到严谨、严格地做事，就是要一丝不苟地做事。

（二）一丝不苟做事的含义

苟：苟且，指做事马虎。丝：计量单位。一丝不苟地做事是指做事很细心，丝毫不马虎，连最细微的地方也不放过。

○小资料

一丝不苟执行制度的肯德基

肯德基是美国著名的快餐连锁企业。该企业于1987年在中国建立了首家西式快餐厅，20世纪90年代初进入上海以后就一发而不可收，到现在连锁店已经覆盖全国。为什么肯德基能够在中国这样一个餐饮大国中站稳脚跟呢？许多人探究后发现：肯德基真正的优势在于其产品背后的一丝不苟地执行规范的管理制度。肯德基规定汉堡机的温度要控制在规定时间内，蜂鸣时间（25±2）秒，圆筒约转2圈半；汉堡重量（80±5）g，高度控制也有具体规定；煮粟米时要进行水温控制，滴水30秒，滴油10秒；粟米机每周清洁，每次需要13.2升水和350毫升白醋，加热时间有控制；老北京鸡肉卷打汉堡酱、甜面酱的克数都有明确规定，且保存10分钟等；个人仪容要求所有项都达成才能得分，如标准的制服，干净且平整，帽子佩戴整齐，手指甲修剪整齐、清洁，且不可涂指甲油，胡须要刮干净或修剪整齐，不可佩戴手表及任何饰物，如果达不到就要失分，这些都要进行每日检查每日打分。正是有了这些严格的质量标准和制度，才有了肯德基的发展。

二、如何做到一丝不苟地做事

在今天激烈的市场竞争中，成功是每一个从业者追求的，但如何取得成功，却需要学习。那么，如何才能做到一丝不苟地做事呢？

（一）做事严格执行标准，确保遵守规则

加入WTO后，许多企业按照国际标准实行了质量管理，它要求从业者要严格执行质量标准，不能有丝毫的马虎，这就要求从业者具备遵守规则、执行规则的意识和能力，而目前这方面是从业者十分缺乏的。在企业调查中，编者深感让高职生具备这样的能力是多么的重要。柳传志回想联想的发展历程时说，联想就是从制定"小"规定逐渐培养一种严格遵守规则、执行规则的规则意识开始发展的。对规则的尊重和严格执行，使得联想用高质量的产品和服务获得了广大客户的认可，企业也因此获得了迅速的发展。

高职生应从遵守"小"规定开始，逐渐培养一种严格遵守规则、执行规则的规则意识及能力，只有这样才能成为企业需要的人才。

【案例】　　　　　*严格训练实现操作标准的统一*

李某为了提高组装数字话筒的合格率，他潜心研究话筒的设计工艺，多次试验证明设计没有任何问题，那为什么组装的合格率低呢？他到生产一线，与工人师傅们交流，发现是由于不同的人组装时，不规则的外力按压极头，造成极头吸膜所致。虽然找到了原因，但解决起来并不顺利，要让所有从事组装的工人都严格按照操作标准，有规则地按压极头是很困难的事。为此，他多次带领工人们学习操作规范，建立了按照操作标准作业的规章制度，使工人们掌握有规则的外力按压的方法，终于工人们增强了按照操作标准作业的意识，熟练掌握了有规则的外力按压的方法，使得组装数字话筒的合格率从以前的65%提高到94%，大大提高了劳动生产率。

【点评】19世纪丹麦哲学家克尔凯郭尔说："每一件事情都变得非常容易之际，人类就只有一种需求了，即困难。"每一个人都想做事情，但严格按照操作规范、一丝不苟地把细小的事情做好却是困难的，正因为有困难，才需要高职生从现在开始养成一丝不苟执行规范的能力，将来才能胜任工作的挑战。

(二) 严谨地做好每一件事，确保把事情做到实

有位心理学家分析，现在许多人认为自己匆忙、烦恼的原因是人心理上形成了一种错误的图像，似乎随时都会有什么事情等着自己去做，由于事情多，就敷衍塞责、粗心大意。正确的认知是无论自己在一天中有多忙碌，时间有多紧迫，也要把这一天的事情一件一件地安排好次序，一个一个地解决。如果不能都解决，就从先解决一件事开始。这样就不会忙中出错了。很少有人能在一生中，把每一件事都做好，但能做到的是，把眼前的事情做好，先把一件事做到严谨周到，这样日积月累就能成为行家里手。一生严谨地做好一件事中的"一"，不是唯一，而是坚持的意思，是踏踏实实、始终如一地做好每一件事。每天严谨地干好一件事，每年干好一件事，一生干好一件事，始终如一，最终才能收获成功的微笑。

(三) 全力以赴去做事，确保把事情做到位

许多时候，我们并不缺乏做事的热情，缺乏的是一种全力以赴做事的决心和行动。如果能够全力以赴地去做事，总会为自己赢得发展的机会的。美国前国务卿柯林·鲍威尔回忆他在汽水厂做清洁工作的经历时说："这一段经历让我明白了一个道理，那就是：做事一定要全力以赴，细致周到地把事情做好，不管你做什么，总会有人关注你的。"

每个从业者只有全力以赴、细致周到地去做每一件事情时，才会在实干中发现应该努力提高的地方，才会有机会创造继续发展的平台。如果每日只是得过且过，不思进取，即使机遇在自己面前也会被自己错失的。高职生应明白这个道理：都是做事，敷衍塞责地做事也浪费了每日的大好时光，如果能全力以赴地做事，时间没有改变，但改变的是企业对从业者的评价，得到的是企业的认可，人们的尊重，这样多有意义。为什么不试着去做有意义的事情呢？那么就请高职生从现在开始注意培养自己全力以赴、细致周到的职业精神。因为只有遵循全力以赴、细致周到的职业精神，个人才会得到人们的尊重和认可，才能获得职业发展的机会。

【案例】　　　　　用心发现细小差异就能解决实际问题

华宝利是为数不多的私人订制橱柜品牌，较高的品质源于每一个微小的细节。之前因柜门单孔拉手松动及脱落引发的售后问题，一直困扰着公司的售后部门。为了解决该问题，降低拉手问题的售后率，曹某多次到客户家，调查造成拉手松动的原因，最终发现是由于单孔拉手由一条螺丝固定，长期受力的情况导致固定螺丝松动。问题找到了，那么又该怎样解决呢？首先，在固定螺丝上增加了弹簧垫片，同时在螺丝杆上涂抹防松动涂层，再建立严格的标准化作业规程，通过给每一名安装工人进行培训，最终实现了单孔拉手售后返修率由25%下降到0%的目标，大大降低了售后费用。

【点评】曹某的心得就是只要全力以赴地去做事，就一定能从发现细小的问题入手，找

到解决问题的办法，得到企业和工人师傅的认可和尊重，也就找到了人生的奋斗目标，就能收获职业的成功。

第二节　认真细致　精益求精

【案例】　　　　　　把小事做细是成功的基础

年近花甲的周某，通过加焊一条加固条，实现了对焊接工艺的改进。在焊接电器盒时，在盒体和盒盖的接缝处很容易断裂，他总结多年工作经验，巧妙地在盒体和盒盖的接缝处内侧加焊一条加固条，使得焊缝处非常牢固，成倍提高了盒体和盒盖的合页焊接工艺的速度和质量，还使盒体实现了互换装配。自从使用了他设计的这套辅助焊接工具后，产能翻了两番，并且避免了焊接时强烈的弧光对工人的眼睛和面部的强烈伤害。

【点评】　现代企业的竞争是人才素质的竞争。发扬"把小事做细"的精神，就一定能在自己的专业领域中有所作为。

情景再现说明：年近花甲的周某，通过加焊一条加固条实现了对焊接工艺的改进，提高了劳动生产率，同样高职生只要能具备对工作认真负责、精益求精的职业精神，也能为企业的发展做出自己的贡献。贡献不分大小，只要努力发现工作中需要改进的细节，同样能取得成功。孟子曰："明足以察秋毫之末"，就是说眼睛连鸟兽的细毛都看得清，后人用此比喻目光敏锐，连极小的事物都看得清楚。今天，在职业生活中就要具备这种发现细小问题的敏锐眼光。卡耐基曾说过这么一句话："我年纪越大，就越不重视别人说些什么，我只看他们做了什么。"海尔集团的总裁张瑞敏说过，"把简单的事做好就是不简单。"在市场竞争中，无论是企业还是个人如何做好工作取得业绩，关键在于是否抓住了一个"细"字，一个"精"字。如果每个职业劳动者能把自己所在岗位的每一件细小事做好、做到位、做到精就已经很不简单了。其实我们每一天都在和细节打交道，都在做着小事。俗话说"成也细节，败也细节"，重视细节达到了一定的高度，就聚合成了细度，细度决定精度，精度决定高度。

一、精益思想的由来及认真细致和精益求精的含义

现代化大生产要求在统一中提高劳动生产率，市场竞争要求在差异中寻求发展。那么，在统一的大生产中能发现细小的差异就是成功的前提。认真细致、精益求精就是用发现细小问题的眼光和方法，达到生产上的精益求精，实现劳动效率的提高，这既是生产创新的方法又是职业的智慧。因此，只要我们认真地对待生活、对待工作，就没有什么战胜不了的困难，就没有攀登不了的高峰，就一定能凭我们的双手开创成功的未来。认真是细致的前提，精益求精是细致的最高要求。

（一）精益思想的由来

1973 年的石油危机，使日本的汽车工业闪亮登场。在其他汽车制造企业纷纷效益下滑甚至破产的时候，丰田公司的业绩却开始上升，以丰田的大野耐一等人为代表的精益生产方法开始受到世人的瞩目。精益生产的创始者们，创立了独特的适合日本国情的汽车生产方法：多品种、小批量、高质量和低消耗的精益生产方法。曾在丰田公司工作过的美国密歇根

大学日本技术管理教程主任约翰·舒克说："丰田生产体系需要大量详尽的计划、严格的纪律、勤奋的工作和对细微之处的专注"。正是由于它的出现是经历了市场检验的结果，所以它的成功方法被推广到制造业以外的所有领域，尤其是第三产业，把精益生产方法扩展到企业活动的各个方面，促使人们思考如何用较少的人力、较少的设备、较短的时间和较小的场地，创造出尽可能多的价值，这就是精益思想的核心，也是我们需要认真思考和身体力行的。

提高产品质量、降低消耗、以最少的投入得到最大的产出，这是企业追求的增产增效的方法。对于从业者个人而言，将追求更好、更精、更细作为对自己工作的要求时，才能成为企业需要的人才。

（二）认真细致和精益求精的含义

认真是指以严肃的态度或心情对待工作。细致是指精细达到顶点。精益求精中的精是指完美；益是指更加。精益求精是指已经好了还要求更加好。认真细致、精益求精是指以严肃的态度把事情做到最完美。认真是工作态度，精细周密是工作的方法，追求极致、完美是工作的境界。

高职生要从日常生活和工作中的小事出发，把小事做好，才能成就大事。连小事都不能做好的人，如何期待他去做成大事？只有把小事做好，才能做到认真细致地做好自己的本职工作。一个人的工作精神、工作面貌就是在工作无小事的态度中体现出来的。看不到细节，或者不把细节当回事的人，对工作往往缺乏认真的态度，对事情常常是敷衍塞责，马虎大意，得过且过。而考虑细节、注重细节的人，不仅认真对待工作，将小事做细，而且在细节中能发现问题寻找机会，从而使自己走上成功之路。事实证明，把小事做好的人，心中装着的是对社会的"大责任"，也唯有那些心中装着"大责任"的人才能留心"小细节"，才能做好"小细节"。

二、如何做到认真细致、精益求精地做事

（一）精细地做好每一件事

辩证唯物主义认为，共性寓于个性之中，个性离不开共性。要想在激烈的市场竞争中，有所创新有所发现，首先要具备从共性中发现个性的能力，这种能力是需要逐渐培养的。精细地做好每一件事，就是这种能力的一种表现。精心的前提是用心，很多高职生做事的热情很高，也很想把事情做好，但常常收效甚微，一个很重要的原因就是难以用心发现事物共性中的个性，进而不能发现事物细微之处的变化，不能及时把握事物的差异，结果很难为自己营造发展的机会，更不能创造佳绩。

【案例】 三级台阶的巧妙之处

德国工程师注重细节的设计，这是值得中国工程师借鉴的，其中三级台阶的设计就很有代表性。进入地铁口，必须踏上三级台阶，然后再往下进入地铁站。这本身没什么特别，但就是这三级台阶，在下雨天既阻挡了雨水倒灌，又减轻了地铁的防洪压力，提高了运营效率。自一号线运营以来还没有动用过防洪设备，为什么看上去并不特别的设计却能发挥这样

的功效呢？因为上海地处华东，地势平均高出海平面就那么有限的一点点，一到夏天，雨水经常会使一些低层的建筑物进水而造成损失。德国的工程师设计室外出口时就注意到了这一细节，巧妙地设计了三级台阶，避免了损失的发生。

【点评】 德国工程师巧妙的设计得益于他们认真细致、精益求精的职业精神，这是值得我们学习的。我们在引进世界先进技术的同时，也要学习他们认真精细的职业精神，这样才能让我们找到差距，弥补不足，更快发展。

（二）精心地做好每一件事

精心地做好一件事，许多人都能做到，但精心地做好每一件事，恐怕就不容易了，这不仅需要具备精益求精的职业精神，更重要的是要有持之以恒的决心和行动，更要有遇到困难不退缩的顽强意志。只有高职生有意识地训练，才能最终养成精心做好每一件事的习惯。这种有意识的培养应从职业工作中遇到的小事做起，例如，一名某品牌的销售人员就要注意培养自己细心收集消费者购买和使用后的反馈信息的习惯，如消费者关心的是款式、品牌、产地、质地等信息，还是关心舒适度、时尚感等信息，对这些信息有了仔细的了解后，就能对产品的更新、换代、功能等提出有价值的建议，也会为自己将来创业积累成功的资本。精心地做好每一件事最后受益的是自己，积少成多、积水成渊就是这个道理。

（三）精确地做好每一件事

每一项科学成果的发现需要研究人员认真进行数据的验算，哪怕一个小数点的变化也会使结果大相径庭，这是众所周知的事情。但是人们在具体工作中，设计或生产产品时就把精确地进行科学研究的这种精神置之脑后，结果常常有因一个小细节的忽略或失误造成巨大损失的事情发生。2003年2月1日，美国哥伦比亚号航天飞机返回地面着陆前意外发生爆炸，飞机上的7名宇航员全部遇难。事后的调查表明，造成这一灾难的罪魁祸首是一块脱落的隔热瓦，这块隔热瓦是航天飞机上2万余块之一，它们的用途是为了避免航天飞机返回大气层时被3000摄氏度的高温所融化。这意外的爆炸使世界一片震惊。震惊之余，人们思考是什么造成了这么惨重的损失，不是技术不先进，而是使用技术的人没有具备先进的职业理念，才导致了惨剧发生。世界开始关注细节，企业开始关注细节，个人开始培养自己重视细节的习惯，才有了"成也细节、败也细节"的理念流行。高职生应从现在开始培养自己精确工作的意识和精确工作的能力，那么就能迎接未来的挑战，成为因细节成功的人之一。

总之，精心、精细、精确地做好每一件事，自觉养成认真细致、精益求精的职业精神，才能成为企业所需要的优秀员工。

第三节　发现问题　解决问题

【案例】　　　　　主动成为解决问题的行家里手

CDA气体是控制所有电磁气动阀门的动力源，它的异常会导致整体系统的供水中断。一旦CDA气体异常，恢复到正常的生产线用水指标则需要很长的周期。职业院校毕业的姜某，经过与工程师讨论、自己潜心研究，提出了备用气源方案，实现了对洁净压缩空气的改进。创新项目实施后，系统再也没有因此问题而产生供水中断事故。之后他又再接再厉对气源管道径进行改造，彻底解决了系统的安全问题，为生产线的正常生产提供有力保障，间接挽回经济损失达上千万元。

【点评】每个从业者都想成为单位里的佼佼者，每个管理者都想聘到优秀的人才，每个企业都需要德才兼备的人才。也许立场不一样，但最终的落脚点都是一样的：企业需要解决问题的专家型人才。要想成为企业需要的优秀人才必须做到：不断发现问题、解决问题，敢于接受挑战，把问题当机会，学会发现问题，成为解决问题的行家里手。

谁能在工作中主动发现问题、解决问题，谁就能成为企业所需的专业人才。因此，高职生要争当发现问题、解决问题的专业人才，并从现在开始培养自己具备这种职业精神。

一、发现问题、解决问题的意义

在企业什么样的人受工人师傅赞誉呢？就是那些愿意发现问题并能够解决问题的优秀人才。企业讲求的是效益，工人师傅们讲求的是能力，谁能干别人干不了的活，就一定会在工人中享有盛誉。谁能解决别人解决不了的问题，一定会受到企业的重用。每个人在生活和工作中找到自己位置的最好办法是能够解决问题。工作过程就是不断发现问题、解决问题的过程。因此，做一个发现问题、解决问题的能手是具有现实意义的。

（一）问题与机遇并存

对于从业者而言，工作的过程其实就是不断发现问题、解决问题的过程。不要把希望寄托在下一次，要敢于面对问题，以积极的心态解决问题才能使从业者不断进步，把问题当作机会，只有把问题解决了，才能为自己赢得机遇。所以问题与机遇并存，如果不能发现和解决新的问题，也就不可能发现和抓住与问题相伴而来的新机遇。在工作中，新的问题有时候会带来新的机遇，而机遇同样也会以问题的形式出现。在机遇出现时将问题处理好才是工作的关键。智慧的从业者往往善于在问题中寻找机会，解决问题的方法越找越多，机会也就越来越多。关键是从业者以什么样的心态看待出现的问题，如果逃避问题、推卸责任只能使问题更严重。最好的办法，就是勇敢地承担起自己的责任，积极地寻找有效的解决问题的办法。

（二）问题与发展并存

企业常常面临这样的选择：是发展还是被淘汰？答案是唯一的，就是要发展，用发展来提高劳动生产率，用发展来开拓市场，用发展来促进产品更新换代。而要发展就首先要解决阻碍发展的现实问题：是机器设备陈旧？产品没有新的设计方案？还是市场同类产品饱和？无论是什么问题，都必须用发展来解决，机器设备更新了，劳动生产率提高了；产品有新的设计方案了，市场得到了开拓，市场份额提高了，经济效益增长了。只要是积极地想办法，问题就可以一个一个解决，企业就能一步一个台阶地发展了。

问题像弹簧，你弱它就强。企业在解决问题中得到发展，而从业者同样面临各种各样的问题，以什么样的态度面对问题，就会得到什么样的结果。只有主动发现问题、认真对待问题，才能找到解决问题的方法。如果问题出现了，就要选择勇敢地去面对，将不利的条件当成是前进的动力，让问题伴随自己成长，这样再大的问题也就不会成为问题。如果躲避问题就相当于躲避机会，对学习和工作中的问题置之不理、不认真地对待，就会使个人危机重重

无法发展。只有把问题找出来，经过努力把问题解决掉，才能让自己突破一个个发展的瓶颈，得到真正意义上的发展。

（三）解决问题就是职责

学习和工作中都会遇到许多的问题，当问题出现时，不要被动地躲避，而要主动地迎上前去，因为解决自己学习和工作中的问题是自己分内要做的事，是自己的职责。推三阻四不仅不能解决问题，反而增添了新的问题。解决问题是自己的职责，我们要把解决问题看作是自己展现才能的机会，努力地借助问题的解决来体现自己的价值，最大限度地发掘出自己的潜能。能够解决更多的问题，就有更多发挥潜能的机会，同时也能让自己的聪明才智有用武之地，何乐而不为呢？

【案例】　　　　　神州小组运用 QC 解决问题

由于 CZ5 制品对公司完成当年预算起着重要作用，随着年初投入的不断加大，在线制品非常多，但高电流前造成了大量仕挂，所以提高高电流的稼动率，是关系着企业的产品质量和信誉的重要问题。郑某、田某所在神州 QC 小组发现了一个最简单的方法，就是对高电机离子源进行改造，降低灯丝交换设备的等待时间，对全员进行 EDP 教育，专人管理假片、参考片，对工艺技术员进行统一教育，并进行定期岗位认证。这样一个小小的改革，就使灯丝交换设备的等待时间从之前的 10.38% 降低到 4.38%，实作业平均稼动率从 62% 提高到了79%，为公司节约了大量的生产成本，避免了次品、废品的出现，为企业赢得了长期合作的伙伴，提高了运用 QC 解决生产过程中遇到问题的能力。

【点评】　当遇到问题时，就勇敢地去解决吧。因为解决工作中遇到的问题不仅是自己的职责，更是展示自己才干的最好时机。如果能够像郑某、田某所在神州 QC 小组一样地解决问题，那自己的能力就能又一次得到了提高。

二、如何做个发现问题、解决问题的优秀员工

用对方法做对事，才能取得事半功倍的效果，提高了主动发现问题、解决问题的问题意识，还要能掌握解决问题的方法，才能更好地为人民服务。

（一）主动发现问题并提出合理化建议

一个优秀的人才应该主动提出建议，只要是对企业有帮助的建议，就要大胆提出来，要知道，合理化建议，可以让企业摆脱困境，也能让自己的才能充分发挥，这对于企业和个人的发展都具有积极的意义。

针对企业存在的问题向企业提出合理化的建议，这既是每一位从业者的权利，也是从业者应尽的义务。只要是对企业有帮助的建议，就应大胆地提出来。

（二）带着解决方案去提建议

带着解决方案去提建议，是创新地解决问题的有效途径。即使发现了问题并找到了解决问题的办法，如果没有让解决问题的方案有效实施的能力，同样也不能使问题得到积极的解

决。因为，每个人只要愿意都可以做到提建议，但如果提的建议得不到企业的重视与应用，同样也会伤害建议者的自尊心而使建议者失去提建议的兴趣。任何事只要想做，就要竭尽全力地做好，就要想方设法在建议提出后收到反馈，并能在实际生产中应用。

中国的"打工皇帝"唐骏，就是在他还是微软公司的一名普通的程序员时，发现了Windows 在多语言开发模式上存在的错误后，写了一份书面报告，不仅提出了 Windows 存在的问题也解决了问题，并将自己编的程序同时写进了报告中。"Jun，你不是第一个带来解决方案的人，也不是第一个提出这个问题的人，但你是唯一一个对解决方案找到论证办法的人。"唐骏得到了直接上司的这样评价，同时也得到了面见比尔·盖茨，畅谈自己方案的机会，自此得到了不断的发展，成了打工者的神话。

（三）争当解决问题的专家

企业中的员工一般分为三种：制造问题者、解决一般问题者、解决疑难问题专家。例如，不能按照图纸的要求进行施工，不断地制造问题，这样的员工除了制造麻烦外一无是处，是最不受欢迎的人。大多数员工对于工作中出现的一般问题都能轻松解决，能胜任工作，他们是企业赖以生存的基础，但是对于难题就不能解决了。有一些优秀的员工善于解决疑难问题，并总能找到问题的关键，他们是企业发展的支柱人才。

随着科技的进步、经济的发展，不断改进方法，提高技术水平，成为企业的客观要求。正因为有这样的客观需求，企业更欢迎那些具有创新精神、能解决疑难问题的专家，高职生要从现在开始培养自己具备解决疑难问题的能力，才能在企业发展中找到自己的位置，成就一番事业。

争当解决问题的专家，就要提高解决问题的能力，这种能力是在解决一个一个的难题中锻炼出来的，谁也不是天生就具备这种能力，只是他们在面对不可预期的困难时总是干劲十足、精神饱满地去迎接挑战。他们从来不抱怨，总是想方设法找出解决问题的最佳方案并身体力行。这样的人是企业发展的动力，在企业最需要的时候帮助企业渡过难关，在不断解决疑难问题中人生价值得到了实现，体味到了被需要的满足。

（四）让问题止于自己

洛克菲勒曾经说过："思路一转变，原来那些难以解决的困难和问题，就会迎刃而解。"让问题止于自己，说的是要有解决问题的勇气和信心，要相信自己，别人能解决的问题，自己也行。只不过学会从另一个角度看问题，思路一转变，就会有"众里寻他千百度，蓦然回首，那人却在灯火阑珊处"的感觉。信心和勇气来自于实践，如果一有问题，就交给别人处理，自己永远是门外汉，总会有"我不行"的挫败感，要有让问题止于自己的勇气和行动。这要先从发现细小问题开始。工作中的问题是细小的，如果能从细微处着手，一定能够发现差异，找到不同就找到了出路。集中精力，瞄准目标，发现第一个可以解决的问题，再循序渐进、有效地解决更多的问题。

总之，实践出真知，只有解决第一个问题，才有第二个问题、更多问题的解决，才能在解决问题中得到进步和发展。从解决问题中寻求发展的机遇，每一个问题的解决都可能为自己找到了更快发展的机会。争当解决问题的专家，让问题止于自己，是解决问题的方法，更是做人的智慧，也是高职生应培养的合乎企业要求的职业精神。

第四节 主动学习 持续发展

【案例】 珍惜学习时光苦练基本功

小李刚从学校毕业一年，谈完他这一年企业工作的经历后，他感慨地说："还是非常留恋学校的学习生活的。记得上学时，教我电工课的老师，每次上课都一遍一遍不厌其烦地给我们讲如何读转数、如何接线等，当时只觉得老师太烦了，讲一遍得了，干什么这么没完没了地讲。到了工作岗位后，最怀念的就是这位电工老师，我深刻认识到了：书到用时方恨少的道理，如果当初在学校学习时再认真一些该多好。"他非常希望学弟学妹们能吸取他的教训，学习时要认真刻苦，实训时要积极动手、苦练基本功，只有基础知识和基本技能掌握了，到企业后才有继续发展的基础。

【点评】 学以致用要先从学习开始，只有学会学习、主动学习、认真学习，才能在企业实践中将所学知识应用到生产实际中。任何知识的产生都源于生产实践的需要，反过来又指导生产实践的发展。珍惜学习时光苦练基本功，才能在未来的职业实践中建功立业。

积极主动地向书本学习、向社会学习、向生产实践学习、向企业学习、向工人师傅学习是高职生不断发展的基础。生活在不断地发生变化，人只有主动学习、终身学习才能适应社会的发展变化，实现自身的可持续发展。在信息时代，任何个人的生存与发展、企业的生存与发展，都必须以主动学习他人的成功经验为前提和起点。主动学习，不仅是企业要求，更是时代召唤，不仅是一种压力，更是一种动力，不仅是一种责任，更是一种职业精神。

一、主动学习的含义及意义

联合国教科文组织国际教育发展委员会的报告中指出："教育应该较少地致力于传递和储存知识，而应该更努力寻求获得知识的方法"。当前我国职业教育改革的方向是面向企业，促进职业人的全面发展。显然，让从业者学会主动学习是职业教育的要求，也是从业者的内在要求和客观需要。

（一）主动学习跟上时代发展的脚步

经济的发展、科技的进步带动了职业的发展，新职业不断涌现，旧职业不断消失。从业者一生只从事一个职业的时代已发生了很大的变化，职业岗位的不断变化已成为不争的事实。新职业是经过严格的程序筛选出来的，我国多种新职业的产生更验证了我国经济发展的速度之惊人，据不完全统计，我国目前就业人员的职业转换平均已有 4~5 次之多。世界各国职业岗位的变化更是日新月异，有资料显示：美国的产业工人一生中岗位流动平均达 17 次之多。职业劳动者只有主动学习，不断掌握新知识、新技能才能跟上时代发展的步伐。

如果不思进取、不主动学习，就会停滞不前，就会错失发展的机会。有许多同学不是不想学习，而是没有坚持学习的毅力。要培养主动学习的职业精神，先培养坚持学习的意志力，有了意志力就能战胜各种困难，由被动转为主动，最终在学习中增长知识、培养可持续发展的能力。

企业需要的是有知识、懂技术、会操作、能创新的俊才，而不是只会学习书本知识，一到企业什么也不会的书呆子。企业需要的是拿起工具会用、操作的设备能运转、出现的故障能及时解决的实用型人才。要成为这样的实用型人才，就要具备主动学习、持续发展的职业精神。高职生应从现在开始培养自己成为实用型人才，具备主动学习的职业精神。

(二) 主动学习的含义

"学习"，最初是两个概念：一个是"学"，一个是"习"。最早，"学"是用以聚集知识的意思，而"习"则是反复做的意思。后来将学习两个字连用。学以致用也是学习的一种方式，而且是更重要的学习方式，学不是为了纸上谈兵，是为了指导实践。

学习是人从阅读、听讲、研究、实践中获取知识和技能的实践活动。学习的主体是人，是人自觉地获取知识和技能的方式。学习者既要学习知识更要参与社会实践，并运用知识指导实践，反复练习提高技能。离开实践的学习是空洞的读书，读书是为了使用，实践是更重要的学习。从这个意义上，主动学习是一种企业需要的在实践中积极自主的学习。学是为了用，学以致用是高职生主动学习的目的。

主动学习是人发自内心的从阅读、听讲、研究、实践中获取知识和技能的实践活动。主动学习强调的是把学习知识、参加实践作为自己的主观需要而进行的活动，是变"要我学"为"我要学"的内心体验和行为要求。高职生今天的学习就是为了将来参加企业实践，在实践中检验和使用学习的成果，更好地服务社会。企业需要的是积极主动参与生产实践的学习者。学习者将所学的先进科技运用到生产中带动劳动生产率的提高，促进企业经济效益的发展，从而成为企业需要的有知识、懂技术、会操作、能创新的实用型人才。

二、如何适应企业的要求培养主动学习的职业精神

"不必别人交代，积极主动做事"的人，就是目前企业最迫切需要的人。而许多刚毕业的学生到企业后，由于在学校学习时基础知识不扎实、没有掌握实际操作的技能，感到无从下手，干活不积极。要改变这样的状况，首先从培养积极主动的做事态度开始。

(一) 凡事主动出击

凡事主动出击，这是一个做事的态度，也是做事的主动性原则。干活不积极的毕业生主要有这样两种情况：一是，不会干。由于没有掌握实际操作的要领，一干就出错，一出错就会受到批评，越怕出错越干不好，逐渐地不敢干了，也就更不会干了。这种情况出现后，毕业生需要冷静下来认真学习操作规程、虚心向工人师傅请教、多动手多干活多实践，只有干多了，才熟练，只有熟练了，才不容易出错，熟能生巧就是这个道理，不怕不会，就怕不干，在做中学，在实践中才能增长才干，只要具备主动学习的态度，具备主动做事的方法，就一定能成为行家里手。二是，不想干。毕业生由于感到在生产一线当工人，与自己的职业期望相差甚远，没有工作的积极性。这种情况出现后，需要毕业生冷静下来认真思考：学习是为了什么？学是为了用，学习是为了指导实践，在生产一线的实践是所有的成功者必须要经历的过程。成功不是一天造就的，而是多次在实践中学习、在实践中锻炼提高的结果。如果没有一线生产的经验，设计师设计出来的图纸只能是空中楼阁，无法使用；如果没有一线生产的经验，做出来的市场策划只能是心血来潮，无法应用；如果没有一线生产的经验，不

熟悉每一个岗位的要求、每一个设备的性能、每一个产品的特点，做出来的企业发展方案只能是虚无缥缈，无法实现。

高职生应该具备主动率先的精神，任何时候都不能满足现有的知识，要积极主动适应社会的发展，努力学习新知识、新技术。一个停滞不前的从业者，是不会受到企业的欢迎的。主动学习的从业者，能把眼光放在远处，自我鞭策，自我栽培，自我锤炼，主动进取，不断进步，不用扬鞭自奋蹄。自主学习能让高职生在知识的海洋里自由遨游，在高技术的领域中自由飞翔。

凡事主动出击，是企业发展需要的精神。在激烈的市场竞争中，每个企业都必须时刻以增长为目标，以发展求生存。从业者更要快速学习行业变化的新趋势和技术变化的新方式，主动提高自身的技能。企业需要具备超强学习能力的人，需要"积极进取"和"学习型"的从业者，这是企业发展的需要。具有这种精神的从业者，是企业不断发展的支柱。

（二）让"多做一点儿"成为自然

让"多做一点儿"成为自然是从"多一盎司定律"中领悟到的成功人士取得成功的方法之一。著名投资专家约翰·坦普尔顿在大量观察研究的基础上，提出了"多一盎司定律"。他认为，取得突出成就的人和取得中等成就的人做了几乎同样多的工作，差别很小，只是做了"多一盎司"的努力，取得的成就却天差地别。这个观点一提出，马上引起了很大的反响，许多文章纷纷发表议论，表示赞同。该观点很快被引进到国内，应用于很多的领域中，在职业指导领域成为一个很有说服力的观点。

"多一盎司定律"成为取得成功的可以复制的方法之一，对高职生是有借鉴意义的。试想如果我们每天在学习中，多看了一本书、多学会了一个公式、多掌握了一个实训工具的使用方法，就可以比别人多获得了一点儿知识、一个技能。如果让"多做一点儿"成为自然的事情，成为不可或缺的每天必做的功课的话，将来在职业生活中，可能就是因为今天的多一点儿付出，而获得了多一分收获。

在职业生活中，如果让每天"多做一点儿"成为自然，可能就做到了在机器旁多学习一点儿操作方法，和工人师傅多探讨一点儿机器设备的使用技巧，和产品设计人员多学习一点儿设计思路，和产品销售人员多交流一点儿产品的性能特点。长此以往，收获的可能就不是一点儿，而是能够全面了解产品的生产工艺、生产过程、销售渠道，自己也就能为企业开拓新的市场提出有价值的建议，也会为将来的创业奠定基础。所以，从现在开始培养自己具备每天"多做一点儿"的职业精神，就一定能有事业的成功。

（三）高效率地利用时间

有人说："时间是由分秒积成的，用'分'计算时间的人，比用'时'来计算时间的人，时间多59倍。所以，善于利于零星时间的人，总会做出更大的成绩来。"时间对每一个人是公平的，但不同的是，人们使用时间的效率不同，自然产生了极大的差异，有人惜时如金，而有人则荒废时间。有人在等待提行李的片刻还在给客户发邮件，说明报价，而有人则在等待提行李的片刻还在打电话抱怨等待的时间太长、太烦闷；有人下班还在研究客户资料，而有人上班时间吃早餐、谈论私人事情；有人读名著、读励志的书并写下读书笔记时时鞭策自己，而有人阅读的东西没有任何有效信息，也没有获得任何启发；有人马上行动，而有人总想等一下去做……这些就是造成差异的细小原因，却成了决定成功与失败的最大要素，所以，珍惜时间、高效率地利用时间，才能让时间这一"分、秒"的博士，发挥特长，助你一臂之力，获得成功。

总之，凡事主动出击、让"多做一点儿"成为自然、高效率地利用时间，这些做事的态度没有什么高深的理论，更没有什么晦涩难懂的地方，但如果真正行动起来，恐怕也没有那么容易。对于高职生而言，再高的山需要从第一个台阶起步，只要肯努力，肯行动，就一定能行。

高职生除了具备企业所需的一丝不苟地做事、认真细致精益求精、发现问题解决问题、主动学习的职业精神外，还应该从自身需要出发，培养依法就业的自我保护能力，在保护自我的基础上发展自我，实现可持续发展。

三、培养依法就业的自我保护能力实现可持续发展

高职生在就业过程中会遇到信息不公开、不公平录用等侵犯高职生权利的情况。在对高职生进行就业指导过程中也经常有高职生担心自己在就业中的合法权益无法得到维护，担忧自己因权益受到侵害而在就业竞争中处于不利地位。那么高职生如何维护自己的合法权益呢？高职生权益保护的一个重要方面就是高职生进行自我保护，学会运用法律手段维护自身的合法权益。针对侵犯自身就业权益的行为，可首先与有关用人单位协商解决。协商不成的，可向签订协议所在地的毕业生就业工作主管部门申请调解，也可依法向有关部门申请仲裁或直接向人民法院提起诉讼。

（一）依法签订合同

高职毕业生在就业时，应学会运用法律手段进行自我保护。自 1995 年 1 月 1 日起施行的《中华人民共和国劳动法》（以下简称为《劳动法》）和自 2008 年 1 月 1 日起施行的《中华人民共和国劳动合同法》（以下简称为《劳动合同法》）是保护劳动者合法权益的有效途径。这两部法律后续都经过了修订。高职生通过这两部法律的学习，可提高自我保护能力，实现可持续发展。

1. 劳动合同的作用

依法签订劳动合同，是高职毕业生维护自身合法权益，进行自我保护的有效手段。通过订立劳动合同而确立的劳动关系，受到法律的保护。即使用人单位没有与劳动者订立劳动合同，只要存在用工行为，该用人单位与劳动者之间的劳动关系即建立，与用人单位存在事实劳动关系的劳动者同样享有劳动法律规定的权利，这是对劳动者权益的进一步保护。

2. 劳动合同的内容和双方的法律责任

（1）劳动合同的内容

劳动合同的内容是指劳动合同双方当事人协商达成的劳动权利义务的具体规定。它表现为劳动合同的条款。

我国劳动合同的内容分为必备条款和约定条款两方面。

必备条款是指《劳动法》规定的劳动合同必须具备的条款。必备条款包括：用人单位的和劳动者的真实信息；劳动合同期限；工作内容和工作地点；工作时间和休息休假；劳动报酬；社会保险；劳动保护、劳动条件和职业危害防护；劳动纪律；劳动合同终止的条件；

违反劳动合同的责任等事项。

约定条款是指在不违背法律的前提下，可以自愿协商，约定其他各自权利、义务。用人单位与劳动者可以约定试用期、培训、保守秘密、补充保险和福利待遇等其他事项。

变更劳动合同应在平等的基础上相互协商，取得一致意见才能变更，任何一方当事人都无权单方变更劳动合同。

（2）双方的法律责任

用人单位违反《劳动法》，主要表现为制定的劳动规章制度违法、违反工作时间的规定、违反工资报酬的规定、违反劳动安全卫生的规定、非法招用未满 16 周岁的未成年人的规定、违反对女职工和未成年职工特殊保护的规定、采用非法手段强迫劳动者劳动的规定、违反社会保险的规定、无理阻挠行政监督等方面，用人单位因违法行为要承担相应的民事责任、行政责任和刑事责任。

劳动者违反《劳动法》，主要表现为提前解除劳动合同，应承担违约责任；违反劳动合同中约定的保密义务或者竞业限制，给用人单位造成损失的，应当承担赔偿责任。

高职毕业生签订劳动合同时，要特别注意以下几点：

一是，没有签订合同同样受到《劳动合同法》的保护。一些用人单位不依法订立书面劳动合同，以为这样就可以在辞退劳动者时较为随便，并且不必支付经济补偿，实际上这是错误的。为了规范用人单位的用工行为，保护劳动者的合法权益，《劳动合同法》明确规定："用人单位自用工之日起即与劳动者建立劳动关系。"也就是说，即使没有签订书面劳动合同，只要存在用工行为，劳动关系即建立，劳动者即享有劳动法律规定的权利。但这并不意味着就不用签订劳动合同了，《劳动合同法》明确规定："建立劳动关系，应当订立书面劳动合同。"因为用人单位和劳动者签订的劳动合同，可以对劳动法律未尽事宜做出详细、具体的规定，在发生劳动争议时也是解决纠纷的重要证据，是对劳动者权益的保护，所以签订劳动合同是非常必要的。

二是，签订劳动合同时要明确试用期。试用期是用人单位与劳动者在劳动合同中协商约定的对对方的考察期。试用期属于劳动合同的约定条款，双方可以约定也可以不约定试用期；试用期包含在劳动合同期限之内；试用期最长不得超过六个月。但无论是高职毕业生还是用人单位，一直存在认识上的误区，以为在试用期内，不需要任何理由，都可以随时与对方解除劳动合同，实际上这是错误的。《劳动法》规定，用人单位只有在试用期内证明劳动者不符合其录用条件以后，才可以单方解除劳动合同。针对一些用人单位滥用试用期的问题，如试用期过长、过分压低劳动者在试用期内的工资、在试用期内随意解除劳动合同等问题，《劳动合同法》规定："劳动合同期限三个月以上不满一年的，试用期不得超过一个月；劳动合同期限一年以上不满三年的，试用期不得超过二个月；三年以上固定期限和无固定期限的劳动合同，试用期不得超过六个月。"劳动合同仅约定试用期的，则试用期不成立，该期限为劳动合同期限。高职生明确了试用期的规定，就可以依法维护自己的合法权益。

三是，要明确签订劳动合同期限的要求。一些用人单位为规避法定义务，不愿与劳动者签订长期合同。大部分劳动合同期限在一年以内，这影响了劳动者就业稳定权的实现。《劳动合同法》规定，劳动合同期限分为固定期限劳动合同、无固定期限劳动合同、以完成一定工作任务为期限的劳动合同三种类型；并且规定用人单位与劳动者双方协商一致，可以订立任何类型的劳动合同。同时，为了解决劳动合同短期化问题，高职生要引导用人单位与自己订立更长期限的固定期限劳动合同以及无固定期限劳动合同。《劳动合同法》规定："用人单位与劳动者协商一致，可以订立无固定期限劳动合同。"有下列情形之一，劳动者提出或者同意续订、订立劳动合同的，除劳动者提出订立固定期限劳动合同外，应当订立无固定期限劳动合同：劳动者在该用人单位连续工作满十年的；用人单位初次实行劳动合同制度或者国有企业改制重新订立劳动合同时，劳动者在该用人单位连续工作满十年且距法定退休年龄不足十年的；连续订立二次固定期限劳动合同，且劳动者没有法定解除的情形，续订劳动合同的。用人单位自用工之日起满一年不与劳动者订立书面劳动合同的，视为用人单位与劳动者已订立无固定期限劳动合同。以上这些都是对劳动者合法劳动权益的维护，高职生要认真学习。

3. 劳动合同与毕业实习协议的区别

毕业实习协议是明确毕业生、用人单位、学校在毕业生就业工作中权利和义务的书面表现形式。毕业实习协议一般由国家教育部制订样式。毕业生与用人单位签订毕业实习协议应遵循规范。

【案例】　　　　　　　毕业实习期间将人撞死谁承担责任？

2018 年 4 月 22 日下午 14 时许，在某汽车公司 4S 店工作的女孩李某，驾驶客户张某的轿车到公司的洗车区洗车，由于疏于观察，将正在检验车辆的员工周某撞伤。虽经医院全力抢救，但周某仍于当日死亡。2018 年 8 月 28 日，李某因过失致周某死亡，被法院判处有期徒刑一年，缓刑一年。周某去世时仅 36 岁，家在农村的他一直是家中的顶梁柱，上有年迈的父母，下有一双不满十岁的儿女，周某的妻子也没有固定工作。2018 年 5 月 22 日，周某一家老小共 5 人将李某、某职业技术学院、某汽车公司、轿车车主张某、某保险公司告上了法院，要求他们赔偿被抚养人生活费、死亡赔偿金等合计 853185.84 元。

法院受理此案后发现，李某是某职业技术学院的学生，出事的当天，是她在某汽车公司工作试用期的第二天。而此时，李某尚未完全脱离实习生的身份。在某职业技术学院，记者看到了该职业技术学院和某汽车公司的实习协议。协议中规定，李某的实习期限为 2017 年 12 月 1 日至 2018 年 5 月 30 日。在 2018 年 4 月 21 日，李某在汽车公司进入了工作试用期，想不到第二天就出了事。因为李某此时还没有正式从某职业技术学院毕业，还是在校学生，受害人家属这才将学院也一并告上了法院。

【点评】　法院认为，从实习协议书的内容看，李某的实习是一种"就业型实习"，因此，对李某的监督和管理的主要职责应转移至汽车公司，其从事职务行为所产生的法律后果应由汽车公司承担。同时，李某尚未毕业，具有学生身份，学院仍具有一定的教育、管理和监督的职责，因此，职业技术学院承担一定的责任。法院最终判决：五原告获得合计 11468.90 元赔偿；驳回原告的其他诉讼请求。

从以上案例得知：毕业实习只有在法律保障的前提下，当事人的权益才能得到维护。那么，毕业实习协议与劳动合同的区别是什么呢？毕业实习协议与劳动合同均为用人单位录用毕业生时所订立的书面协议，在就业过程中，有些毕业生有时将两者等同，有时又将两者割裂开来，因而有必要了解毕业实习协议与劳动合同的区别。

（1）主体不同

毕业实习协议适用于应届毕业生与用人单位、学校三方之间，学校是毕业实习协议的鉴证方或签约方，毕业实习协议对用人单位的性质没有规定，适用任何单位；而劳动合同只适用于劳动者（含应届毕业生）与用人单位（不含公务员单位和比照实行公务员制度的组织和社会团体以及军队系统）之间，与学校无关。

（2）内容不同

毕业实习协议的内容主要是毕业生如实介绍自身情况，并表示愿意到用人单位就业，用人单位表示愿意接收毕业生，学校同意推荐毕业生并列入就业方案，而不涉及毕业生到用人单位报到后，所享有的权利义务。劳动合同的内容涉及劳动报酬、劳动保护、工作内容、劳动纪律等方方面面更为具体，劳动权利义务更为明确。

（3）时间不同

一般来说毕业实习协议签订在前，毕业实习协议应在毕业生就业之前签订，而劳动合同往往在毕业生到用人单位报到后才签订。

（4）目的不同

毕业实习协议是毕业生和用人单位关于将来就业意向的初步约定，是对双方的基本条件以及即将签订的劳动合同的部分基本内容的大体认可，并由用人单位的上级主管部门和高职校就业部门统一鉴证，一经毕业生、用人单位、高校、用人单位主管部门签字盖章，即具有一定的法律效力，是编制毕业生就业方案和将来双方订立劳动合同的依据。

劳动合同是劳动者和用人单位就劳动期限、劳动报酬、劳动保护、劳动条件、社会保险、违约责任、争议解决等签订的书面协议，一经双方签字或盖章，即具有法律效力，是解决劳动争议的依据。

（5）适用法律不同

毕业实习协议发生争议，除根据协议本身内容之外主要依据现有的毕业生就业政策和法律对合同的一般规定来加以解决，尚没有专门的一部法律对毕业实习协议加以调整。而劳动合同发生争议，应依据《劳动法》和《劳动合同法》来处理。

毕业实习协议反映的是一种民事法律关系，签订协议就是一种民事行为，违反毕业实习协议按民法等法律处罚。例如，高职毕业生有权对所选单位了解情况，这叫作知情权。高职毕业生在就业过程中要注重对用人单位主体资格的认知，了解私营企业的公开的字号、固定的住所、经营范围等；了解法人的名称、组织机构、场所、经营范围、注册资金、总资产额、债务情况等；了解事业单位、企业和公司的章程等情况。

高职毕业生就业过程中可能会遇到一些违约和侵权事件。如用人单位中途违约，通知被录用者被取消录用资格；毕业生到用人单位报到，用人单位拒绝接收；单位接收毕业生报到后没有按约定给予相应的待遇；用人单位将毕业生个人的知识产权占为己有；对毕业生依法维护权益的行为进行人身攻击或威胁等。

高职毕业生与用人单位签订的毕业实习协议与报到后签订的劳动合同都是双方法律行为，如果协议中附带有特殊的条件如住房待遇、科研经费待遇等，这种协议又称为附条件的法律行为。毕业实习协议及附加条件必须以书面的形式双方签订。在具体就业过程中，毕业生签完主协议后，对附加条款不进行文字注明和双方签字，只接受口头承诺，这是非常不可取的。

【案例】　　　　　　能同时签两份毕业实习协议吗？

有一位毕业生寒假期间参加某地就业市场，与某企业签订毕业实习协议书，当地人事部门也盖章进行了鉴证，随后将协议书寄到学校，学校就业指导中心盖章同意。后来该生又参加某银行组织的面试，该银行表示同意接收，该生向学校就业指导中心索要毕业实习协议，就业指导中心老师对他解释，因他已和某企业签协议，须在解除协议之后，方可与银行再签订毕业实习协议。

【点评】有的毕业生对毕业实习协议的法律性质还缺少真正的了解，毕业生与用人单位签订毕业实习协议后，应按照规范执行，否则是要承担相应的后果的。

高职毕业生就业应遵守诚实信用原则。这实际上也是按民法对当事双方的要求。高职毕业生在向用人单位介绍自己时，不够诚实，签约后毁约或不报到均违反了民法的有关规定，应真实反映自己的实际能力和价值取向，不能夸大其词。这既对用人单位负责，又对自己负责。不仅如此，毕业生也应了解用人单位的诚信情况，以保障自己的权益不受损害。现实生活中，个别用人单位对毕业生承诺了很多优惠待遇，但当毕业生上岗后，这些待遇不兑现或不完全兑现，损害了毕业生的权益。对于毕业生来说虽然还有法律上的补救措施，但那也是得不偿失，所以在与用人单位签订协议前，了解其诚信情况就显得非常重要了。

（二）高职毕业生就业权益

高职毕业生作为就业过程中的一个重要主体，享有多方面的权益，根据目前的就业规定，高职毕业生主要享有以下几方面的权益：

1. 获取信息权

就业信息是毕业生择业成功的前提和关键，只有在充分占有信息的基础上，才能结合自身情况选择适合自身发展的用人单位。获取信息权应包括三方面含义：

（1）信息公开，即所有用人信息向全体毕业生公开。

（2）信息及时，即毕业生获取的信息必须是及时、有效，而不能将过时、无利用价值的信息传递给毕业生。

（3）信息全面，即毕业生有权获得准确、全面的就业信息，以便对用人单位有全面的了解，从而做出符合自身要求的选择。

2. 接受指导权

学生有权从学校接受就业指导，学校应成立专门机构，安排专业人员对毕业生进行就业指导，包括向毕业生宣传国家关于毕业生就业的有关方针、政策；对毕业生进行择业技巧的指导；引导毕业生根据国家、社会需要，结合个人实际情况进行择业。毕业生通过接受就业指导，可准确定位，合理择业。当然，随着毕业生就业完全市场化，毕业生也可寻求和接受社会上合法机构的就业指导。

3. 被推荐权

高职学校在就业工作中的一个重要职责就是向用人单位推荐毕业生。实践证明，学校的推荐往往在很大程度上影响到用人单位对毕业生的取舍。被推荐权包含三方面内容：

（1）如实推荐，即高职学校在对毕业生进行推荐时，应实事求是，根据毕业生本人的

实际情况向用人单位进行介绍、推荐。不能故意贬低或随意捧高毕业生。

（2）公正推荐，即学校对毕业生进行推荐应做到公平、公正，应给每一位毕业生就业推荐的机会，不能厚此薄彼。公正推荐是学校的基本责任，也是毕业生享有的最基本的权益。

（3）择优推荐，即学校根据毕业生的在校表现，在公正、公开的基础上，还应择优推荐，用人单位录用毕业生也应坚持择优标准。真正体现优生优用、人尽其才。这样才能调动广大毕业生和在校生学习的积极性。毕业生在就业过程中可凭自身综合素质的提高来取胜。

4. 选择权

毕业生只要符合国家的就业方针、政策，可以自主地选择用人单位，学校、其他单位和个人均不得干涉。任何将个人意志强加给毕业生，强令毕业生到某单位就业的行为是侵犯毕业生选择权的行为。

5. 防止就业歧视权

用人单位在录用毕业生的过程中，也应公正、公平，一视同仁，不应存在各式各样的歧视。但是部分用人单位录用毕业生时还不同程度地存在就业歧视的现象，如对性别的就业歧视，对身体条件的歧视等。

6. 违约求偿权

毕业生、用人单位签订协议后，任何一方不得擅自毁约。如用人单位无故要求解约，毕业生有权要求对方严格履行就业协议，支付违约金。毕业生有权利要求用人单位进行违约补偿。

（三）高职毕业生就业后应有的权益

依据《劳动法》的规定，劳动者就业后享有平等就业和选择职业权、取得劳动报酬权、休息休假权、在劳动中获得安全卫生保护权、接受职业技能培训权、享受社会保险和生活福利权、提请劳动争议处理权、法律规定的其他权利。其他权利具体包括依法组织和参加工会，参加企业民主管理，进行科研和技术开发，对劳动过程中的违章行为进行监督和批评，依法解除劳动合同等权利。高职毕业生就业后尤其要注意落实以下权利：

1. 取得劳动报酬权

我国《劳动法》规定，为了保障劳动者的权益，国家实行最低工资保障制度，用人单位支付劳动者的工资不得低于当地最低工资标准。工资应以货币形式按月支付给劳动者本人，不得克扣或者无故拖欠。劳动者在法定休息日和婚、丧假期间及依法参加社会活动期间，用人单位应依法支付工资。在标准工作日安排劳动者延长工作时间时，应依法向劳动者支付不低于工资的百分之一百五十的工资报酬；休息日安排劳动者工作又不能安排补休的，应支付不低于工资百分之二百的工资报酬；法定休假日安排劳动者工作的，应支付不低于工资的百分之三百的工资报酬。

《劳动合同法》规定：用人单位有下列情形之一的，由劳动行政部门责令限期支付劳动报酬、加班费或者经济补偿；劳动报酬低于当地最低工资标准的，应当支付其差额部分；逾期不支付，责令用人单位按应付金额百分之五十以上百分之一百以下的标准向劳动者加付赔偿金：未按照劳动合同的约定或者国家规定及时足额支付劳动者劳动报酬的；低于当地最低工资标准支付劳动者工资的；安排加班不支付加班费的；解除或者终止劳动合同，未依照本法规定向劳动者支付经济补偿的。

2. 享受社会保险和生活福利权

社会保险，是指国家或社会对劳动者因年老、疾病、生育等丧失劳动能力或暂时失去劳动能力而失去生活来源时，给予物质帮助的一种制度。主要有养老保险、工伤保险、医疗保险、失业保险、生育保险等。用人单位和劳动者必须依法参加社会保险，缴纳社会保险费。

3. 获得劳动安全卫生保护权

劳动安全卫生保护，主要是保护劳动者的生命安全和身体健康。《劳动法》规定，用人单位必须建立、健全劳动安全卫生制度，严格执行国家劳动安全卫生规程和标准，对劳动者进行安全教育，防止劳动过程中的事故，减轻职业危害。劳动安全卫生设施必须符合国家规定的标准。用人单位必须为劳动者提供符合国家规定的劳动安全卫生条件和必要的劳动防护用品，对从事有职业危害作业的劳动者应当定期进行健康检查。劳动者对用人单位管理人员违章指挥，强令冒险作业，有权拒绝执行，对危害生命安全和身体健康的行为，有权提出批评、检举和控告。

【案例】 **试用期内不慎受伤是否享受工伤待遇**

王某于 2018 年 10 月 1 日到某公司从事机器维修工作，此前双方未签订劳动合同，只是口头约定试用期为一个月。但是工作了三天后，2018 年 10 月 4 日上午 11 点，王某在维修机器时不慎被机器挤伤左手拇指。虽然该公司支付了王某的住院医疗费，但当王某要求公司支付工伤待遇时，该公司称王某受伤时处于试用期，公司还没有与王某签订正式的劳动合同，因此王某不享受工伤待遇。那么，王某究竟能否享受工伤待遇呢？

【点评】 王某是与用人单位存在事实劳动关系的劳动者。而王某受伤情况符合《工伤保险条例》第 14 条规定的相关情形，故应认定王某系因工负伤。《劳动合同法》第 7 条规定，用人单位自用工之日起即与劳动者建立劳动关系。试用期包含在劳动合同期限内。该公司没有与王某签订劳动合同，属于违法行为，而公司以试用期为由拒绝支付工伤待遇，更是侵犯了劳动者的合法权益。由此可见，职工的工伤待遇应从劳动关系形成之日起计算，而不是从试用期满之日起计算。

高职生应保障自身的劳动权益，同侵权行为做斗争，提高依法就业的自我保护能力，才能实现可持续发展。

实践园地

1. 自我检测表：《大学生学习适应性量表》

指导语：

《大学生适应性量表》是关于大学生学习适应性方面的调查。每一个问题后面的选项，分别代表与个人的实际情况相符合的不同程度。请根据本学期以来的学习情况，在最能反映个人的实际情况的选项处上打"√"。回答无对错之分，回答好坏取决于答案在多大程度上反映了个人的真实感受和想法。因而要尽可能如实作答。

测查内容是大学生如何应对在学校环境下的学习适应问题。每个题后面有 5 个选项：

A、绝对符合；B、非常符合；C、基本符合；D、非常不符合；E、绝对不符合。

选 A 得 1 分，选 B 得 2 分，选 C 得 3 分，选 D 得 4 分，选 E 得 5 分。

请注意，每个题只能选一项，不要多选和漏选！

完成本问卷大约需要 15 分钟，请不要做过多的思考，也无须和别人讨论。

【发放问卷】（详见教学资源）

【结果显示】

1）个人得分_____。

2）得分对照：了解自己的学习适应性。

3）结论：得分越高，说明学习适应性越好，要继续坚持。得分越低，说明学习自制力极差，有较大可能会面临上网成瘾等问题，需要及时纠正。

【交流研讨】如何看待自己的学习适应性状况？如果自己在这个测查中得分较高，说明了什么？如果自己得分较低，该怎么办？

2. 实践活动模型

思辨使人增长智慧，交流使人明辨是非，创造使人实现价值。辨析思考是指以教师为主导，充分发挥学生的主观能动性，以反向性思维和发散性思维为特征，根据提出的问题，经过认真准备后，发表每个人的意见，互相启发，共同研究，得出比较全面深刻的结论，通过设疑、质疑、探讨，调动学生探索知识的积极性的一种探究式学习方法。它是引导学生研究真理，探求真理，坚持真理，发展智力，提高能力的一种方法。请同学们一起来交流、思辨、创造吧！

（1）实践活动：

读一读以下案例，前后桌同学议一议，把自己和同学的感想写在案例后的方格内。

案例：亨利食品加工公司的经理亨利·霍金士先生从化验鉴定报告单上发现，自己公司生产的食品配方中起保鲜作用的添加剂有毒，虽然毒性不大，但长期服用对身体有害。经过权衡利弊，最后他毅然向社会宣布：防腐剂有毒，对身体有害。之后，所有从事食品加工的老板指责他别有用心，打击别人，抬高自己，联合起来抵制亨利公司的产品。亨利公司濒临倒闭。这场争论持续了四年之久，就在霍金士倾家荡产之时，其名声却家喻户晓，他得到了政府支持，产品也受到了人们的欢迎。在很短的时间里公司恢复了元气，规模扩大了两倍。霍金士一举坐上了美国食品加工业的第一把交椅。

自己的感想： _____

_____

同学的感想： _____

_____

（2）思维导图：

根据所学，展开自己的想象力，请把职业精神看作一棵枝繁叶茂的大树，把职业包含的内容看作是大树的枝枝叶叶，请同学们操纵画笔为这棵大树添枝画叶吧！

素养训练

游戏——我现在面临的问题是什么？

（1）训练名称：我现在面临的问题是什么？

（2）训练目标：增强问题意识及解决问题的能力。

（3）训练内容：发现问题的一个关键性前提就是要有明确的问题意识，本游戏通过让同学们共同发掘自己可能没有认识到的问题，帮助同学们可以重新审视自己的能力，增强同学们的问题意识及解决问题的能力。

（4）训练步骤：

第一，教师提问，你现在面临的问题是什么？你将如何解决？事实上每个人都有面临的问题，所以只要你能认真地找出问题，你一定能找到解决问题的办法。

第二，就下列题目，请学生在空白纸上填写：

1）自己现在面临的问题是什么？

2）自己需要解决的主要问题是什么？

3）解决问题的关键是什么？

4）解决问题的方法是什么？

5）制定出解决问题的方案。

第三，将学生分为4人一组，分享彼此所写的问题及解决方案，同时互相讨论还有什么好办法能解决彼此的问题？

第四，最后教师告诉同学们，每个人都有自己面临的问题，发现问题才能解决问题，找到解决问题的办法，解决问题的能力才能得到提高。

（5）相关讨论：

第一，游戏开始是否觉得无从下手，感觉面临的问题太多了，但想了一段时间之后呢？

第二，这个游戏对于寻找解决问题的方法有什么帮助？

（6）总结：

第一，问题与机遇并存，只要主动发现问题，就能在解决问题中找到发展的机遇。

第二，发现问题并不难，但要树立主动发现问题的意识，具备解决疑难问题的能力还需要不断训练。

（7）参与人数：集体参与。

（8）时间：10分钟。

（9）道具：无。

（10）场地：室内。

第三章　职业态度的力量

【情景再现】用业绩回报企业

【岗位】产品研发

【职称】技术员

【工作业绩】高职毕业的曹某在从事激光修复工作期间，面对公司产品成品率较低、每天报废大量液晶屏的现状，他主动要求企业送自己去参加培训，这期间他刻苦学习专业知识并运用知识指导实践，在原有维修方法的基础上，他运用设备维修原理，将维修失败的液晶屏归纳成几类，并增加了几个维修点，从而实现了将报废液晶屏维修成合格的液晶屏。改进维修方法后，不仅提高了产品良品率，而且降低了生产成本，每月挽回6万元的经济损失，并由此延伸出来5项创新项目，每月为企业节约18万元成本。有的私营企业听说后想用高薪聘请他，都被他一一回绝了，他说："企业培养了我，我要用业绩回报企业。"

【点评】曹某凭着对工作认真负责的精神，改善产品维修方法，降低生产成本，提高了产品良品率，受到了企业的好评。当私营企业想用高薪聘请他时，他用忠诚回报了企业。忠诚地对待企业，就是忠诚地对待自己。忠诚在任何国家、任何时代都是必要的。忠诚敬业并不仅仅有益于企业，最大的受益者应是自己。对职业的责任感和对事业高度的忠诚感一旦养成，会让自己成为一个值得信赖的人，一个可以被委以重任的人。这种人永远会被企业所看重，永远不会失业。世界需要这种人，成功者更需要这种精神。

情景再现说明：当职业劳动者在工作岗位上做出了突出的业绩时，面临的是不同的选择，是为了高薪聘请而跳槽，还是选择继续留在原单位发展。不同的人做出了不同的选择，而不同的选择的背后是职业劳动者对待职业的不同态度。高职毕业的曹某选择了忠诚于企业的职业态度，这是企业所需的也是高职生应当树立的职业态度。职业态度是从业者对职业的看法和采取的行动。职业态度是一个综合的概念，包括一个人自我的职业定位、职业忠诚度以及按照岗位要求履行职责，进而达成工作目标的态度。职业态度是从业者对社会、对职业和对广大社会成员履行职业义务的基础。它不仅揭示从业者在职业活动中的客观状态（即业绩的取得），从业者参与职业活动的方式（即职业的实践），同时也揭示从业者的主观态度（即职业的认识）。职业态度决定职业发展，对职校生事业的成功具有重要的意义。高职生只有心怀忠诚的美德；按照岗位要求履行职责；千方百计达成目标；改变现状首先改变自己；勇于承担责任，才能在激烈的市场竞争中拥有一席之地，才能在未来的职业活动中不断提升自己可持续发展的能力。职业态度决定职业发展，对高职生取得事业的成功具有重要的意义。

美国心理学家霍尔指出，"青少年正处于人生中的疾风怒涛时期"，高职学生既处于这种由青少年到成人的过渡过程中，又面临着比一般青少年更大的生活与就业压力。高职生与现实、与社会、与就业的距离更短，他们要在几年中完成从一名初中生到一名劳动者的转变，完成从一个懵懂学生到一个成熟社会人的转变，因此确立科学的生活态度、职业态度对高职生而言尤为重要。

随着社会的进步，学历、能力、职业态度已经成为求职的三大要素，其中职业态度已成为企业人才取向的第一要素。拥有科学的职业态度，是高职生走向职业成功的基石。

第一节　心怀忠诚的美德

【案例】　　　对革命事业无限忠诚的杨靖宇将军

我国著名的抗日民族英雄杨靖宇将军姓马名尚德，1932 年，他赴东北领导抗日武装斗争时，改名杨靖宇。1931 年，日本侵略者发动"九一八"事变，杨靖宇积极响应中国共产党的号召，坚守在抗日战场的最前沿。面对敌人的诱降，他说："一个忠贞的共产党员，民族革命的战士，为伟大的共产主义理想，为民族解放事业，头颅不惜抛掉，鲜血可以喷洒，而忠贞不贰的意志是不会动摇的。"1940 年 2 月 23 日下午，日本侵略者在蒙江县（现靖宇县）保安村三道崴子包围了杨靖宇。杨靖宇在断粮数日的情况下，以草根、棉絮充饥，只身与上百名日军周旋，激战五昼夜，终因寡不敌众，不幸被子弹射中胸膛，壮烈殉国，年仅35 岁。杨靖宇为国捐躯后，日本侵略者解剖了他的遗体，发现他的胃饿得变了形，里面除了尚未消化的草根和棉絮，连一粒粮食都没有！杨靖宇将军以自己的鲜血和生命铸就了中华民族历史上不屈的民族之魂。

【点评】　杨靖宇将军是我国著名的抗日民族英雄，是中国共产党的优秀党员、杰出的共产主义战士、东北抗日联军的创建人和领导者之一。今天，我们缅怀杨靖宇将军，就是要学习他忠诚于祖国、忠诚于党的事业，体验最高层次的忠诚。

以上案例说明：忠诚是有层次的，最高层次的是要像杨靖宇将军一样做到忠诚于祖国、忠诚于人民、忠诚于党的事业甚至不惜牺牲生命；中间层次的是要忠诚于集体、企业，忠诚地对待职业；最低层次的是要做到忠诚于家庭、朋友和自己。

职业劳动者拥有忠诚之心，才能忠诚地对待职业，才能在工作中最大限度地发挥自己的聪明才智，发现职业的美，体验职业的满足感，收获职业的成就感。职业劳动者忠诚地对待企业，企业也会真诚地对待职业劳动者，当职业劳动者的敬业精神增加一分，企业对职业劳动者的尊敬也会增加一分。忠诚敬业的结果就是受到重用和获得无处不在的发展机会。努力工作，让人生的每一分钟都创造价值，让自己在工作中获取生存的回报，是对自己的忠诚；积极奉献，帮助他人，让自己成为一个受欢迎的人，一个对社会有用的人，是对社会的忠诚。忠诚，可以让自己的职业品牌更具含金量，可以让自己的未来更辉煌。忠诚是职业劳动者求职立业的根基，也是高职生应具备的职业态度。

高职生，在基础教育阶段大多数人学习基础和学习习惯较差，自信心不足，对自己确定的目标通常都难以坚持下去。在刚进入高职时，高职生面对一个崭新的开始，学习时还是比较主动和积极的，但随着职校生活的展开，入学时的设想可能没有立即实现，起先的壮志和决心就慢慢消失了。高职生对未来有着美好的向往和追求，但往往过于理想，不能立足现实。在进行职业规划时，许多人一心只想成为企业家、干部、白领，普遍存在眼高手低的情

況。面对"理想的自我"与"现实的自我"产生的巨大落差，如何使高职生愿意正视与接受现实，将所接触到的职业信息与自己的人生联系起来，产生职业兴趣、拥有职业能力就显得尤为重要。但职业能力提高了、专业知识增强了就一定能受到企业的欢迎、成为优秀的职业人吗？

在这个世界上，有知识、有能力的人太多了，但有知识、有能力而又忠诚的人却不多。只有忠诚与能力共有的人才是企业所需要的。论学历，高职生没有大学生高，论能力，高职生没有工人实际操作能力强，高职生靠什么在激烈的市场竞争中拥有一席之地呢？靠忠诚！忠诚才是最重要的"通行证"。在完善和提升个人素质时，每一位高职生都应铭记："忠诚胜于能力！"在具备能力的基础上再加上忠诚，才是受企业欢迎的优秀职业人。忠诚不是与生俱来的，它需要引导和培养，让高职生在进入企业之前，就拥有忠诚的职业态度，自觉地培养忠诚之心，拥有忠诚的美德是极为必要的。

一、忠诚是职业劳动者成就事业最优秀的美德

美国著名职业培训专家约翰·克拉克博士说："如果说智慧和勤奋犹如金子般珍贵，那么比智慧和勤奋更加珍贵的便是忠诚。"有人做过调查，对各项品德的重要性进行排序，忠诚位居第一位。在企业招聘员工的55种能力和要求中，忠诚，也是可靠性位居第一位。

因为具有忠诚美德的人可以做到忠诚于企业，与企业同舟共济，当个人利益与企业利益发生冲突时，能够选择放弃个人利益服从企业利益。正是这种美德，才能将高职生融入集体之中，获得一种集体力量的支持，得到培训与发展的机会；正是这种美德，才能做到个人利益服从企业利益，获得企业的信赖与尊重，得到成就事业的基础。人生也会由此变得更加饱满，事业也会由此变得更有成就，工作也会由此成为一种人生享受。当履行忠诚这一美德时，最终受益的还是高职生自己。

（一）忠诚是职业劳动者成就事业最优秀的美德

衡量一个职业劳动者是否是优秀的，有许许多多的方面——能力、勤奋、积极、正直、有责任感……但有一点是肯定的，企业更愿意信任那些拥有忠诚的人，即使他的能力稍微差一些。当然，既忠诚又有能力的职业劳动者会更受欢迎。只要职业劳动者真正表现出对企业足够的真诚，就能得到企业的关注，企业也会乐意在职业劳动者身上投资，给他们培训的机会，提高职业劳动者的技能。因为职业劳动者值得企业信赖；无论他们从事什么样的工作，也都会有成功的机会。

1. 忠诚的含义

忠诚就是忠实诚意，是对国家、人民、事业、朋友等尽心尽力。它要求我们忠实于国家、人民、理想、信念，诚心诚意地对待团体、朋友、友谊、爱情，踏实地做好本职工作。

忠诚，是一个有着悠久历史的人文概念。在文明古国中国，早在几千年前就有了对忠诚的定义及推崇："忠诚敦厚，人之根基也"（清·魏裔介），"忠诚是人生的本色"（清·黄宗羲），"君子诚之为贵"（《礼记》）。现代社会里，"忠"表现为人与人交往上的诚信，表现为职业劳动者对企业的忠心。

2. 拥有忠诚的人，才能得到企业的信赖，才能奠定成就事业的基础

忠诚对职业劳动者而言，主要表现为对企业的忠诚，而对企业的忠诚则表现为：忠实于

企业，踏实干好本职工作，最大限度地为企业创造价值。

当尝试着把自己的所学贡献给企业、把企业的困难当成自己的困难、为企业排忧解难时，职业劳动者会发现自己的生活、地位会因此而改变。其实，改变的不是生活和工作，改变的是我们的工作态度。正是这种踏实干好本职工作，最大限度地为企业创造价值，实现自我价值的工作态度和精神才让我们的思想变得开阔，让工作变得更有意义。拥有忠诚的职业态度，生活会因此焕然一新。

对职业劳动者而言，忠实于企业还表现为：当不可避免地要更换原来的工作时，不能为了一己私利出卖原企业的商业秘密，这不仅是违约行为，严重的还要构成犯罪；反之，如果职业劳动者能忠实于原来的企业，他换得的是人们的尊重和敬佩，换得的是新企业的重用和事业发展的机会。因为每一个企业都需要忠诚的职业劳动者，如果职业劳动者能忠诚原来的企业也能忠诚于新企业。

【案例】 机会总是青睐忠诚的职业劳动者

小李经过多年努力已是一家公司的市场营销部经理，由于经济危机的影响，他不得不更换一份工作。

很多公司对小李都给出了优厚的报酬，但是小李不愿意为了优厚的报酬就拿手中掌握的原公司的客户资源做交易，这有悖于自己的做人原则，因此，他拒绝了很多公司的邀请。最后，小李决定到一家大公司应聘。

负责面试小李的是该公司市场营销部的总经理，他很欣赏小李的营销能力，但是他却提出了一个让小李很失望的问题。

"我们很高兴你能加入我们公司，你的资历和能力都很出色。我听说你掌握着原来公司的客户资源，如果你愿意把它提供给我们公司，公司一定会给你优厚待遇的。"那位市场营销部的总经理说。

"你的问题让我十分失望，虽然市场竞争需要一些非常手段，但我有义务忠诚于原企业，我认为信守忠诚比获得一份工作重要得多，你的这个要求我不能满足，请允许我告辞。"

就在小李准备寻找另一家公司的时候，那位总经理给了小李一封信，信中写道："年轻人，我非常荣幸地聘请你做我的副手，因为你不仅专业能力强，还具备比专业能力更重要的忠诚，这恰恰是我及公司需要的"。

【点评】 职业成功的因素有许多，最重要的因素不是一个人的能力，而是他具有忠诚的美德。一个能对自己原来公司忠诚的人也可以对其他的公司忠诚。一个人的忠诚不仅不会让他失去机会，相反会给他奠定成就事业的基础，机会总是青睐那些忠诚的职业劳动者。

3. 失去忠诚的人失去企业的信任，最终失去成就事业的良机

如果为了一己私利损害企业的利益，受到损失的终将是职业劳动者自己。职业劳动者最终将因失去忠诚而失去成就事业的良机。

【案例】 公司商业秘密被侵犯案

甲公司的起诉书称，甲公司是一家专门从事中央空调水处理和中央空调全方位服务的综

合性公司，在中央空调服务领域具有较高声誉。为了防止商业秘密被侵犯，甲公司在员工手册、聘用合同上都写明了员工要严守公司的商业秘密。曹某、李某系夫妻，原为甲公司职员，李某又作为乙公司的主要联系人，接触并知悉乙公司的相关经营信息，也明知乙公司及其相关经营信息具有秘密性。而曹某在甲公司任职期间私自成立了丙公司，非法利用甲公司商业秘密，以丙公司的名义与乙公司签订合同，从事与甲公司相同的业务；李某在职期间和离职后配合曹某侵犯甲公司商业秘密，抢夺甲公司客户资源（包括乙公司），牟取了大量非法利益。甲公司认为曹某、丙公司、李某的行为均构成侵犯甲公司商业秘密的不正当竞争行为，应当承担相应的民事赔偿责任。

【点评】法院经审理认为：曹某在尚未从甲公司处离职时即成立丙公司并担任法定代表人，丙公司成立后不久即与乙公司建立服务合同关系，曹某、丙公司、李某具有明显侵权行为，应当认定因曹某、丙公司、李某共同实施了侵权行为，具有共同侵权的意图，构成共同侵权，故应当承担连带赔偿责任；而丙公司不正当使用甲公司商业秘密与乙公司建立服务合同关系，故以该合同标的金额作为赔偿依据。综合考虑曹某、丙公司、李某实施不正当竞争行为的时间、情节、主观恶意程度、所处行业性质、利润率等因素，法院判决：曹某、丙公司、李某的行为均构成侵犯甲公司商业秘密的不正当竞争行为，依照《中华人民共和国反不正当竞争法》第十条第一款第（三）项、第二款、第二十条第一款，《最高人民法院关于审理不正当竞争民事案件应用法律若干问题的解释》第十七条第一款的规定，丙公司、曹某、李某应立即停止侵犯甲公司的商业秘密的不正当竞争行为，于判决生效之日起十五日内赔偿甲公司经济损失4万元。

以上案例说明：职业劳动者最积极的职业态度是做到忠实于企业、忠实于工作，履行保守用人单位商业秘密的义务，否则，就要依法承担相应的民事赔偿责任，而倍尝苦果。

一滴水只有汇入江河，才能奔腾不息，一个人只有懂得忠诚，才能前行不辍。

在一个求新、求变的时代里，当整个世界都在谈论着"变化、创新"时，提倡"忠诚、敬业、服从、信用"之类的精神显得尤为重要。忠诚在任何国家、任何时代都是必要的。忠诚敬业并不仅仅有益于企业，最大的受益者应是职业劳动者自己。对职业的责任感和对事业高度的忠诚感一旦养成，会让职业劳动者成为一个值得信赖的人，一个可以被委以重任的人。这种人永远会被企业所看重，永远不会失业。世界需要这种人，成功者更需要这种精神。

（二）忠诚是人类共通的职业法则，是职业劳动者应恪守的职业态度

1. 忠诚是人类共通的职业法则

在人类职业法则的取向上，无论是古代还是现代，无论是国内还是国外，忠诚是共通的职业法则。

○小资料

"忠诚"的准则来自于1908年成书的《忠的哲学》。本书的作者乔西亚·罗伊斯认为，忠诚有一个等级体系，分档次级别：处于底层的是对个体的忠诚；而后是对团体；位于顶端的是对一系列价值和原则的全身心奉献。按照罗伊斯的观点，忠诚的对象应该是人们所忠于的原则。

2. 忠诚是职业劳动者应继承和发扬的中华民族的传统美德

自古至今，人们都视忠诚为最高尚的美德。远指三纲五常、忠孝仁悌、精忠报国，近讲恪尽职守、忠贞不渝、赴汤蹈火、忘我牺牲……这些都是指忠诚。像岳飞、林则徐等杰出人物，他们虽然遭遇时事不公、蒙羞受辱，但他们精忠报国、大义凛然、坚贞不屈的高尚情操和用鲜血与生命忠诚于国家的伟大精神，赢得了后人公正的评价，并永远成为世人敬仰的忠诚楷模。

人们将忠诚视为真心待人、诚实做事的高尚情操，它意味着付出、责任甚至牺牲。忠诚是中华民族几千年继承和发扬的传统美德，是人们心目中最神圣的美德，是职业劳动者成就事业最重要的美德。职业劳动者若想成功，就必须持有一颗忠诚之心，对国家忠诚、对整个社会忠诚、对自己的理想忠诚，对企业忠诚。一个对企业忠诚的人，得到的是企业的信任，得到的是不断发展的机会。

【案例】 　　　　　　　　　　　*忠诚的收获*

小张是电子信息专业的毕业生，工作十年后已成为某国有企业的技术骨干，在企业一次中外合作项目的引进工作中，企业遇到了无法解决的技术难题，眼看企业将蒙受巨大损失，因为如果问题不解决很可能引进的设备就是一堆废铁，此时小张毛遂自荐为企业解决了难题。

人们很困惑，为什么一个高职生能解决技术难题呢？原来小张自觉自己学历低，平时就非常刻苦钻研技术，虚心向师傅请教，再加上他有一个爱好，经常去逛旧货市场，将淘到的外国进口设备带回家后自行拆装。由于许多进口设备拆开后无法还原，为了能看懂说明书组装设备，他开始学习专业英语，长此以往，他的动手能力、实践能力得到了极大的提高。

由于在企业困难时，他用自己的技术为企业解决了难题，企业破格提拔他为工程师。不久，与该企业合作的外方经理找到了他，递给了他一份劳动合同，约定：只要小张能到该外资企业工作，年薪将得到40万。对于每个月只有2000元工资的他，这是一笔不小的财富，他经过三天激烈的思想斗争后还是回绝了该外资企业的好意，他的理由是：我从一个高职毕业生成长为一名工程师，是我所在的企业培养了我，现在我有技术了更应该回报培养我成长的企业，我相信总有一天，当我们的企业发展壮大后也会给我年薪40万的。

【点评】 他对企业的忠诚，不仅得到了外资企业的认同，向他承诺，只要他愿意，他们企业的大门随时向他敞开，而且小张所在的企业得知这个消息后，无论是企业的领导还是同事，都为他对企业的忠诚而由衷地敬佩他。后来企业发展壮大后，真的给了他年薪40万元的优厚待遇，并将他升职为企业的首席专家。一个高职生能成为企业的首席专家，除了具备过硬的专业技能外，靠的就是他对企业的忠诚。

忠诚是中华民族的传统美德。在竞争激烈的当今社会，职业劳动者首先要忠诚于企业，才能将所学贡献给社会和企业，进而获得不断发展的机会。拥有忠诚的人不仅能给自己带来心灵的满足、自我价值的实现，还能获得社会与企业的信任，给自己赢得更大的发展空间。忠诚是现代人赖以生存于社会的根本，也是职业劳动者应继承和发扬的传统美德。

忠诚源于懂得感恩。企业是从业者幸福生存的家园，每个从业者在为企业奉献着青春和智慧的同时，企业也在为从业者提供自我发展的空间和实现自我价值的平台。因此，从业者

要做到：

第一，心怀感恩。"滴水之恩，当以涌泉相报。"感恩，是我们中华民族的优良传统美德，也是一个人的基本品德。羔羊跪乳，乌鸦反哺，动物尚且感恩，何况我们作为万物之灵的人类呢？感恩是人性中最重要的美德，人如果不懂得感恩，就不能算作是真正意义上的人。党和政府对家庭经济困难的学生有帮助之恩，父母对我们有养育之恩，老师对我们有教育之恩，领导、企业对我们有知遇之恩，社会对我们有关爱之恩——赠人玫瑰，手留余香。只有心怀感恩的人，才能成就生命和事业的辉煌，才能对党忠诚，对人民忠心。

第二，感恩是一种责任。感恩为幸福之首，一个知道感恩的人，也就更容易得到幸福与满足。因为感恩是一种美德，是一种态度，是一种信念，是一种情怀，同时也是生命的一种使命。感恩就是从业者对国家、社会、企业给予从业者的关爱、持有感激之情，并以实际行动对其进行回馈。

感恩就要有责任心，就要立足自己的实际，践行"感恩企业，追求更好"的文化理念，从一点一滴做起，从身边小事做起，为企业又好又快地和谐发展发一分光、散一分热，用自己的实际行动为社会主义现代化建设添砖加瓦。

第三，拥有感恩的能力。感恩之心要付诸行动，现在高职生已经拥有了感恩的能力，已经能用自己的双手，为校园的美化、班级环境的清洁贡献一己之力，为父母尽孝，为社会服务，为企业履职。只有懂得感恩和能够感恩，才能更加体味忠诚的意义。

3. 忠诚是职业劳动者应恪守的职业态度

态度决定方法，态度决定一切。在人的一生中，最重要的是找到一项可以终身从事的职业，它能给自己带来快乐、发展、财富，它可以使自己全身心地投入，同时也能给自己相应的回报。那么，如何才能获得终生的事业机会？对于高职生而言只有忠诚于自己的工作，全部智慧和精力才可以专注在这个事业上。

忠诚的人无论走到哪里都会得到人的信赖；无论从事什么样的工作，都会有成功的机会。在众多能力相当的职业劳动者中，企业更重视的是他们的忠诚敬业程度。无疑，忠诚度最高、敬业度最高的人会是企业重用的对象。

职业劳动者忠诚于自己的企业，所得到的不仅是企业对自己更大的信任，他的所作所为还会让曾培养他成长的企业感到职业劳动者人格的魅力。如果背叛了自己的企业，将背负一辈子都无法擦拭的污点。没有企业敢用一个曾经背叛自己企业的人。因为，信誉是无形资产、信誉带来财富，只有忠诚的人才能拥有信誉、才能拥有财富。

忠诚不是从一而终，更不是愚忠，它是在倡导一种在严格遵守国家法律规范和做人的道德准则基础之上的一种职业态度。在这个社会中，流动是很正常的。然而，变化的只是环境，不变的是职业劳动者的忠诚。它是一种自始至终的责任，对企业的责任，对自己的责任。

二、忠诚是职业劳动者求职立业的根基

（一）忠诚是职业劳动者获得成功就业的首要条件

1. 称心如意的职业是高职生实现理想的基础

职业是实现人生理想的阶梯，是实现人生物质追求的主要手段，是贡献和激发人们聪明

才智的平台。人的一生实际是以职业为依托，参与社会实践的一生。高职生要想在激烈的市场竞争中脱颖而出，成就一番事业，就要从忠诚做起，托起自己明天的太阳。

谁不想拥有光辉灿烂的人生，谁不想拥有成功的事业呢？当高职生迈入职业学校的大门的时候，当憧憬着美好未来的时候，可曾问过自己：如果有一个企业高薪聘用我，但前提是必须把手中掌握的现有企业的商业秘密带去，或者必须把自己主持的技术开发项目带去，我该如何选择？……职业教育培养的不仅是职业的人，更是社会的人。随着中国市场经济的发展与完善，就业和择业已经成为教育改革的重要内容，"双向选择""自主择业"，成为校园与社会协奏曲的主旋律。知识经济时代的职业劳动者应该具备哪些素质才能成为同现代化要求相适应的，在生产、管理、服务第一线的应用型人才呢？忠诚于企业、忠诚于事业是当今社会对职业劳动者职业素养、职业能力的要求，是高职生就业、创业成功的前提和基础。

2. 忠诚是求职的"敲门砖"

【案例】 为事业而来的应聘者受用人单位欢迎

张某在招聘员工时总是问同样的问题：你为什么应聘本公司？回答为了事业而来的，被录取；回答为了薪水而来的，即使能力再强，也一律不录用。张某就此问题接受记者采访时回答：那些因为薪水而来的人，他们看重的是企业的待遇和利益，一旦有待遇更好的企业看重他，他会毫不迟疑地走人，这种人只能和企业共富贵，不能和企业共患难，与其等到那样的事情发生给企业的发展带来危害，还不如现在就不录用，把机会留给真正愿意与企业同甘共苦的人。而那些为了事业而来的人，他们看重的是事业和前途，为了能把事业做大，即使当企业面临困境时，他们也会做到与企业同舟共济，这样的人才是企业发展的动力。

【点评】 为事业而来就是敬业的表现，敬业给人带来的满足感是工作本身给人带来的满足感和成就感，所以当职业劳动者能够真正敬业时，他对自己的企业是忠诚的，而且这种忠诚是主动的忠诚，不会因为一些物质利益的改变而丧失。

忠诚和敬业是相互融合在一起的。忠诚在于内心，敬业在于工作上的尽职尽责、善始善终、一丝不苟。将敬业当成一种习惯的人，就能从工作中学到更多东西，积累更多经验。他们会更受人尊重，即使没有取得什么了不起的成就，他们的精神也能感染他人，能引起他人的关注。

（二）忠诚是职业劳动者立业的根基

高职生不仅要做到忠诚于祖国、忠诚于理想、忠诚于家庭，更要做到忠诚于事业。

1. 忠诚于事业是职业劳动者生存与发展的基础

无论是工人、农民还是军人，忠诚于企业、集体还是军队，是职业劳动者生存与发展的基础。不忠诚的人迟早会被企业淘汰。可以说，考察一名职业劳动者是否优秀，在所有综合素养中，忠诚排第一位。

个人离不开社会，是社会中的个体，离开了集体、企业，个人就无法生存。在集体、企业中，忠诚于集体、企业的人就能得到集体、企业的信任，获得良性的发展，背离集体、企业的人就会失去集体、企业的信任，最终被集体、企业抛弃。具有忠诚品质的人，其生存能力要强于不具备忠诚品质的人。

职业素养训练

【案例】　　　　　　　　　失去忠诚者失去工作的机会

曲某是一个才华横溢、持有双博士学位的人，他先在世界知名大学修完了专业课程，又在另一个世界顶级大学修完了 MBA 课程。而且还写得一手好文章，他的口才也相当棒，演讲时能够点燃数千人的热情。然而就是这样一位顶尖人才，目前正在为找工作的事发愁。为什么呢？

原来，从 2010 年到 2015 年五年时间里，他一共到了 25 家公司工作，也先后背叛或出卖了 25 家公司。因为他是一个学历高又很有能力的顶尖人才，加之他总是担任高层主管，所以他的背叛或出卖都沉重地打击了聘用他的 25 家企业。现在他已被贴上了"不忠诚"的标签，几乎每一个了解他情况的公司都表示拒绝聘用他。这时他才发现，实际上最受打击的还是他自己，因为"不忠诚"，他不仅成了一个不受欢迎的人，而且还面临着 24 家单位对他侵犯其商业秘密行为的起诉，可谓是"一败涂地"。他的失败不是他能力不强，而是只为了工资工作而忘却了忠诚于事业才是职业劳动者生存与发展的基础。

【点评】　在激烈的市场竞争中，以牺牲企业和他人的利益而谋求个人利益是错误的，严重的还要承担法律后果。背叛企业最终受到损失的是自己。高职生应从中吸取教训，职业不仅是取得劳动报酬的手段，更是服务社会、贡献才智、实现人生价值的舞台，不要因为丧失忠诚而最终被驱逐出职业的舞台，那才是真正地可悲可怜。

2. 要想获得一份稳定的工作必须学会从忠诚做起

在世界经济一体化的时代，在物质产品极大丰富的今天，人们发现个人越来越无法脱离集体、企业而单独存在。一个丧失忠诚的人，不仅丧失了机会、丧失了做人的尊严，更丧失了求职立业的根基。职业劳动者要想获得一份稳定的工作，必须学会从忠诚做起。

（三）要做到忠诚就要做到忠而忘私

作为高职生，忠诚于职业、事业、企业、集体的最集中的表现就是忠而忘私。

1. 不能为了眼前利益、个人私利而出卖集体、企业

如果为了眼前利益、个人私利而出卖集体、企业，职业劳动者失去的是自己的未来，这是职场成功者的忠告。

2. 频繁的跳槽者将自食其果

有许多缺乏忠诚度的人，试图通过频繁跳槽来改变自己的处境，而不是从自身找原因。跳槽直接受到损害的是企业，但从更深层次的角度来看，对跳槽者本人的伤害更深。无论是职场资源积累的断层，还是养成"这山望着那山高"的坏习惯，都会使自身的价值降低。这些人对自己的内心需求没有进行认真的反思，对自己奋斗的目标没有清晰地认识，自然无法选择自己的发展方向。人一生恐怕要走许多路，才能达到自己想要达到的地方。从职业的角度来看，一个人难免要调换几种工作。但是这种转换必须依托于整体的人生规划。盲目跳槽，虽然在新的工作环境里收入可能有所增加，但是，一旦养成了频繁跳槽的习惯，跳槽就不再具有目的，而成为一种惯性。久而久之，职业劳动者就不再勇于面对现实，积极主动克服困难了，而是在一些冠冕堂皇的理由下回避、退缩，整天幻想着跳到一个新的单位后所有的问题都迎刃而解了。这些理由无非是不符合自己的兴趣爱好、企业不重视、命运不济、怀才不遇、别人不理解等，其实，这往往导致了工作中的问题越来越多，而忠诚敬业的精神却渐渐消逝了。

实际上，换工作是一件正常的事情。但是每一次的转换，是否为职业劳动者带来正面的效益及自我提升，这是转换之前必须深刻思考的问题。很多人为了跟着流行走，只看到新工作、新公司表面的优点，却没有思考自我的工作态度与心情，在轻易地放弃原本熟悉的工作之后，却陷入另一个每天抱怨的恶性循环中。因此，要最大限度地实现人生价值，就要从忠诚做起，从忠而忘私开始。

三、忠诚胜于能力

2008 年 9 月，招聘网站前程无忧发布了一项对全国 1800 家企业的调查。调查结果显示，"职业态度"以 1768 票成为企业人才选取的第一要素。而忠诚的职业态度既是美国海军陆战队 200 多年来最重要的作战箴言，也是企业选人、育人、用人、留人的重要标准。忠诚不仅是一种品德，更是一种能力，而且是其他所有能力的统帅与核心，缺乏忠诚，其他的能力就失去了用武之地。因此，忠诚胜于能力，忠诚是职业劳动者拥有的最大资本，最强竞争力。

（一）忠诚本身是一种能力

在越来越激烈的竞争中，人才之间的较量，已经从单纯学历、能力的比拼发展到了品德的比拼。在所有的品德中，忠诚越来越得到企业的重视，因为只有忠诚的人才能为企业创造价值并最大限度地实现自身的价值。

1. 能力只有通过忠诚才能实现价值

○小资料

洛里·西尔弗在美国海军陆战队服役时从一名普通士兵成长为一名少校，退役后从一名普通职员成长为公司总裁。他是如何完成自己的成长的呢？他在总结自己成长的经验时绘制了能力与价值关系示意图（见图 3-1）。

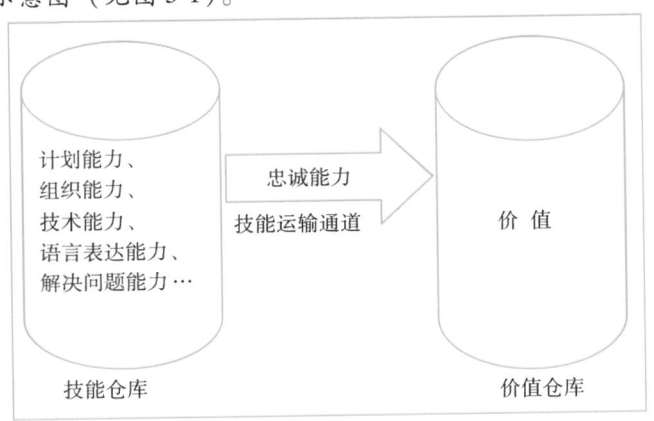

图 3-1　能力与价值关系示意图

在能力与价值关系示意图中，有两个圆筒和一个箭头。洛里·西尔弗解释道，左边的圆筒为"技能仓库"，右边的圆筒为"价值仓库"，箭头为"技能运输通道"。不论何种技能，职业劳动者都必须通过"忠诚能力"这一"技能运输通道"，才能为自己所在的组织创造价值。

2. 忠诚能使职业劳动者最大限度地发挥能力

忠诚能够让职业劳动者具有最佳的精神状态，精力旺盛地投入工作，并将自己的潜能发挥到极致。

【案例】   用业绩证明忠诚

一个化妆品公司的总裁孙某重金聘请了赵某当自己的副总裁。赵某非常有能力，但到公司一年多来，却几乎没有创造什么价值。为此，孙某委托一位人力资源咨询师与赵某沟通。赵某说："我满怀激情，决心干一番大事业，也希望有一个能够放开手脚、大干一场的工作环境，可后来，我发现公司对我的束缚太多，一切与想象的差别太大，逐渐对公司、对自己的工作都失去了认同。"

原来，赵某的上司孙某对赵某难以放心，害怕能人挖公司的墙角；凡事又喜欢亲力亲为，经常越级指挥。赵某感觉自己形同虚设。咨询师认为，赵某最需要的是需求层次中的"自我实现的需求"，如果能够以业绩来证明自己，就是他人生最大的快乐。

找到问题的症结之后，咨询师将孙某和赵某请到一起，重新明确了各自的职权范围，共同制定了公司的授权制度，以及组织指挥原则。通过他们的共同努力，情形发生了很大的变化。赵某几乎是变了一个人，他做出了很多成绩，而且成了孙某不可分离的亲密战友。

【点评】 忠诚的职业劳动者会忠诚于企业，努力地工作，支持企业，为企业出谋划策，帮助企业完善管理上的不足。赵某的转变证明：他自身出众的才能之所以再次得以充分发挥，关键的因素不是薪水和地位，而是企业管理者的信任。信任可以实现企业和个人的双赢。

3. 忠诚就是能忠诚于自己的能力

忠诚不是不思进取、一成不变，它不仅要经受考验，而且还表现在职业劳动者的行动和行为上，表现在职业劳动者同企业一同成长上。只拥有忠诚，不能为企业创造价值，同样不能在企业中立足。忠诚需要积极地表现，认可企业的运作，由衷地佩服企业的才能，这样职业劳动者才能获得一种集体的力量，才会产生一种要和企业一同发展的事业心。忠诚需要用积极的工作、实际的业绩来证明，这样职业劳动者才能获得一种集体力量的支持，实现自己的职业理想。忠诚表面上看是对企业的付出，实际上是通过企业这一平台使个人的人生价值、职业理想得以实现，忠诚的真正受益者是职业劳动者自己。忠诚敬业会让我们的人生变得更加饱满，事业变得更有成就，让工作成为一种人生的享受。忠诚于企业，实际上就是认同企业，认同自己在企业中的地位与贡献，就是忠诚于自己的能力。

（二）忠诚胜于能力

1. 企业选才的标准是忠诚

【案例】   忠诚胜于能力

年迈的董事长决定从两个儿子当中挑选一个作为自己的接班人。

大儿子叫能力，二儿子叫忠诚。有一天，他们被叫到父亲床前，父亲语重心长地对他们说："我老了，为了家族和事业的延续，我将从你们两个之中选择一个接替我。从今天起你们每人负责一个分公司，效益突出者就是我的接班人。"

大儿子能力回到他负责的公司里，便把企业名下的很多资产转化为自己的私人财产，还巧用手段使自己负责的公司的净利润增加。

二儿子忠诚回到他负责的公司里，把公司的资产清清楚楚做了核算，并撰写了详细的资产收益报告。在他的辛勤努力下，公司的净利润增加了很多。

一个月后，他们俩再次被叫到父亲床前，床边的椅子上坐着公司的首席律师。父亲说："我最后决定让我的二儿子忠诚继承家产和事业，大儿子能力营私舞弊，转移资产，没收其应得的家产。请律师帮忙做证和核实。"

【点评】一个人能力再强，如果不愿意付出，就不能为企业创造价值。一个愿意为企业全身心付出的人，即使能力稍逊一筹，也能够创造出最大的价值来。

2. 才者，德之资也；德者，才之帅也

司马光说："才者，德之资也；德者，才之帅也。"德才兼备称之为圣人；无德无才称之为愚人；德胜过才称之为君子；才胜过德称之为小人。大凡选取人才的原则是，如果找不到圣人、君子而委任，与其得到小人，不如得到愚人。这是什么道理呢？因为君子持有才干把它用到善事上；而小人持有才干用来作恶。持有才干做善事，能处处行善；而凭借才干作恶，就无恶不作了。愚人尽管想作恶，因为智慧不济，气力不胜，还能被制服。而小人既有足够的阴谋诡计来发挥邪恶，又有足够的力量来逞凶施暴，就如恶虎生翼，他的危害难道不是更为严重吗？有德的人令人尊敬，有才的人使人喜爱；对喜爱的人容易宠信专任，对尊敬的人容易疏远，所以遴选人才者经常被人的才干蒙蔽而忘记了考察他的品德。

当然，忠诚胜于能力，并不是对能力的否定。一个只有忠诚而无能力的人，是无用之人。忠诚，是要用业绩来证明的，而不是口头上的效忠，而业绩又是要靠能力去创造的。

3. 忠诚是其他所有能力的统帅与核心

忠诚是一种美德，更是一种能力，而且是其他所有能力的统帅与核心。缺乏忠诚，其他的能力就失去了用武之地。忠诚本身就是一种能力，但和工作能力不同的是它是一种意识、思维能力，取决于人的价值观。忠诚是职业劳动者求职立业的根基，是职业劳动者成就事业最优秀的美德。缺乏忠诚的人，缺乏的是稳定的工作、缺乏的是企业的信赖、缺乏的是事业发展的机会，能力再强也会失去施展才能的舞台。只有心怀忠诚的美德，做到忠诚，才能踏实勤奋地工作、认真地履行职责、最大限度地为企业创造价值，当企业生产与经营发生困难时，与企业同舟共济，这样的职业劳动者不仅能赢得企业的信任，也能最大限度地实现自己的人生价值。

第二节　按照岗位要求履行职责

积极乐观的"职业态度"不仅要求职业劳动者忠诚，而且要求职业劳动者做到认真工作、快乐地工作，以极大的热忱投入到工作中，这样才能做到自觉自愿地按照岗位要求履行职责。一滴水只有汇入江河，才能奔腾不息，一个人只有懂得踏实工作，才能前行不辍。一般人只是把做好本职工作当作职责履行，其实，要认真负责地履行职责必须以忠诚做保障。

只有踏踏实实地在本职岗位上坚守，才能做到最大限度地履行职责。职责的履行需要坚守，只有坚守得牢固才能真正履行职责。

一、勤奋好学和踏实工作是履行职责的前提

很多高职生习惯用薪水来衡量自己所做的工作是否值得。其实，相对于踏实工作带给自己的机会而言，薪水是微不足道的，至少可以说是有限的。

在激烈的市场竞争中，要想让自己抓住机遇脱颖而出，就必须付出比别人更多的汗水，勤奋好学可以让我们了解岗位的基本要求，踏实工作可以让我们履行岗位职责，并争取做到最好。

二、快乐地工作才是自觉自愿履行职责的不竭之源

面对工作的态度主要有两种：一种是爱迪生所说的"我一辈子从来没有工作过，我只是在玩而已。"另一种就是古希腊神话里邪恶国王西西弗斯王所认为的工作就是苦役。那么，高职生该选择哪种工作态度呢？

（一）愉悦的工作态度决定工作的愉悦

罗曼·罗兰说："人生是艰苦的，但是，英雄们已经为我们指明了道路。在他们人生的历程中，我们分明可以看到：生命从来没有像处于患难时那样伟大、那样丰满、那样幸福！我所说的英雄，并不是那些靠思想或力量称雄的人，而是靠心灵而伟大的人。没有伟大的品德，就没有伟大的人，甚至没有伟大的艺术家、伟大的行动者。成功和失败又有什么相干？主要是成为伟大，而非显得伟大。在这些英雄们中间，我把首席交给坚强和纯洁的贝多芬。"

路德维希·冯·贝多芬，1770年12月16日出生于德国波恩，他是个不幸的人，他是个由贫穷、残疾、孤独、痛苦造就的人。从小家境贫寒，25岁的贝多芬在维也纳举行了首场钢琴演奏会，1年后，他的耳朵开始逐渐丧失听觉。然而，可以说，贝多芬所有的作品都是在他耳聋后写的，贝多芬耳聋的程度是逐渐加深的，他对于低沉的音比对高音更易感知。据说，在他晚年，他用一支小木杆，一端插在钢琴箱里，一端用牙齿咬着，用来作曲时听音。1822年，贝多芬的耳朵完全聋了，这对于艺术家而言是多么痛彻心扉的打击，但他始终坚守着，即使世界不给他快乐，他却给世界创造快乐的信念，并将此信念付诸行动。他用他的苦难来铸成快乐，他创作的《欢乐颂》可以总结他的一生，那就是"用苦痛换来欢乐"。1827年3月29日，贝多芬的葬礼在维也纳举行。在他的墓碑上刻着这样的铭文："当你站在他的灵柩跟前的时候，笼罩着你的并不是志颓气丧，而是一种崇高的感情；我们只有对他这样一个人才可以说：他完成了伟大的事业……"

人们赞颂贝多芬伟大的艺术时，更赞颂他心灵的伟大。虽然，我们普通人不能像贝多芬那样拥有坚定的信念支撑自己渡过艰难困苦，但我们至少应该做到：用愉悦的态度对待我们的生活和工作。工作对职业劳动者而言究竟是个乐趣，还是个枯燥乏味的事情，其实全要看自己的态度，而不是工作本身。从工作中获得快乐、成功以及满足感的秘诀并不在于专挑自己喜欢的事情做，而在于发自内心地喜欢自己所做的工作。就算做个普通的设备维修工，也要对自己的职责全力以赴，就好像贝多芬作曲那般地投入，倾注全力达到最好的工作表现，

让每个人都驻足赞叹："这个设备维修工表现真好。"

作为一种职业态度，热爱本职工作是各行各业职业道德的基本要求，也是成就个人职业理想的基本要求。如果一个人连自己所从事的本职工作都不热爱，那么他就不可能敬业，也不会自觉地去钻研本职业务。这样，他的工作质量和效率也就不可能提高。

需要指出的是，对于那些人们比较喜欢的、条件好、待遇高、专业性强、工作又轻松的工作，做到爱岗相对比较容易。但如果岗位需要把一个人放在工作环境艰苦、繁重劳累或是工作地点偏僻、工作单调、技术性低、重复性大，甚至还有危险性的工作中时，要做到爱岗就不容易了。在这种情况下，热爱这些岗位并在这些岗位认真工作劳动的人就是企业真正需要的人。

（二）只有懂得快乐的工作才能自觉自愿地按照岗位的要求履行职责

1. 寻找工作的情趣

寻找工作的情趣，才能让职业劳动者懂得工作的可爱之处，才能发自内心地去热爱它，才能在工作中找寻快乐。有些高职生总觉得别人干的工作既简单有趣又可以拿很高的薪水，自己的工作则是沉闷烦琐毫无乐趣，拿的是没有出头希望的微薄薪水。他们总是希望找到一份不重复、不刻板、待遇又高的工作。其实，枯燥乏味的不是工作，而是职业劳动者的人生缺乏情趣。为此，要努力陶冶情趣，转痛苦为快乐。

2. 培养对生活的热情

培养对生活的热情，才能全身心地投入生活，培养对工作的热情，才能全身心地投入工作。有些高职毕业生总觉得自己所在的企业待遇低、工作条件差，为此牢骚满腹。其实，对企业不满，令职业劳动者所受的苦远远多于企业，企业最多损失一点钱，而职业劳动者却失去了热情、自尊及一大段宝贵的生活经历。为此，要锻炼健康的身体，培养对生活的热情与自信。

3. 学会与同事愉快地相处

学会与同事愉快的相处，就能得到同事工作上的支持，就容易取得事业上的成就。很多跳槽的人是在单位里人际关系处理得不好，"跳槽"就成了逃避问题的惟一解决方案。其实，不提高处理人际关系的能力、不改进自己，职业劳动者将要一次次在不同的工作面前解决同样的问题。美国著名的成人教育家戴尔·卡耐基说："一个人事业上的成功，只有 15% 是由于他的专业技术，另外的 85% 要依赖人际关系和处世技巧！"学会与同事愉快地相处是一种基本的工作能力。

4. 快乐工作是享受生活的惟一法则

生活质量的提高有赖于工作心态的改变，有些人硬把自己的生活分成"工作"与"娱乐"两部分，总认为"乏味的工作耽误了自己的娱乐"。实际上一个人一天 24 小时中有三分之一的时间是在工作岗位上，如果我们能以快乐的态度度过这三分之一的时间，我们才真正懂得了如何享受生活。其实，快乐工作是一种选择，是享受生活的惟一方法。

如果我们能从现在起开始热爱生活，激情地对待工作，提高处世能力，懂得快乐地工作，才能自觉自愿地按照岗位的要求履行职责的话，那么改变的不仅是自己的态度，还有自己的人生。

三、履行职责需要忠诚做保障

（一）忠诚于企业才能尽心尽力履行岗位职责

尽心尽力履行岗位职责需要忠诚，如果职业劳动者为了眼前利益、一己私利，不顾企业和公司的利益，这样的职业劳动者能获得成功吗？

工作着不一定在履行职责，有许多这山望着那山高的人不可能对工作尽责。职业劳动者只有克服浮躁的心态，秉持一颗平常心，才能在平凡的岗位上做出不平凡的业绩。岗位职责的履行需要职业劳动者的忠诚，也只有忠诚的职业劳动者才能尽心尽力履行岗位职责。

（二）做好本职工作才能切实履行职责

当面临个人利益与企业利益发生矛盾时，如果职业劳动者只顾眼前利益而背弃企业利益，不仅要受到有关法律的追究，承担相应的法律责任，还将失去在企业继续成长、发展的机会。

第三节　千方百计达成目标

"成功等于目标，其他都是这句话的注解"。成功是持续不断达成小目标而得来的，而执着的态度是达成目标的基础。千方百计地达成目标可以让我们的意志变得更加坚强，信念更加坚定，行动更加迅捷，精力更加集中。

一、执着的态度是达成目标的基础

美国一位著名人物说过："世界上没有一件事能够取代持续力。天赋不能，因为一个拥有天赋的人不能成功是最平常不过的事。天才也不能，默默无闻的天才也是司空见惯的。光是教育也不能，这个世界充满了受过教育的庸才。只有持续力和决心才是万能的。"一个成功的人与普通的人最重要的区别就在于成功者拥有执着的态度、坚定的信念、坚韧的毅力、永不放弃的决心和行动。

工作中随时保持热忱的工作态度，不管做什么工作，都能取得成绩。当高职生在职业活动中遇到挫折时，要记住：坚持，坚持，再坚持。只有具有身处逆境、坚持到底的执着态度，才能帮我们渡过难关，向着成功勇敢的迈进。

二、成功是持续不断达成小目标而得来的

高职生如何才能拥有不达目的绝不放弃的执着态度呢？首先为自己制订切实可行的目标。因为目标制订容易，但要达到目标必须付出持之不懈的努力。假设每一天都反省自己的目标是否达成，那么一年就有365天坚持的机会。假设每天的早晚各反省目标一次，一年就有730次再坚持的机会，成功的概率会高很多。因为大成就是由小成就累积而成的。

有的人之所以会成功，是因为他达成了许许多多的小目标。虽然小目标是由大目标分割而成的，可是最重要的还是自己每天的目标有没有达成。所以，达成目标最关键的就是明确每天的目标，拥有详细的计划，大量且快速的行动，并且每天反省目标两次。

那么，目标如何设定呢？

（一）目标可行，扬长避短

成功的道路千万条，但适合自己的却很有限，每个高职生都要针对自身的特点，客观地评价自己的长处与短处，这样才能在选择目标时扬长避短，充分发挥自己的长处。同时还要考虑到实际的客观条件是否具备，如果具备的客观条件有限，也很难达成目标，而根据现有条件，设计一个具有特色的自我发展目标，同样能让自己找到成功的感觉。

对自己的学习能力缺乏自信，用无能为力、放任自流的态度对待学习，进而对生活也失去了追求，这是在高职学生中存在的一个普遍问题。但实际上，学习成绩不佳只表明以前的学习习惯不良，并不代表以后也无所作为。许多高职生的真实经历表明，如果能够正确看待自身的优缺点，扬长避短，在职业学校也可以发掘自身的特长，找到展示与发挥自我的舞台。

【案例】 多才多艺的职校生

某职业学校会计专业的小丽就是个颇具代表性的例子。刚进入职业学校时，她像很多同学一样，觉得既无奈又迷茫，生活仿佛完全失去了色彩。她从不参加集体活动，见到老师也从不打招呼，可老师并没有因此放弃她，而是从她的简历上发现她学过舞蹈，有文艺特长，于是就推荐她参加学校一年一度的"校园之星"大赛，并且发动同学齐心协力地鼓励支持她，最终她赢得了大奖。之后的小丽像换了个人似的，变得热情开朗起来，不仅积极参加班级活动，对专业学习也提起了兴趣，三年级到公司顶岗实习时，她凭借优异的成绩、过硬的专业素质进入了一家有名的外资公司。

【点评】 歌德说："读一本好书，就如同和高尚的人谈话"。高职生应发挥自己的长处，克服自己的缺点，服务社会、服务企业、服务他人。在发挥长处，克服缺点的过程中，高职生既增强了对专业学习的兴趣，又得到了技能的增强和人生的成长。

（二）制订实现目标的计划

要达到目标，就像上楼一样，一楼到十楼是绝对蹦不上去的，相反蹦得越高就摔得越狠，所以必须一步一个台阶地走上去。制订计划就像爬楼梯一样，将大目标分解为多个易于达到的小目标，那么在自己一步步实现计划时，每前进一步，达到一个小目标，都能使自己体验成功的感觉，而这种感觉将强化自己的自信心，并将推动自己发挥潜能去达到下一个目标。

【案例】 有目标就有方向

1998 年毕业于某高职学校的闫某，今天已经拥有了自己的公司，实现了自己创业的梦想。他在总结自己的经验时曾说："我确实做出了不少成绩，但也经受了不少的酸甜苦辣。说到成就，我真的很感激我的高职生活。刚开始的时候，我悲观过，但是没多久，我就找准了方向，初步确立了自己的职业目标，这几年我是想方设法一直奔着目标走的，这是心里话。"

【点评】 新时代的高职生，只有按照社会的需求，结合自身的性格特点和能力特质，确立科学的职业目标，才能坚持弘扬光明正大的品德，才能不断精益求精，力争做到最完善，并且要保持不变。

三、千方百计地达成目标

如果一名营销员，今天的目标没有达成，明天的目标没有达成，后天的目标没有达成，那么他这个月要达成目标就有点困难了。反之，如果今天达成目标，明天达成目标，后天又达成目标，大后天又达成目标，这个月要实现目标一定很容易。当这个月的目标可以达成，下个月的目标也达成，事实上成功就变成是很容易的事情了。我们必须了解成功是靠持续不断地达成小目标而得来的。

第四节 改变现状首先改变自己

著名心理学家马斯洛说："心若改变，你的态度跟着改变；态度改变，你的习惯跟着改变；习惯改变，你的性格跟着改变；性格改变，你的人生跟着改变。"

改变现状首先改变自己，改变自己首先改变自己的心态。

一、改变现状首先改变心态

高职生正处于身心发展的成熟期，开始以审视的眼光看待自己，感知周围世界。在这段成长的岁月中，既有阴霾，也有阳光，关键要以正确的心态去面对。

人本身就是自己观念的产物，有什么样的观念就会有什么样的命运。社会的发展日新月异，高职生要不断改变自己才能跟上时代的步伐，而改变自己要从改变心态开始。

（一）欣赏自己的心态

在学习、成长、生活和职业等领域，高职学生与大学生有很大的不同。高职生在学习方面兴趣不足、缺乏动力，理论思维能力不强，而在专业技能、人际交往能力等方面不逊色于人。这说明：高职生不是一无是处，要善于发现自己的优点，懂得展现自己的才华，拥有学会欣赏自己的心态。

【案例】   态度改变，人生改变

某高职一年级学生小王最近的行为让老师们很是担心。课间，他和几个男同学聚在一起闲聊得正起劲，忽然，另一个同学挥动的手不小心碰了他的头，他二话没说就抡起拳头朝那个同学的脸上打去。

老师们发现，小王原本不是一个情绪冲动的孩子，但他这段时间不知怎么迷上了电脑游戏，一有时间就钻到机房，沉浸在"魔兽世界"里不能自拔。现在，连他看人时的眼神都变了，不是正常地平视对方，而是半低着头，极不友好地向上翻着眼睛看人，脾气也明显暴躁起来，常因为一点小事就发生肢体冲突。

原来小王对自己学的餐饮专业很不满意，父母也时不时地说他"没出息"，想到今后一辈

子都要从事这样"没有前途"的职业，他越想越灰心丧气，渐渐对周围的人和事产生了强烈的抵触情绪，一心只想钻到游戏世界里忘记现实中的烦恼。经过多次与他促膝长谈，老师终于让他明白了职业没有高低贵贱之分，只要努力，一定能成为受人尊敬的行家里手的道理。自此，他不仅增强了专业知识学习的信心，还苦练专业技能，在学校举行的烹饪技能大赛中还获了奖。他逢人便喜滋滋地说："我将来一定能成为一名优秀的厨师，到时欢迎你们品尝我的手艺。"

【点评】 态度改变，人生改变。"三百六十行，行行出状元"，只要高职生努力提高专业技能，秉持工作没有高低贵贱之分的理念，就能提高职业兴趣，以自己的职业为荣。不要在意他人的评价，路就在脚下，只要高职生学会欣赏自己，就一定能得到他人的欣赏。

（二）为自己工作的心态

工作是自己送给自己成才的礼物，通过自己的工作将自己的劳动成果奉献给社会，是一件多么美好的事情。这才是送人玫瑰，手有余香，为己工作，乐在其中。有许多职业劳动者工作一辈子都没有找到工作的乐趣，为什么？因为他们一辈子都认为自己是在为别人打工、为企业打工、为薪水打工。这正是他们失败的根由。高职生要树立为自己打工的心态。即不管企业在不在，不管主管在不在，不管企业遇到什么样的挫折，高职生都愿意全力以赴，愿意帮助企业去创造更多财富。因为，职业劳动者不是在为别人而工作，而是为自己在工作，为企业创造业绩，就是在实现自己的抱负和理想。如果职业劳动者有为自己工作的心态，也就具备了做企业主人的心态：只要我在做，我就要全力以赴地去做好。

（三）付出爱的心态

你热爱工作，工作会让你收获快乐，你讨厌工作，工作会让你度日如年。当我们付出爱的时候，我们得到的是爱，如果我们付出的是仇恨，得到的是悔恨，因此，让我们学会在日常生活和工作中经常地付出我们的爱，这个世界因为爱会变得更加美好。

付出什么就得到什么，你热爱别人，别人也会回馈给你爱；你去帮助别人，别人也会伸手帮助你。你给世界多少爱，世界就会回馈你多少爱。爱给人的收获远远大于恨带来的暂时的满足。学着爱人这是我们人生的必修课，学着爱工作，这是我们职业生涯的智慧。

（四）干事业的心态

具有前瞻性的眼光和睿智的思考来对待自己目前正在从事的职业，用干事业的态度来做好工作，在做好工作的同时也在开拓自己的事业，这就是干事业的心态。麦当劳的创始人在做演讲的时候向在场的学生提了这么一个问题："谁知道我们是做什么的?"所有人都不约而同地说是做快餐的，麦当劳就是卖快餐的嘛。可是他的回答却出乎大多数人的意料："麦当劳是做地产生意的，我的职业是做快餐，可是我的事业是做地产生意。我最大的资产不是快餐给我带来的利润，而是地产带来的保值增值!"

这也是我们每个人都要学习的一点，那就是用智者的眼光和远见卓识，在努力做好本职工作的同时，看到更伟大的未来，看到事业的前景。

以干事业的心态看待职业工作，就会少一些怨言和愤怒，多一些积极和努力、合作和忍耐；在一次次的超越过程中，我们不断拓宽自己的视野，更能从中领悟一些道理，多一些本领和技能。

(五) 自我负责的精神

有人说，假如你非常热爱工作，那你的生活就是天堂，假如你非常讨厌工作，你的生活就是地狱。因为你的生活当中，有大部分的时间是和工作联系在一起的。不是工作需要人，而是任何一个人都需要工作。

优秀的从业者要具备什么样的心态？首要的观念就是对自己负责才能对他人负责。在做事的过程中要有极大的热忱，同时要专心、用心，更要认真，还要对结果负责，这就是人们常说的为自己的人生负责任，这就是自我负责的精神。

一个人只有学会了对自己负责任，才能对他人负责任；只有学会了对工作负责任，才能对企业负责任；只有学会了对社会负责任，才是一个有责任感的人。

自我负责就是要求从业者能够做到"慎独"。高职生要培养自我负责的精神，就要从拥有自律的心态开始。在职业活动中不管做任何事，高职生都要拥有自我教育、自我监督的心态，即使没有人监督也一样把工作做好。只有这样，我们才能做到对自己负责、对工作负责、对事业负责。

二、改变现状必须提高能力

改变自己要付诸行动。行动才能造就人，人的命运就是行动的结果。观念只有付诸行动，最终才能成为现实。改变现状必须提高自身能力。

爱默生说过："如果一个人拥有一种别人所需要的特长，那么无论他到哪里都不会被埋没。"高职生在校学习时要不断地培养自己的专业特长，在实践中提高专业能力。只要专业技能高，不会没有用武之地。

【案例】　　　　　　　　**大学生要注重提高实践能力**

刘某，历经十余载苦读，获得了某师范学院数学系函授文凭、某电大机械制造专业文凭、电子工业部工程师进修大学文凭等三个大学文凭。为了读书，他付出了许多，现在却在为找工作而烦恼，妻子也离他而去。

刘某拥有三个文凭，本该成为众多单位争相录用的对象，但在找工作时却屡屡遭受失败。他工作过的单位普遍反映，他虽然有满肚子的理论，却常常不能把理论灵活地运用到实际工作中去。例如，某汽车车身厂把他作为人才引进后，让他从事汽车车身模具的设计。他十分珍惜这个机会，不计较每天的微薄收入，认认真真地工作了半年，设计出两套模具的方案。从理论上讲，这两套方案都是可行的，可是脱离了农用车的实际情况，很难运用到生产中去。其中一套设计方案在做了大量的修改后才能使用，另一套则报废，他也只好另谋工作。

但是，刘某没有抱怨社会不公，而是总结自己失败的教训。眼下，他一面忙于攻读研究生学位，一面仍不忘挤出时间到实践中锻炼自己，因为曾经的经历让他懂得了理论和实践相结合的重要性。

【点评】　知识与能力并重，现在已经成为社会的共识。只有学历而无实践能力的人，社会对其的认可度将是非常低的。高职生在学习和掌握知识的时候，应该想到如何运用这些知识，如何做到理论联系实际，在实践中增长才干，提高能力。

用人单位不仅看重学校名声、学历和专业，更看重毕业生的综合素质和能力，只要具备较强的竞争力，有能力胜任工作，学历有时则不一定重要。

专业学习无止境，专业能力提高无止境，从业一天，就要学习一天。如果高职生觉得高职毕业了，专业学到手了，职业也有了，可以高枕无忧了，那么，要不了多久，专业知识就会陈旧，专业技能也会老化，失业将是不可避免的事情。因此，要工作一天，学习一天，活到老，学到老，不断提高自己的专业技能。

第五节　人生最高的追求就是对责任的追求

"责任"是最基本的职业态度，它可以让一个人在所有的从业者中脱颖而出。一个人的成功，与一个企业的成功一样，都来自于他们追求卓越的精神和不断超越自身的努力。责任承载着能力，一个充满责任感的人才有机会充分展现自己的能力。

高职生只有履行了对社会、对企业、对职业、对学校、对家庭、对自己的一份责任，才能拥有持续发展的一片蓝天，增强责任心是高职生求职立业的保障，勇于承担责任就是智慧，人生最高的追求就是对责任的追求。

一、责任心是一个人能力发展的催化剂

（一）责任的重要意义

爱默生说："责任具有至高无上的价值，它是一种伟大的品格，在所有价值中它处于最高的位置。"科尔顿说："人生中只有一种追求，一种至高无上的追求——就是对责任的追求。"责任，从本质上说，是一种与生俱来的使命，它伴随着每一个生命的始终。事实上，只有那些勇于承担责任的人，才有可能被赋予更多的使命，才有资格获得更大的荣誉。

责任是一种对国家、对社会、对团体、对他人履行职责的使命，更是每一个从业者应该履行的对社会的义务，有强烈责任感的人，正是许多用人单位所需要的。面对激烈的市场竞争，高职生在任何时候都应把对责任的追求作为人生的最高追求，做一个勇于承担责任的人。

（二）责任与责任心的含义

责任，就是分内应做的事。诗人歌德曾经说过："你的责任是什么？把你面前的日常事情完成好就是你的责任所在。"英国政治改革家和道德家塞缪尔·斯迈尔曾经说过："我们无法选择富有或贫穷，无法选择幸福或不幸，但我们可以选择在生活中履行自己的责任。以全部的代价和最大的风险来履行责任，这是文明生活达到最高层次的人的行为。"只要我们生活在这个世界上，就必须履行自己的职责，每个人都应该具有强烈的责任心。

何谓责任心？巴甫洛夫曾提出过"警戒点"的理论。"警戒点"，是说人的大脑中有一部分与外部世界保持着特殊的、密切联系的皮层。这部分一旦受到刺激，便会呈现出高度兴

奋的状态。责任心强即可形成"警戒点"，就能出现奇迹。

责任心，就是指自觉地把分内的事做好的态度。它是个人对自己、对他人、对家庭、对集体、对社会、对国家负责任的认识、情感和信念，以及遵守相应的规范、承担责任和履行义务的自觉态度。责任心与自尊心、自信心、进取心、雄心、恒心、事业心、孝心、关心、慈悲心、同情心、怜悯心、善心相比，是"群心"灿烂中的核心。

强烈的事业心和责任心，是做人的最基本准则之一，是一个人政治觉悟、主人翁意识的判断标准之一，是一个人价值观的直接反应，是一个人能否做好工作的前提，也是一个人能力发展的催化剂。一个有事业心、责任心的人，对自己认准的事情，只会有一个信念，那就是义无反顾地去拼搏，不达目的决不罢休。

二、把工作当作事业

把工作当作事业，是成功者的态度，是充满智慧的态度；而把工作当作赚钱的工具，是失败者的态度，是可悲可怜的态度。美国通用电器前首席执行官杰克·韦尔奇说："我的员工中最可悲也是最可怜的一种人，就是那些只想获得薪水，而对其他一无所知的人。"

事业和职业虽然只有一字之差，但却是两种完全不同的概念和心态。有人认为，职业是个人在社会中所从事的作为主要生活来源的工作，因此取得报酬是其主要目的。也有人认为，事业是人所从事的具有一定目标、规模和系统，对社会发展有影响的经常性活动，实现人生价值是其主要目的。

事业是终生的，而职业是阶段性的。职业往往是对工作伦理规范的认同，比如自己从事了某项工作，获得了一定报酬，工作伦理规范就要求他尽心尽力完成相应的职责，如此才能对得起自己所获得的报酬，职业往往仅是作为一个人谋生的手段而已。事业则是自觉的，是由奋斗目标和进取心促成的，是愿为之付出毕生精力的一种"有价值的职业"。

把工作仅仅当成谋生的手段还是当成终生奋斗的事业，最后的结果将天壤之别。仅把工作当成谋生手段的人，最后将一无所有，不会留下任何值得自己为之骄傲的东西，百年之后也不会有任何人会记得他从这个世界上走过。

【案例】 抱着干事业的心态去应聘

在一家大型招聘会上，一家著名企业招聘人员的摊位前聚集了很多应聘者。这些应聘者的年纪大多在 20 岁出头，基本都拥有大学教育背景。

人群中突然出现了一个比较扎眼的女性，她姓宁。宁女士今年已经 30 岁了，几个月前从一家公司的文员岗位上辞职。经过简短的谈话，招聘人员竟然当场宣布录用宁女士。

在场的其他应聘者就问招聘人员："我们条件大多数都比她好，为什么录取她呢？"

招聘人员回答说："因为她有事业心。你们大都问薪金待遇之类的问题，但宁女士只是问我们能否给她足够大的空间让她发展，施展自己的抱负。这说明她把工作当成自己的事业，而非养活自己的职业。对公司长久发展有利的人才，我们没有理由拒之门外！"。

【点评】 职业劳动者只有具备了干事业的心态，才能认真对待工作，珍惜每一个学习和提高的机会，不断发现不足、提高自己。

每一个高职生都应清楚，要想得到企业的重视，就要让企业觉得自己对它是负责的。对此，不同的人做出了不同的行动，如果选择了任劳任怨、兢兢业业、真正把工作当成事业来做的人，时间长了，他们自然就获得企业充分的信任。

如果只把工作当作一件差事，或者只把目光停留在工作本身，那么即使是从事自己最喜欢的工作，仍然无法持久地保持对工作的激情。但如果把工作当作一项事业来看待，情况就会完全不同了。

当我们把工作当成终生奋斗的事业来做的时候，我们才会把自己的注意力全部放在工作上，这时候我们自身的潜力才能最大限度地被激发出来，才会深入地思考工作中出现的问题，找到最好的解决办法，才会推陈出新，做出新的业绩。也只有在这个时候，我们才能通过工作这个平台，充分展示自己的能力和水平。

把工作当成事业来做不是每个人都能做到的。这需要我们调整心态，甘于寂寞，放弃名利地位的诱惑；这需要我们加倍付出，以苦为乐，放弃娱乐和休息的时间；这需要我们克服自身的惰性，锻炼自己的意志力；当然，这更需要我们时时为自己加油和鼓劲儿。

"梅花香自苦寒来"，只有抱着把工作当作事业的态度，才能克服工作中遇到的各种问题，做到对自己的本职工作负责，对自己未来的事业负责，也才会容忍工作中的压力和单调，觉得自己所从事的是一份有价值、有意义的工作，并且从中感受到使命感和成就感。

三、勇于承担责任就是智慧

我们从小就被告知，既要坚守自己的职责，也要勇于承担自己的责任。因为坚守责任就是坚守自己最根本的人生义务。

世界上没有一个企业会因为职业劳动者的负责和忠诚而批评或者责难他，相反，所有的企业都会因为他的这种责任感而对他青睐有加。

作为一个未来的职业劳动者，如果高职生能对企业负责、对工作负责，那么在企业中获得成功的可能性将比那些没有责任感的职业劳动者高得多。由于职业劳动者的责任感和不断的努力工作，企业才得到了长足的发展。企业，最先赏识的自然就是具有责任感的职业劳动者。职业劳动者为企业付出自己的责任，企业也会用地位来回报他。职业劳动者得到企业的重用，拥有令人信赖的人格魅力，这样自然就能脱颖而出了。

【案例】 负责任的大学毕业生

小希是钢铁企业负责称重的一名普通员工，他大学毕业到这家钢铁企业工作还不到一个月，就发现很多炼铁的矿石并没有得到完全充分的利用，一些矿石中还残留着没有被冶炼好的铁。他觉得这样下去的话，企业会有很大的损失。于是，他找到了负责冶炼矿石的工人，跟他说明了问题。但是，这位工人说："如果技术有了问题，工程师一定会跟我说，你刚大学毕业想出风头可以理解，但技术确实没有问题。"于是，小希又找到了负责技术的工程师，工程师很自信地对他说："企业的技术是国内一流的，怎么可能会有这样的问题。"最后，他拿着企业冶炼好的矿石找到了企业负责技术的总工程师，他说："张总，我认为这是一块没有冶炼好的矿石，您认为呢？"总工程师看了一眼矿石，说："没错，小伙子你说得对。哪来的矿石？"小希说："是我们企业冶炼好的矿石。""怎么会，我们企业的技术是一流的，怎么可能会有这样的问题？"总工程师很是诧异。

之后，总工程师立即召集负责技术的工程师到车间，果然发现了大量冶炼并不充分的矿石。经过检查发现，原来是监测机器的某个零件出现了问题，导致了冶炼的不充分。

企业的总经理知道了这件事之后，不但奖励了小希，而且还晋升他为负责技术监督的工程师。

【点评】企业并不缺少工程师，但缺少的是负责任的工程师。对于一个企业来讲，专业技术人才是重要的，但更为重要的是真正有责任感和忠诚于企业的专业技术人才。小希从一个刚刚毕业的大学生成为负责技术监督的工程师，可以说是一个飞跃。他之所以能获得参加工作之后的第一步成功，就是因为他对企业的负责精神。正是这种责任感，让小希得到了脱颖而出的好机会。成功，在某种程度上说，就是来自于责任的履行。

钢铁大王卡内基就认为，他一定会重用这样一些人：勇于也乐于承担责任，甚至为了维护公司和整个企业的利益而敢于违背上司的命令，因为他相信这样的人是负责的。

一个富有责任感的人是容易获得成功的，因为别人愿意和他合作，他值得别人信任，他让人放心。

四、负责任就是从细节做起

【案例】 <center>领带大王的选才之道</center>

香港"领带大王"曾宪梓在用人方面有自己的独到之处。《曾宪梓传》讲述了一个鲜为人知的故事。

有一次组织面试，曾宪梓事先将一把用于打扫房间的扫帚斜斜地靠在办公室的门边，并且让它对着房门很不经意地倒了下来，然后不动声色地等待前来应聘的求职者。

这天，应聘的人不少，最后被录用的都是各方面条件合适，并且主动把倒在地上的扫帚扶起来的人。

【点评】扶扫帚是件小事，但是可以从中看出认同感和责任感，体现了求职者维护单位形象的主人翁责任感。

从细微的事情上判断一个人，也不是没有道理的。有时，一些不经意的细节更能说明问题，更能揭示一个人的内心，看出他的本质。

无论做人、做事，都要注意细节，从小事做起。一个不愿意做小事的人，是不能取得成功的。要想比别人优秀，只有在每一件小事上下功夫。不会做小事的人，也做不出大事来。

要想成就一番事业，必须从简单的事情做起，从细微之处入手。要担负起自己的责任，做好自己的工作，就要从细节做起。

"路漫漫其修远兮，吾将上下而求索。"随着社会的发展和科技的进步，新的职业不断诞生，原有职业不断淘汰，一些传统职业的内涵也不断发生变化，社会在日新月异不断变化，但不变的是职业劳动者对待职业的态度，它决定着职业的发展。高职生不仅应当为自己奠定今后继续学习的知识基础，而且必须让自己学会生存，使自己具有自学知识和技术的能力。不论从社会发展的需要看，还是从个人发展的需要看，"会生存"比"学生存"更重要。

实践证明，在严峻的就业形势下，在激烈的市场竞争中，谁拥有积极乐观、忠诚履行责任的职业态度，谁就能在激烈的竞争中脱颖而出。这样的人不仅生存能力强，而且可持续发展能力更强。

人生的改变源于态度的改变，职业态度的改变决定职业的发展。职业劳动者从现在开始，应学会改变、能够改变、坚持改变，但铭记：不变的是职业劳动者对事业的忠诚、对社会、对企业、对自我的责任。高职生们，让改变从今天开始！

实践园地

1. 自我检测表：《忠诚度测试》

指导语：

《忠诚度测试》是用来为考验职业劳动者的忠诚度而设的。回答无对错之分，回答好坏取决于答案在多大程度上反映了个人的真实感受和想法。因而要尽可能如实作答。

本问卷一共15道题，每个题后面有5个选项：

A、非常同意；B、同意；C、不确定；D、不同意；E、很不同意。

选A得5分，选B得4分，选C得3分，选D得2分，选E得1分。

请注意，每个题只能选一项，不要多选和漏选！

完成本问卷大约需要15分钟，请不要做过多的思考，也无须和别人讨论。

【发放问卷】（详见教学资源）

【结果显示】

1）个人得分_____。

2）得分对照：了解自己的忠诚度。

【交流研讨】如何看待自己的忠诚度？如果自己在这个测查中得分较高，说明了什么？如果得分较低，该怎么办？

2. 实践活动模型

思辨使人增长智慧，交流使人明辨是非，创造使人实现价值。辨析思考是指以教师为主导，充分发挥学生的主观能动性，以反向性思维和发散性思维为特征，根据提出的问题，经过认真准备后，发表每个人的意见，互相启发，共同研究，得出比较全面深刻的结论，通过设疑、质疑、探讨，调动学生探索知识的积极性的一种探究式学习方法。它是引导学生研究真理，探求真理，坚持真理，发展智力，提高能力的一种方法。请同学们一起来交流、思辨、创造吧！

实践活动的内容：

1）情境交流：在一次学校组织的创业明星座谈会结束后，主人公创业过程的艰辛和取得的巨大成就，让所有的同学兴奋不已，在回学校的路上，他们还滔滔不绝地议论着。

小王："有坚定的目标就一定能成功。"

小红："是啊！人的因素是第一位的。关键是怎么才能把人的积极性、创造性调动起来。"

小刚："要有好的心态，让自己学会快乐工作，不仅有物质报酬，还能心情愉悦。"

小雷："以前我认为人的想法无关紧要，然而现在我才知道，一旦有了好的心态，精神头就来了，创造力也就有了。"

小诗："让我们相约明天，闯出属于自己的一片蓝天。"

小记："够有诗意的！"

就以上对话，在小组内议一议职业态度的意义。

2）读书体会：每位同学读一读《忠诚胜于能力》这本书，然后在小组或班级谈谈自己的感想和体会，与同学分享。

3）针对以下问题自我诊断后找到差距，制订一份调整个人职业心态的规划书：

第一，我在意的是工作的报酬还是自己在工作中的发展前景？

第二，我能真正从内心认可工作是一项事业吗？

第三，工作中，我出现过应付工作、得过且过的情绪吗？

素养训练

游戏——责任心训练

（1）训练名称：责任心训练。

（2）训练目标：提高责任心。

（3）训练内容：本游戏通过让学生一起参加活动的形式，让学生理解每个人勇于承担责任的重要性。

（4）训练步骤：

第一，让学生们相隔一臂站成一排，每排6人。

第二，喊一时，向右转；喊二时，向左转；喊三时，向后转；喊四时，向前跨一步；喊五时，不动。当有人做错时，做错的人要走出队列，站到同学们面前先鞠一躬，举起右手高声说："对不起，我错了！"

第三，做几个回合后，让学生们就此各抒己见，讲讲自己的感想。

（5）相关讨论：

第一，这个游戏说明了什么问题？

第二，从这个游戏中，同学们得到了什么启发？

第三，同学们对"责任心"有什么新认识？

（6）总结：

第一，这是一个训练责任心的游戏。游戏告诉我们，只有每个同学都履行了对自己、对同学、对集体的责任，才能使游戏顺利进行，使责任心的主题融入每个人的体验中，进而把履行好自己的责任当作义务，责任意识才能加强。

第二，引导学生了解责任意识后，可以鼓励学生们多想一些激发责任心的方法。以帮助学生将这种理念带回到学习和工作中去。

（7）参与人数：集体参与。

（8）时间：10分钟。

（9）道具：无。

（10）场地：室内。

第四章　职业理想的树立

【情景再现】职业理想助推职业飞跃

【岗位】日语翻译

【职称】首席翻译

【工作业绩】小华是某高职学院电子技术专业的学生。在校期间，她学习刻苦，成绩优秀。毕业后被一家中日合资企业录用，成为一名生产线上的工人。但她有个当翻译的梦想，所以她在工作之余，报考了某大学的日语专业学习。一边工作，一边学习，虽然是一件很辛苦的事，但是无论严寒酷暑，无论是否劳累，她从不缺课。经过努力，她拿下了日语大专学历。

在工作中，她踏实肯干、表现突出，于是公司派她到日本学习。"我一定要利用这次难得的机会，好好学习日语，提高自己的口语水平。"小华暗下决心。在日本期间，她有意抓住每一个锻炼机会，她的日语水平提高很快。但为了实现当翻译的梦想，小华又继续求学深造。后来，在公司日语翻译竞聘时，由于她不仅有较高的日语水平，还懂专业技术，受到评审人员的一致认可，获得了日语翻译这个职位。

在翻译岗位上，小华兢兢业业，精益求精，几年后又通过竞聘成为公司的首席翻译，不仅实现了自己的职业理想，也实现了由生产线工人到首席翻译的职业飞跃。

【点评】机遇只偏爱有准备的人。小华很有追求，同时也很执着，一直以来，她都在朝着自己的目标前进。正是因为有坚定的信念，她才有了克服困难的勇气，最终梦想成真。可见，树立职业理想对于年轻人来说，是多么重要。

情景再现说明：人在生活中总是有追求的，有奋斗目标的，即有理想。"水激石则鸣，人激志则宏。"人生若有理想，精神会为之振奋，力量会为之倍增。相反，人生若没有理想，犹如水上漂浮的落花，随风飘荡，无所适从，韶华空过，庸碌无为，这样的人生是可悲的。

理想，人皆有之，但由于人们所处的时代和社会地位不同，立场和世界观不同，每个人的理想也不一样。有的人希望找一个漂亮的爱人，建立一个温暖的家庭，过上幸福的生活；有的人只希望天下太平，与世无争，一间房、一壶茶、一本书、一支笔，"春游芳草地，夏赏绿荷池，秋饮菊花酒，冬吟白雪诗"；也有的人希望成为百万富翁。所谓人各有志，不同的理想指引人们走不同的道路，使人们在社会上起不同的作用。同学们，你们有理想吗？你们希望将来从事什么职业？你们对未来生活有什么向往和追求？又应该怎样对待这些向往、追求？本章将介绍有关理想、职业理想的基本原理，帮助高职生了解职业生涯规划的含义及其意义，介绍职业生涯规划的基本理论，引导高职生掌握职业生涯规划的步骤和方法。

第一节　职业理想与职业匹配

【案例】　　　　　　　　　　　为了理想而奋斗

邓某出身于偏远农村，小时候家里很穷，连酱油都得省着吃。父亲在乡下当电工，有时候带一些东西回来修，他就经常趴在旁边看。那时，他就树立了自己的理想，长大后成为一名技术型人才，让父母过上幸福的生活。

1988 年，邓某中专毕业后，被分配到常州某公司做电工。有一次，他接到了车间打来的电话，一台由他负责的机器出了故障。他立即赶到厂房，经过几小时的检测，仍然束手无策。邓某请来了一位老师傅。老师傅只用了十几分钟，就把机器就修好了。事后邓某听说，因为维修耽误了过多的时间，厂里一下子就损失了好几千元。这件事深深触动了他，他发誓要把技术学好。他给自己制订了强制学习计划，每晚必须看一个半小时的技术书籍。几年下来，他读了 200 多册专业书籍，相继拿下大专、本科学历，又用惊人的毅力跨越了英语和德语的障碍，而且厂里 1000 多台（套）机器设备的"脾气"，他也全部摸清。在此基础之上，他又不断钻研，对机器设备进行改进创新。至今，他参与公司的技改项目达 400 多个，独立完成 145 个，给企业创造了 3000 多万元的经济效益。

从普通技工发展成为主任工程师，再到副总工程师，今天的邓某已成为副总经理、技术总监，但他仍在不断地学习和创新，用自己的高超技能书写着奇迹。

【点评】　邓某之所以能够成功，是因为他是个有追求且刻苦努力的人。如果他缺乏对理想的执着追求，那么他不会有今天的成绩。如果他只会想而没有行动，他同样也不会成功。概括起来，人的成功很简单，只有两件事：想和做。

下面编者将介绍理想的含义、理想的类型、理想的特征、理想对人生的重要意义，希望帮助高职生早日树立远大的理想。

一、理想

（一）理想的含义

作为一种精神现象，理想是人们在实践中形成的、具有实现可能的、对未来社会和自身发展目标的向往和追求，是人们的世界观、人生观和价值观在奋斗目标上的集中体现。简言之，理想是人生的奋斗目标。

理想犹如人生道路上的明灯，为未来指明方向，高职生应该有美好的人生理想。理想是多方面、多类型的，根据不同的标准，有如下几种分类方式。根据理想的性质划分，有科学理想和非科学理想。理想源于现实，又超越现实。理想在现实中产生，但它不是对现实的简单描绘，而是与奋斗目标相联系的未来的现实，是人们的要求和期望的集中表达。科学理想则是人的主观能动性与社会发展客观趋势的一致性的反映，是人们在正确把握社会历史发展客观规律的基础上形成的。反之，非科学理想则是违背事物发展规律的，如幻想、空想、妄想等。按理想的内容划分，有社会理想、道德理想、职业理想和生活理想等。按照理想的时间长短划分，有长期理想和近期理想。

（二）理想的类型

人的社会性，生活的多样性，人们对现实生活和未来追求的复杂性，决定了人类理想的多种类型。

1. 按理想的性质划分

按理想的性质来分，有科学理想与非科学理想，崇高的理想与庸俗的理想。符合事物发展规律的是科学理想，违背规律的是非科学理想。崇高的理想，它的出发点是从他人、集体、人民的利益着想；庸俗的理想总是从个人或家庭狭隘的眼前利益出发，以自我为中心，一切为个人打算，甚至损人利己。

【案例】   追求崇高理想的黄福荣

黄福荣，原为香港的一名货车司机，人们亲切地称他为阿福。阿福自己是糖尿病患者，收入也不高，但他近十年来，热心公益事业，特别是帮助了很多较贫穷落后地区的人群。2002 年元旦，阿福自发为血癌病人筹款，由香港尖沙咀出发，展开"行路上北京"壮举，背着行囊日行数十公里，终以 3 个月时间行毕全程 2800 公里，帮助中华骨髓库筹得善款，更捐上自己毕生的积蓄。2008 年汶川发生大地震，灾民惨况触动了阿福，他坚持带病独往重灾区救助灾民。2010 年 4 月初，阿福经兰州抵达青海玉树的慈行喜愿会孤儿院做义工。

2010 年 4 月 14 日，青海省玉树县发生了 7.1 级地震。当时，阿福带着孩子顺利逃到了室外。但由于屋内仍有 3 名学生和 3 名教师被困，他跑回去继续救援。10 时许，全部孩子和 1 名教师被救出，但阿福被倒塌的建筑物压住，并遇难。

【点评】阿福自己身体也不好，而且也不富裕，为什么还要去帮助别人呢？因为他的追求是公益事业。在汶川地震时，他曾说："我是货车司机，没有很多钱来捐助同胞，就来出份力。"这朴实的话语表现出了他的理想的崇高境界，令人敬佩。

2. 按理想的内容划分

按理想的内容来分，有社会理想、道德理想、职业理想和生活理想。社会理想是指人们对未来社会制度和社会面貌的预见和期望。道德理想是指人们对做人的标准和道德境界的向往和追求。职业理想是指人们对未来工作的向往和追求。生活理想是指人们对未来的吃、穿、住、行、爱情、婚姻、家庭等具体目标的追求。其中道德理想、职业理想和生活理想属于个人理想，所以理想也可以分为社会理想和个人理想。

哪个理想起决定作用，是核心理想？社会理想是人们的精神支柱，是生活的动力源泉，是全部理想的核心，它贯穿于生活理想、职业理想、道德理想之中，并决定和制约着这三方面理想的发展和实现程度。一个人眼界往往也决定着人生舞台的高度。一个缺乏社会责任感的人，只把个人和家庭的幸福安逸当成是追求的终极目标，那么，他必然目光短浅，难以成就大业。即使，他成了一个企业家，也只会急功近利，不可能打造出闻名中外、经久不衰的企业。历史上的伟人无不心系祖国，忧国忧民，有强烈的社会责任感。

3. 按理想的时间长短划分

按理想的时间长短来分，有远大的长期理想和具体的近期理想。例如，实现共产主义是共产党远大的长期理想，它为党的一切行动指明了方向。建设有中国特色的社会主义，是共

产党在社会主义初级阶段的具体的近期理想，它激励着全国人民为这个目标而共同奋斗。

高职生也是一样，可以有一个远大的长期理想，指引着前进的方向。但是理想的实现不是一朝一夕的事情，它让自己感到遥远。于是还需要一些阶段性的理想，如五年内要达到的目标、十年内要达到的目标，这些目标的实现要比长期理想的实现容易得多，每一次成功，都在逐步地接近自己的远大理想。这些阶段性的理想有指导和激励作用，从而使自己不迷失方向。

（三）理想的特征

1. 理想具有时代性

理想具有时代性。因为理想在实践中产生，所以必然受社会历史条件的制约。

在故事片《小兵张嘎》中，有个叫玉英的小姑娘问嘎子，"革命胜利后想干啥？"嘎子回答："先坐一回'戚里咔嚓，呜——'的火车过过瘾，再去学会开小火轮！拉大伯、大妈下天津卫逛逛。"在旧社会，像嘎子这样，想坐火车、开轮船的孩子应该是很有追求的。但是今天，如果问一个孩子同样的问题，他可能不会说，"我想坐火车、开轮船。"因为时代发展了，生产力水平提高了，这些事情看起来很平常。现在的孩子可能会说，"我要当个宇航员，遨游太空。"可见，人们的理想受自己所在的时代、社会生活条件的影响和制约。

为什么父母和子女之间往往有"代沟"？因为父母和子女是两代人，从小接触的社会生活环境、接受的教育有很大差异，所以追求的目标也会有所不同。如果不能有效地沟通，达到彼此理解，就会产生"代沟"，甚至形同陌路。

2. 理想具有超前性和客观性

理想作为一种社会意识，从形式上看是主观的，属于人的主观精神现象。从内容上看，理想具有客观性，是人们在实践活动中逐渐形成，对客观现实的反映，但理想又高于现实，是现实的升华，因此理想又具有超前性。科学理想，在一定条件下就可以转化为现实。

理想与幻想、空想的共同点在于都是人的主观想法，对美好未来的设想。而它们的区别在于是否存在现实的根据，是否有实现的可能。

空想是不切实际的想法，虽然也是人们对未来的一种想象，也反映人们的某种追求目标，但它是缺乏客观根据的，是脱离实际的主观想象，不符合事物发展的规律，不可能实现。

幻想是一种指向未来的特殊的想象，它与人们的生活愿望相结合，与现实有一定的距离。幻想是不科学的，离现实较远，不能成为追求目标。

理想不同于前两者，不是人们单纯的主观想象，而是社会实践的产物，源于现实，又高于现实。

很多高职生对未来充满着美好的憧憬和期待，但是他们所追求的目标存在着幻想的色彩，如想成为歌星、球星、影星。但是成为耀眼的明星，对于多数人来说，只能是一种幻想。如果为了这个目标，投入了太多的时间和精力，就是一种浪费，到头来"竹篮打水一场空"，浪费了青春，荒废了学业，却一事无成。职业院校的学生，把成为有一技之长的专业技术人员、成为某个行业中的专家作为自己的理想，更切合实际。因为它源于现实，高于现实，经过努力，能够实现。如果高职生把宝贵的时间用在切合实际的目标上，那么，青春不会虚度，生活会变得充实，而且今天的行动，为将来的一生打下了良好的基础，将使自己终生受益。

（四）理想对人生具有重要意义

1. 理想是人生的精神支柱

人的生活可以分为物质生活和精神生活两方面。物质生活固然重要，而精神生活往往有更加重要的意义。理想可以成为人们强大的精神支柱。人有了精神支柱，就可以使人生更充实，使自己无论是在顺境，还是逆境，甚至是死亡威胁面前，也毫不动摇和退缩，而勇往直前。

有这样一件事情，发生在 1928 年 2 月，这是敌人最后一次审讯夏明翰了。敌军官：你姓什么？夏明翰：姓冬。敌军官：胡说，你明明姓夏，为什么乱讲？夏明翰：我是按照你们的逻辑回答的，你们不是经常把黑说成白，把天说成地，把杀人说成慈悲，把卖国说成爱国，我姓夏，就当然应该说姓冬了。敌军官：你多大岁数？夏明翰：我是共产党，共产党万万岁！敌军官：你的籍贯？夏明翰：革命者以四海为家。我的籍贯是全世界！我相信，总有一天，红旗会插遍全世界！敌军官：这成什么话？有没有宗教信仰？夏明翰：我们共产党不信神不信鬼。敌军官：那么，你没有信仰喽？夏明翰：有信仰，我信仰马克思主义。敌军官：你究竟知不知道你们的人？夏明翰：知道，都在我心里，就是不告诉你！对于这样一位共产党人，敌人用尽心机，但没有丝毫效果，最后宣布将他"就地枪决。"夏明翰：给我一张纸，一支笔。他接过来，昂然一笑，然后在纸上写下一首正气凛然的就义诗：砍头不要紧，只要主义真，杀了夏明翰，自有后来人！

请高职生思考一个问题：夏明翰为什么有这种大无畏的革命精神，临死之前，面对敌人的淫威，不但没有丝毫畏惧，还能镇定自若地写诗抒发自己对革命胜利的坚定信念？

这说明了理想可以成为人们强大的精神支柱。人有了理想，无论是在顺境，还是在逆境，甚至是在死亡威胁面前，也毫不动摇和退缩。

有的人，没有理想，精神空虚，往往寻求精神上的寄托，迷恋网络游戏，整天沉醉于虚拟的世界，而对现实世界采取逃避的态度。但是，这样下去，生活会变得越发空虚、颓废，甚至葬送自己的一生。毕竟我们生活在现实社会，对现实生活的逃避，只能导致在现实生活中的失败。

2. 理想是人生前进的方向

革命前辈李大钊同志曾这样讲过："青年啊，你们临开始行动之前，应该定定方向。譬如航海远行的人，必先定个目的地，中途的指针，总是指着这个方向走，才能有达到目的地的一天，若是方向不定，随风飘转，恐怕永无达到的日子。"

苏格拉底说："世界上最快乐的事，莫过于为理想而奋斗。"理想是人生的奋斗目标，它一经确立，就会引导人生前进的方向。没有理想，就没有方向。青年人，只有树立远大的理想，才能在人生的旅途中，不畏艰难险阻，不论遇到什么挫折，甚至失败，总会积极、乐观地面对人生。

理想即古人所说的"志"。北宋苏轼说："古之立大事者，不惟有超世之才，亦有坚韧不拔之志。"明代学者王守仁说："志不立，天下无可成之事。"

孔子概括自己的一生曾说："吾十有五而治于学，三十而立，四十而不惑，五十而知天命，六十而耳顺，七十从心所欲而不逾矩。"

孔子少年时期就立下远大志向，为实现理想而周游列国，虽颠沛流离，却终生不悔。

3. 理想是人生前进的动力

理想来源于现实，又高于现实，比现实更美好。人们为了把美好的理想变为现实，就会以坚强的毅力、顽强的斗志、拼搏的精神去奋斗。所以，理想能给人们提供强大的精神力量。

世界著名的音乐家贝多芬，17岁时，母亲去世，遭受沉重打击，28岁时，失去听力，这对于一个酷爱音乐的人来说无疑是一种毁灭。但他没有消沉下去，而是顽强地进行创作。在完全丧失听力的情况下，仍然创作出动听的乐曲。远大的志向使他战胜了一系列困难，走向了人生辉煌的顶点。

清代小说家蒲松龄虽家境贫寒，但少年有志，刻苦攻读，青年时期享誉文坛。虽然他参加科举考试，屡试不中，但他没有灰心丧气，反而转而著书。他曾写下一幅落第自勉联：有志者，事竟成，破釜沉舟，百二秦关终属楚；苦心人，天不负，卧薪尝胆，三千越甲可吞吴。远大的理想激励着他，经过数十年努力，终于创作出著名的《聊斋志异》，成为中国古典名著之一。

高尔基说："一个人追求的目标越高，他的才力发挥得越快，对社会就越有益。"

二、职业理想

【案例】

为儿子当"舵手"

傅雷，是我国著名的翻译家、文艺评论家。他有两个儿子。傅雷发现其长子傅聪有着一双音乐的耳朵。经过严格的训练，傅雷将傅聪培养成了一名优秀的音乐家。他的另一个儿子傅敏也曾想当音乐家，并把精力大量地投放于音乐学习上，但经过一段时间的刻苦努力，却少有进步。此时傅雷明智地认识到不是谁都能当一流的音乐大师的。他对傅敏做工作，重新规划未来的职业。傅敏听从了父亲的告诫，转移兴趣，后来成为一名出色的教育家。

【点评】 只有确定了符合实际的职业理想，才能成就理想的人生。

职业理想是人在职业方面的追求目标。职业理想的确定要符合客观实际。这个客观实际包括社会现实和个人实际情况两部分。个人实际情况又可以包括个人的兴趣、能力、性格、专业技能等。兴趣对人生事业的发展至关重要，但在选择职业时，首先考虑的还是能力，这才更加现实。高职生应在自己的优势能力范围内，选择自己感兴趣的领域。

（一）职业理想的内涵

职业是维持个人、家庭生存和发展的手段，是获得个性发展、实现自我价值的途径，同时也是个人社会地位的象征。高职生在未步入职业生涯之前，就已经有了初步的职业意识和职业道德，就已经开始形成并发展着自己的职业理想。

职业理想是指人们在一定的世界观、人生观、价值观的指导下，对自己未来所从事的专业、工作部门、工作种类、发展目标做出的想象和设计，以及对自己在事业上获取成就的向往和追求。

树立正确的职业理想，对于高职生正确处理择业问题和正确对待职业生涯，最大限度地施展自己的才华和实现自身人生价值，具有十分重要的意义。

（二）职业理想的形成过程

职业理想的形成，是职业理想由浮浅、主观趋于成熟、稳定的发展过程，这一过程大致可分为以下几个阶段：

（1）幻想阶段。这一阶段主要在小学时期。小学生初步具备的职业意识，是以萌芽状态表现出来的，并且具有空想的色彩。小学生以自己原始的兴趣爱好和崇拜对象形成职业理想，现实考虑极少，带有随机性，易随客观环境刺激的变化而变化。

（2）分化阶段。这一阶段主要是在中学时期。中学生已经初步形成了兴趣爱好和价值取向。职业理想由兴趣主导，能力占优，再到价值取向左右，并试图将兴趣和能力统一于价值观体系中。这一时期的职业理想仍然属于单纯的个人主观意识，而这种职业理想到了一定阶段往往受到一定现实条件的限制。随着心理、生理等各种因素的不断发展，中学生的职业理想开始出现分化，分化的原因主要是中学生认识到未来职业与主体状况的内在联系，他们在不断地分析比较中选择调整自己的职业理想，并且进行各种各样的努力。

（3）成熟阶段。这一阶段是一个由具体职业倾向到抽象职业成就过渡的阶段，是职业理想逐渐稳定的过程。高职生处于这一阶段的初期。专业选择是职业理想的具体表现，高职生权衡各个职业的价值，选取相对价值最高的职业目标，尽管将来未必从事本专业工作，但高职学习为将来择业就业，实现职业理想完成了前期准备。伴随着知识的增长以及对社会职业了解的深入，逐渐形成为某个目标或某项事业而奋斗的职业理想，即实现了由倾向于具体的职业形象到倾向于抽象的职业成就感的过渡。高职生的职业理想在一定时期处于不完全稳定状态，这是由他们在这阶段的自我认知水平和心理成熟度决定的。高职生处在职业社会边缘地带，并已开始向职业社会过渡，通过实践，其职业理想也逐步趋于稳定。

（三）职业理想对高职生的重要意义

1. 职业理想是高职生职业发展的航标

在人生道路上，人们是通过职业活动来追求物质生活和精神生活的满足，追求人生价值的实现，追求社会对自己的认同的。人生发展的目标是通过职业理想来确立，并最终通过职业理想来实现的。

职业理想的确立，就是为自己确立了人生实践活动的目的，为自己找到了职业发展的航标。所以，高职生确立了职业理想，就有了明确的职业发展奋斗目标，就不会在职业生活中迷失方向，从而可以避免盲目就业。

2. 职业理想是高职生事业发展的精神动力

职业理想作为一种可能实现的奋斗目标，是人们实现职业愿望的精神支柱和力量源泉。人们一旦在心中确立了自己的职业理想，就会为之积极准备、努力奋斗。即使在工作实践中遇到困难和阻力，也不会心灰意冷、丧失斗志，而是不畏艰难、勇往直前、奋发进取。

确立了职业理想，就有了事业发展的精神动力，这可以促使高职生主动养成爱岗敬业、乐于从业的职业精神。

3. 职业理想是高职生实现人生价值的起点

人生价值是指人的生活实践对于社会和个人所具有的作用和意义，分为自我价值和社会价值两个层面。

一个人只有确定了正确的职业理想，才会朝着既定的方向和目标努力奋进，逐步实现自己的人生价值。可以说，确立正确的职业理想，是实现人生价值的起点和前提。

高职生一旦明确了自己的职业目标，确定了未来的从业方向，就会把今天的学习与明天

的职业成就联系起来，把自己融入到国家和民族的伟大事业中，更加珍惜在校的学习时光，自觉努力地提高职业技能，提高自身综合素质，为将来所从事的职业做好充分的准备。

如何将理想付诸实现呢？人职匹配的原则和方法，使从业者更能找到适合自己理想的工作。

（四）职业理想对社会的重要作用

1. 有明确职业理想的高素质劳动者是社会发展的动力

明确的职业理想能够帮助高素质劳动者和技能型人才形成良好的职业道德和从业技能。明确的职业理想可使职业劳动者以出色的工作、优质的产品和服务，为企业赢得效益，为社会做出贡献。因此，有明确职业理想的高素质劳动者和技能型人才，既是企业，也是社会可持续发展的重要推动力量。

2. 职业理想是实现社会理想的基础

社会理想指人们对未来社会制度和政治、经济结构的追求、向往和想象，是对社会现实及其发展的希望和憧憬。职业理想与社会理想相辅相成、相互影响。正确的职业理想是人在职业活动中的精神支柱。职业理想是社会理想的基础。因为，社会理想是通过具体职业理想的确立和职业活动的完成实现的。高职生是未来的劳动者，是社会发展的潜在动力，应在实现职业理想的过程中，弘扬爱国精神和创新精神，积极投身到中国新时代社会主义建设中。

三、人与职业相匹配

（一）认识自己才能科学合理做出职业定位

古希腊德尔斐的一个神庙前竖立着一块石碑，上面刻着一句名言："认识你自己。"它表达了人们最朴素的愿望和渴求，耐人寻味。职业定位是一个理性审视自我的过程，是在了解自我的基础上确定自己的职业方向与目标，并制订相关计划，避免就业盲目性，降低就业失败率，为个人走向职业成功提供最有效的途径和方法。民谚说得好，男怕入错行，女怕嫁错郎。可见择业对一个人的一生非常重要。选择职业就是选择将来的自己。每个人都应该在自己擅长的岗位上工作，这样才能有所发展。

每个人在成长过程中都会面临很多选择，而择业是其中重要的选择之一，因为它们将决定一个人今后奋斗的目标和人生的方向，每个人一生中都应有一个定位。定位准确是职业成功的前提和基础。把目光投向希望，把目标锁定未来，职业劳动者才有可能踏上成功之路。

（二）职业匹配的原则及方法

高职生对自己未来职业进行定位时，需要把握一些基本原则，依靠这些原则可以快速、正确地缩小自己的选择范围，从而使职业定位开始变得清晰起来。

1. 选择自己所爱的

职业定位首先要思考自己喜欢哪种职业，或者对哪种职业比较感兴趣。研究表明，一个对所从事职业感兴趣的人，能够发挥其才能，而且能保持长时间、高效率地工作。而对所从事职业不感兴趣的人，则只能发挥其才能的一半，且容易精疲力竭。一般来说，只有从事自己喜爱的、感兴趣的工作，工作本身才能给职业劳动者带来一种满足感，职业生涯才会变得妙趣横生。因此选择自己所爱的职业是高职生未来职业定位的首要原则。

2. 选择自己所长的

在激烈的就业竞争中，高职生必须认清自己的所长和所短，亦即竞争的优势和劣势。然后在此基础上，按照"择己所长、扬长避短"的原则进行具体的职业定位。要尽可能学以致用，发挥自己的专业特长，把未来的职业定位在与自己所学专业有较密切联系的行业领域。

3. 选择市场所需的

任何职业的兴起、发展、衰落及消亡均是由社会需要的变化引起的。因此，高职生在进行职业定位时，不仅要了解当前的社会职业需求状况，还要善于预测职业随社会需要而变化的未来走向，以便使自己的职业定位具有一定的远见。否则，一味关注眼前热门的职业，可能导致长远的选择失误。可以预见，即使目前特别热门的许多职业也有可能随着社会需求的变化而成为明日黄花。

（三）人与职业的匹配

1. 性格与职业的选择

近年来，许多用人单位在选人时出现了一种新观念，这就是性格比能力重要。其原因是，能力可以通过培训得以提高，但如果一个人的性格不好，要改变起来就困难多了，正所谓"江山易改，本性难移"。

一般来讲，个人特征与职业有关联的大致有三个方面：性格、兴趣及能力。其中性格决定着人的行为方式及特点，兴趣表现出行为的倾向性，而能力是顺利完成某种活动并影响活动效率的心理特征。这里，性格起着最重要的作用，反映了一个人独特的行为方式。

那么，性格与职业岗位究竟怎么匹配呢？广义上讲，每种职业岗位都有它独特的行为要求，而这种要求是否与自己的性格行为趋向一致？如果一致，则顺其而行，很容易满足职业岗位的要求；反之，则须调整自己与职业岗位行为相悖的性格行为。通常，个人在选择职业时要先考虑自己的性格是否适合这一职业岗位的要求，要选择适合个人性格特点的职业和工作。

美国心理学家妮蒂雅提出了活泼型、力量型、完美型及和平型四种性格类型。它既容易被人掌握，也具有概括性和科学性。运用它，职业劳动者很容易描画出自己的性格轮廓。从职业角度来说，活泼型属于交际型，力量型属于行动型，完美型属于研究型，和平型属于执行性。

交际型的人喜欢说，喜欢与人交往，热情助人，害怕孤独，一般比较单纯，感情外露，情绪化，有孩子气，喜欢与人打交道的岗位是富于变化的工作，如销售、公关、记者、教师等。他们着眼于工作的面而不是工作的点，如果他们在某一个点持久停留，如做研究分析或机械重复的工作，则缺少耐心或毅力。

行动型的人喜欢做，精力充沛，意志坚定，充满自信，理智果断，目标明确，做事效率高，但缺乏同情心，不大关注人际关系，比较固执，以自我为主。这类型的人适合从事管理、具有挑战或竞争性的工作，如企业家、管理者、商人等。

研究型的人喜欢想，善于分析，责任感强，做事预先作计划，想好了再干，不像行动型

的人先干起来再想。追求完美，注重细节，富有创造力，喜欢独处，总把目光放在事物的消极面，因而容易发现问题，避免麻烦出现，同时也容易产生疑虑及忧郁。许多工程师、发明家、科学家、思想家、作家、艺术家等都属于研究型。

执行型的人性格低调，容易相处，平静有耐心，容易适应环境，不易生气，避免冲突，善于面对压力，有同情心，但对任何事情都缺少激情，得过且过，躲避责任，喜欢沉默，与人交流少，这类型人适合职业有档案管理员、保密员、办公人员等。

前两者归属于外向型，看待事物时常常抱乐观的态度，目光注视阳光面，而后两者属于内向型，看待事物时常常抱悲观的态度，目光注视阴暗面。

现在高职生可以将自己的习惯行为与上面所描述的性格类型对照一下，确定自己属于哪种类型。但根据专家多年的测评经验，大多数的人都是两种类型的混合。高职生应该确定混合中哪一类常常占主导地位。在大方向上，如果自己偏向外向型，则应该选择那些与人交往的工作，工作的内容富有变化，如管理、销售、公关、记者、营业员、客户服务等，在这方面具有天生的亲和力；如果自己偏向内向型，则应该选择那些需要思索及耐心的工作，如设计、编程、财会、科研、档案管理员等。如果性格与职业匹配错位，如让一个外向型的人去从事设计，尽管在工作要求下也能取得成绩，但相对于一个匹配合理的岗位来说，要付出更多的代价，且不容易获得成功。

人的性格类型是复杂的，自身的调整、环境的影响都可能对其产生影响，不同学者的研究结论并非完全一致。无论求职者还是招聘者，都不会单纯以此为依据选择职业、选择人。

2. 兴趣与职业的选择

诺贝尔物理学奖获得者丁肇中说："兴趣比天才重要。"兴趣是影响一个人职业选择和发展的非常重要的情感性倾向因素之一。兴趣在职业活动中起着十分重要的作用。因为只有当人对自己从事的职业产生浓厚的兴趣时，才能够充分调动内在的积极性和创造性。达尔文如果没有兴趣就不会创立具有划时代意义的进化论；牛顿如果没有兴趣就不会创出万有引力论。所以，了解自己的兴趣是求职择业前必须明确的一个重要方面。

在日常生活中，兴趣对人生事业的发展至关重要，但在选择职业时，还要注意自身具备的条件。编者主张首先考虑能力，在自己的优势能力范围内，选择自己感兴趣的领域。

3. 能力与职业的选择

格林斯潘是人人熟知的前美国联邦储备委员会主席，他被称为"美国钱坛不倒翁"。他为美国经济掌舵时期，业绩显著。他从小就具有"金融天赋"，5岁时他对数学产生了浓厚的兴趣，并能进行多位数心算。一次，母亲在商店里售货，还没来得及为顾客打好包装，他已把账算好，引来在场人的一片叫好声。到上小学时，他拿起中学数学课本就能演算习题。他的能力就比较适合从事与金融有关的职业。他在纽约大学先后拿到了学士、硕士、博士学位，开始闯荡华尔街，取得了巨大成就，成为"他一开口，美国人都得竖着耳朵听；他一打喷嚏，地球就会感冒"的金融大师。

众所周知，要从事一项职业，必须具备该职业所需要的能力。能力是一个人择业的筹码。从职业能力要素上去分析，职业劳动能力是由体力、智力、知识、技能四个要素构成的。

第一是体力，即人的身体素质，包括人体生理结构，人体运动功能，人体对劳动的承受能力，以及消除疲劳恢复体力的能力。

第二是智力，是人们认识客观事务、运用知识解决问题的能力。智力的因素包括感知力、记忆力、思维力、想象力四个方面。

第三是知识，是人们通过学习和实践掌握有关职业活动的理论和经验。对于每一个职业来说，知识包括一般知识和专业职业知识两个方面。

第四是技能，技能是人们经过训练而熟练化、规范化的动作系列或思维系列，是具体从事职业活动的本领。

高职生可依据能力倾向进行合理定位，使用能力倾向来分析自己的职业定位。能力具体分为以下几个方面。

（1）语言能力。这种能力是善于清楚地表达自己的观念和向别人介绍信息的能力。这种能力突出的人比较适合从事作家、秘书、编辑、社会科学家、教师、政治家等职业。

（2）数理逻辑能力。这种能力是能够准确、迅速地运算以及准确、及时地推理解决应用问题的能力。这种能力是从事科学研究必备的。许多科学家就是这种能力突出的人。这种能力突出的人比较适合从事科学家、工程师、计算机程序设计者、会计师和哲学家等职业。

（3）空间判断能力。这种能力是指能从三维空间观察环境并在头脑中构成形象的能力。这种能力突出的人适合从事建筑师、艺术家、机械师、工程师和城市规划师等职业。

（4）运动协调能力。这种能力是指个体对身体运动控制能力和熟练操作对象的能力。运动能力突出的人喜欢体育运动和体育竞赛。这种能力突出的人适合从事木刻、绘画、装配、演员等职业。

（5）人际关系能力。这种能力是指善于理解他人、揣摩他人的能力。这种能力表现出色的人深谙人情世故，掌握人际关系的吸引规律，长于组织活动，善于协调和理解对方的情感，并能使之通力合作。这种能力突出的人适合从事教师、营销人员、政治家、企业家等职业。

（6）艺术能力。这种能力是指运用艺术手段再现社会生活和塑造某种艺术形象的能力。这种能力表现出色的人喜欢演奏乐器，容易记住音乐的旋律，能够辨别别人的歌是否走调，音乐节奏感强。这种能力突出的人适合从事写作、美工、绘画、唱歌、演奏等职业。

第二节　高职生职业生涯规划及其意义

【案例】　　　　　　　　　　　学会规划未来

丁某是会计专业毕业的大专生，2003年毕业后，通过熟人介绍，他来到一家医院做财务工作。当时，财务处的处长说，新人要到基层去锻炼，便把他分配到了收费处做一名收费员。重复的工作使他失去了工作的激情。他成天幻想在高级写字楼里工作，可是他又怕没有这个能力，毕竟现在的工作很稳定，月薪在2500元左右，可是他又不甘心。这种心理矛盾使他很痛苦，于是，他去请教人力资源专家。

人力资源专家解答：如果职业劳动者感觉到现实和理想的冲突，并意识到眼前的工作不能满足自己的成就动机的时候，建议职业劳动者对自己进行一次深入的分析。看自己的个性是适合虽枯燥却稳定的工作，还是适合富有挑战性的工作。如果分析结果与自己的"幻想"一致，那么不要对自己的能力产生怀疑。首先要明确目标，给自己做一个职业生涯规划书，

不要单单满足于"在高级写字楼工作"的"幻想",而是要将眼光放在专业能力和实际工作能力上。只要职业劳动者有专业基础和基层工作经验,只要能虚心学习,尽最大努力发挥自己的潜能,就会实现自己的理想。

【点评】 聪明的人不仅要做好现在的工作,还要规划未来。

职业生涯规划,就是让人们更好地了解自己和社会,从而找准人生的坐标,让未来的生活更精彩。本节通过介绍生涯的定义、职业生涯的含义、职业生涯规划及其意义等内容,使高职生对职业生涯规划有一个初步的了解。

一、生涯与职业生涯

(一)生涯的定义

"生涯"一词由来已久,"生"原意为"活着","涯"为边际,"生"和"涯"连在一起是一生的意思,也就是人的一辈子。

(二)职业生涯的含义

职业生涯是指一个人一生中的所有与工作职业相联系的行为和活动,以及相关的态度、价值观、愿望等连续性经历的过程。高职生也可以将职业生涯理解为一个人在其一生中所承担职务的相继历程。职业生涯有以下四个方面的含义:

第一,职业生涯只是表示一个人一生中在各种职业岗位上所度过的整个经历,并不包含有成功与失败的含义,也没有进步快慢的含义。

第二,职业生涯由客观特征与主观特征两方面组成。要充分了解一个人的职业生涯,必须要从客观和主观两方面理解。表示职业生涯客观特征的概念是"外职业生涯",指一个人在工作时期进行的各种活动和表现的各种举止行为的连续体;"内职业生涯"则表示职业生涯的主观特征,涉及一个人的价值观、态度、需要、动机、气质、能力、发展取向等。

第三,职业生涯是一种过程,是一生中所有与工作相关的连续经历,而不仅仅是指一个工作阶段。

第四,职业生涯受各方面因素的影响。个人对终生职业生涯的设想与计划、家庭中父母的意见与配偶的理解与支持、组织的需要与人事计划、社会环境的变化等都会对职业生涯有所影响。因此,职业生涯在一定程度上可以认为是多方面相互作用的结果。

职业生涯的分期详见表4-1。

表 4-1　职业生涯的分期

阶段(年龄)	愉悦人生	痛苦人生
职业准备期(15 岁~就业)	主动学习、充实自己	优哉游哉,无所事事
职业选择期(18 岁~30 岁)	尝试、思考、少转换	随遇而安
就业初期(25 岁~30 岁)	波折、思考、成绩	外强中干、失志颓废
就业稳定期(31 岁~50 岁)	保持、提高	抱残守缺
就业后期(50 岁~65 岁)	传授	阻止青年创业
职业结束期(60 岁~70 岁)	乐观式超脱	心境阴郁

（三）高职生涯与职业发展

高职生涯是整个人生的重要阶段，高职生活往往为个人日后发展奠定坚实的基础。高职生选择某一专业进行学习，是为今后职业做准备，因而高职生涯可称为职业准备阶段，即职业准备期。这是个人职业生涯的起步阶段，是决定能否赢在起点的重要阶段。

高职生从幼儿园、小学、初中、高中再到高职进行深造。在高职学校里，高职生要学习如何做人、如何做事，要学会学习，学会与人交往，通过提升自己的整体素质，为毕业的职业选择做准备。准备得越充分就越能快速地找到自己理想的职业，顺利进入职业角色。

二、职业生涯规划及其意义

（一）职业生涯规划的含义

职业生涯规划是指通过个人和组织相结合，对个人职业生涯的主客观条件进行测定、分析、研究和总结，尤其是在对自己的兴趣、爱好、个性、能力、价值观、特长、经历以及存在的不足等各方面进行综合分析的基础上，确定最佳的职业奋斗目标，并为实现这一目标做出行之有效的安排。例如，做出个人职业的近期和远景规划、职业定位、阶段目标、路径设计、评估与行动方案等一系列计划。

职业生涯规划不同于职业生涯设计，前者是针对个人层面而言，后者是针对专家层面而言。个人进行职业生涯规划的目的是尽快实现自己的社会价值与自我价值，最大速度和最大限度地实现职业发展。当个人进行职业生涯规划有困难时，可以请职业规划师或职业咨询师进行科学的职业生涯设计。

职业生涯规划也不同于职业生涯开发与职业生涯管理。职业生涯开发指组织层面，而职业生涯管理指综合层面，组织对员工的职业生涯进行开发与管理的目的是为了提高生产力，提高组织的经济与社会效益。职业生涯管理是人力资源管理的重要方面，是一个正在发展中的专业方向。

（二）高职生职业生涯规划的意义

职业生涯活动伴随了职业劳动者的一生，拥有成功的职业生涯才可能实现完美人生。因此，职业生涯规划，只要开始，永远不晚。职业生涯规划对于高职生实现自己的人生价值，获得一生的幸福和满足都具有特别重要的意义。具体可以表现在以下几个方面：

1. 激发高职生自我实现的需要

"自我实现"来源于美国心理学家马斯洛的人本主义心理学，其真正含义是当人们获得了生理、安全和情感需要的满足以后，就要追求自我实现的满足，即在与环境积极协调和适应的前提下，个人潜能得以充分发挥。为做到这一点，个人必须超越自我。用马斯洛的话说就是"自我实现的人无一例外都献身于他们自身以外的事业，他们自己以外的东西"。

在我国，自我实现有时可以被理解为"事业有成""功成名就"，而事业有成必须以正确的职业选择与发展为前提。因此，高职生应该以科学的方法来正确地、全面地认识自我，了解社会对人才的需要，找出自己在知识、能力等方面与社会需要的差距，确定自己的发展方向与目标。为了成就自我实现的人生目标，高职生有必要对高职生涯进行科学、合理地规划，并按照规划采取实际的具体行动。

2. 引导高职生提高职业生涯规划意识及能力

高职生职业生涯规划，通过引导高职生对自己的专业特长、兴趣爱好、性格特征、待人接物的能力、擅长的技能做充分的全面的分析，可以帮助他们对自己进行正确评估，迅速、准确地为自己定位，明白自己更适合什么样的工作，自己将来有可能在哪些方面获得成功，逐渐理清生涯发展方向，形成较明确的职业意向。提升高职生的生涯自主意识和责任，可为高职生今后的事业发展做全面、长远的打算。

3. 促进高职生树立明确的职业目标和职业理想

职业生涯规划有助于高职生通过对自己的优势与劣势进行对比分析，通过对外部职业世界的了解和分析，树立明确的职业发展目标与职业理想；通过评估个人目标与现实状况之间的距离，学会运用科学的方法，采取切实可行的措施，不断增强自己的职业竞争力，实现自己的职业目标与理想。

4. 增强高职生在就业中的核心竞争力

好工作不是依靠运气得来的，对高职毕业生而言，它是多种因素共同作用的结果。影响高职生求职的因素包括学校培养质量、专业、社会需求和学生自身的变量，如个人综合素质、就业观念、就业技巧、性别、生源地与家庭背景，以及学校职业指导工作的进展情况等。其中，属于高职生本人能够控制的主要是个人素质、就业能力与技巧。

对于当代高职生而言，职业生涯规划就像一座灯塔，指引着自己在追求人生目标的道路上前进。它在总结了无数前辈智慧结晶的基础上，告诉高职生做人处事的基本道理，指明怎样做才能事半功倍，让高职生坚定地走下去，直到成功的终点。

总之，职业生涯规划的目的是要突破障碍、激发潜能、实现自我，它向高职生提供一些有效的方法和工具，让高职生有能力在不同发展阶段都能对自己的过去、现在和未来有一个重新审视和评估的机会。即使在无法预期、充满不确定感的人生中，高职生也能学习到如何根据这些可能发生的变局，不断调整自己，修正可执行的计划，为自己的每一个人生阶段创造最大的满足感和成就感。

第三节　职业生涯规划的基本理论

职业生涯贯穿人的一生。每个人在实现职业生涯的目标过程中，都会经历不同的发展阶段，有着不同的职业追求和人生追求。高职生了解一些职业生涯规划的基本理论，可以帮助自己提高职业决策能力，指导自己深入认识自我、开发自我潜能，制定有效的职业生涯规划。本节将向同学们介绍职业生涯规划的相关理论，如帕森斯的特质因素论、罗伊的人格发展理论、鲍丁的心理动力理论、霍兰德的职业个性理论等。

一、帕森斯的特质因素论

特质因素论最早由美国波士顿大学的帕森斯教授提出，是用于职业选择与职业指导的最经典的理论之一。

1909年，帕森斯在其所著的《职业选择》一书中，明确提出了职业选择的三大要素。

第一，自我了解：性向、成就、兴趣、价值观和人格特质等。

第二，获得有关职业的知识：信息的类型（职业的描述、工作条件、薪水等）、职业分类系统、职业所要求的特质和因素。

第三，整合有关自我与职业世界的知识。

帕森斯的理论强调：在做出职业选择之前，首先要评估个人的能力，因为个人选择职业的关键就在于个人的特质与特定行业的要求是否相配；其次要进行职业调查，即强调对工作进行分析，包括研究工作情形、参观工作场所、与工作人员进行交谈；最后要以人职匹配作为职业指导的最终目标。帕森斯认为只有这样，人才能适应工作，并且使个人和社会同时得益。

帕森斯认为职业与人的匹配，分为以下两种类型：

第一，条件匹配。即所需专业技术和专业知识的职业与掌握该种专业技术和专业知识的择业者相匹配。

第二，特长匹配。即某些职业需要具有一定的特长，如具有敏感、易动感情、不守常规、有独创性、个性强、理想主义等人格特性的人，适宜从事美的、自我情感表达的艺术创作类型的职业。

帕森斯的特质因素论，作为职业选择的经典性理论，至今仍然有效，并对职业生涯规划和职业心理学的发展具有重要的指导意义。

二、罗伊的人格发展理论

罗伊的人格发展理论是在20世纪60年代提出的。作为一名临床心理学家，她依据自己所从事的临床心理学经验及对各类杰出人物创造力等特质的研究结果，综合了精神分析论、莫瑞的人格理论与马斯洛的需要层次论，形成了人格发展理论。

罗伊认为，人们所选择的工作环境，往往会反映出幼年时的家庭气氛。如果人们小时候生活在一个冷漠、忽略、拒绝或适度要求的家庭中，便可能会选择科技、户外活动一类的职业，因为这些职业的研究范围是以事、物和观念为主，不太需要与人有直接、频繁的接触；如果人们小时候生活的环境充满温暖、爱、接纳或保护的氛围，就可能会选择与人有关的职业，包括服务、商业、文化、艺术、娱乐或商业组织等一类的职业。

罗伊把职业分为服务、商业交易、商业组织、技术、户外、科学、文化和演艺等八大职业组群，依其难易程度和责任要求的高低，分为高级专业及管理、一般专业及管理、半专业及管理、技术、半技术及非技术六个等级。这八大职业组群和六个专业等级，组成了一个职业分类系统，如表4-2所示。

表 4-2 罗伊的职业分类系统

六大等级 八大组群	高级专业及管理	一般专业及管理	半专业及管理	技术	半技术	非技术
服务	社会科学家 心理治疗师 社会工作督导	社会行政人员 社工人员	社会福利人员 护士	技师 领班 警察	司机 厨师 消防员	清洁工人 门卫 侍者
商业交易	公司业务主管	人事经理 营业部经理	推销员 批发商 经销商	拍卖员 巡回推销员	小贩 售票员	送报员
商业组织	董事长 企业家	银行家 证券商 会计师	会计 秘书	资料编纂员 速记员	出纳 邮递员 打字员	售货员
技术	发明家 高级工程师	飞行员 工程师 厂长	制造商 飞机修理师	锁匠 木匠 水电工	木匠（学徒） 起重机驾驶员 卡车司机	助手杂工
户外	矿产研究员	动、植物专家 地质学家 石油工程师	农场主 森林巡视员	矿工 油井钻探工	园丁 农民 矿工	伐木工人 农场工人
科学	医师 自然科学家	药剂师 兽医	医务室技术员 气象员 理疗师	技术助理	助手	非技术性助手
文化	法官 教授	新闻编辑 教师	记者 广播员	一般职员	图书馆管理员	送稿件人员
演艺	指挥家 艺术教授	建筑师 艺术评论员	广告艺术工作员 室内装潢家 摄影师	演艺人员 橱窗装潢员	模特儿 广告绘制员	舞台管理员

三、鲍丁的心理动力理论

　　鲍丁、纳休曼、施加等人于 20 世纪 60 年代提出了心理动力理论。如同罗伊的人格发展理论，鲍丁等强调早期的双亲与儿童间相互作用的重要性，早期亲子互动会影响子女后来需要层次的确立，因此，早期建立起来的亲子关系会影响以后的职业选择。鲍丁等人认为，职业是用以满足个人需要的，如果个人有自由选择的机会，必定会选择以自我喜好的方式来寻求满足需要而避免焦虑的职业。心理动力理论起源于精神分析论，强调人内在的动力与需要等动态因素的心理作用在个人选择职业历程中的重要性。因此，要解决职业选择的问题，首先从解决心理问题开始。

四、霍兰德的职业个性理论

美国霍普金斯大学心理学教授约翰·霍兰德是美国著名的职业指导专家。他于1971年提出具有广泛社会影响的职业个性理论，并编制了霍兰德职业人格能力测验，该测验能帮助个体发现和确定自己的职业兴趣与能力专长，进而作为个体在求职择业时进行决策的依据。

（一）主要观点

霍兰德认为，职业生涯选择是个人人格在工作世界中的表露和延伸，某一类型的职业通常会吸引具有相同人格特质的人，而具有相同人格特质的人对许多生活事件的反应模式也是基本相似的，他们创造了具有某一特色的生活环境（也包括工作环境）。霍兰德认为，在同等条件下，人和环境的适配性或一致性将会增加个体的工作满意度、职业稳定性和职业成就感。

霍兰德职业个性理论的基础主要由四个基本假设组成：①大多数人的人格特质都可以归纳为六种类型，即现实型、研究型、艺术型、社会型、管理型和常规型。②工作环境也有六种类型，其名称、性质与人格类型的分类一致。③人们都尽量寻找那些能突出自己特长、体现自己价值和能令自己愉快的职业。例如，一个现实型的人会尽力去寻找现实型的职业，其他几种人格类型和职业类型的匹配亦然。④一个人的行为表现是职业环境类型和人格类型相互作用的结果。如果知道自己的人格类型和职业类型，就可以预测自己的职业选择、工作变换、职业成就、教育及社会行为。

（二）职业环境类型

1. 现实型的职业

通常是那些对物体、工具、机器、动物等进行操作的职业。从事这一职业的人通常具有现实型的人格特质。他们大多是现实的、机械的，并具有传统的价值观，倾向于用简单、直接的方式来处理问题，用自己的机械和技术能力来进行生产。

2. 研究型的职业

通常是指那些对物理学、生物学或文化知识进行研究和探索的职业。从事这一职业的人通常具有研究型的人格特质。他们大多是有学问、聪明的人。他们主要是通过证明自己的科学价值来获取成就，这样的人一般会以复杂、抽象的方式看待世界，并倾向于用理性和分析的方式来处理问题。

3. 艺术型的职业

通常是指那些进行艺术、文学、音乐和戏剧创作的职业。从事这一职业的人通常具有艺术型的人格特质。他们大多擅长表达，富有创造力，直觉能力强，不随大流，独立性强。他们主要通过展示自己的艺术价值来获取成就，以复杂的和非传统的方式来看待世界，与他人交往更富于情感的表达。

4. 社会型的职业

通常是指那些与人打交道的职业，如教导、培训、发展、治疗或启发人的心智等。从事这类职业的人通常具有社会型的人格特质。他们通常乐于助人、善解人意、灵活而随和。他们主要通过展示自己的社会价值来获取成就，并常常以友好、合作的方式来与人相处。

5. 管理型的职业

通常是指那些通过控制、管理他人而达到个人或组织目标的职业。从事这一职业的人通常具有管理型的人格特质。他们一般都具有领导和演说才能，通过展示自己的金钱、权力、地位等来获取成就，常常以权力、地位、责任等为标准来衡量外界事物，并通过控制的方式来处理问题。

6. 常规型的职业

通常是指那些对数据进行细致有序的系统处理的工作，如档案管理、信息组织和工作机器操作等。从事这一职业的人通常具有常规型的人格特质。他们通常整洁有序，擅长文书工作，一般会在适应性和依赖性的工作中获取成就。他们通常以传统的和依赖的态度来看待事物，并用认真、现实的方式来处理问题。

第四节 职业生涯规划的方法和步骤

【案例】 职业生涯需要规划

小张是国际贸易专业毕业的大学生，毕业后找了一家很小的外贸公司做外贸业务员。外贸业务员的工作底薪是很低的，如果没提成，那工资只能维持个人温饱。在一年多的外贸工作生涯里，小张不但在业绩上毫无起色，而且性格也开始从乐观变得消沉，开始变得烦躁，由于做业务压力大，晚上也开始失眠。总之，工作是痛苦的，生活也免不了受工作情绪的影响。在工作方面，他想得最多的就是跳槽、换行业。他感到前途渺茫，不知道什么职业适合自己，自己适合做什么，自己的兴趣是什么，自己的特长是什么。

在上网的时候，职业生涯规划的内容吸引了小张。从此，他开始积极收集这方面信息，并进行自我分析和总结。后来经朋友介绍，他认识一位从事大学生职业规划的老师。在老师的引导和分析下，小张毅然辞去了那份"食之无味"的外贸工作，开始从事自己感兴趣的网络游戏开发及维护这个职业。他原来玩网络游戏所积累的经验和技术，都在这份工作中派上了用场。他开心工作的同时也获得丰厚的劳动报酬。

【点评】 年轻人由于缺乏自我认识和社会经验，在择业的时候犯错误是很正常的。如果长期处于对自己的工作和前途感到迷茫的状态之中，那就需要调整与改变！可见，对于年轻人来说，科学地做好职业生涯规划是多么重要。

本节将介绍职业生涯规划的方法与步骤：确立志向、状况评估、确定职业生涯目标、选择职业生涯路线、提出达到职业生涯目标的条件、决策与评估，引导同学们进行科学合理的职业生涯规划。

一、确立志向

有志者，事竟成。确立志向，通俗讲就是确定自己这一生将要干什么，只有明确了自己要干什么，才能确定具体的目标。例如，确立终生从事教育事业的远大志向，但并未具体确定是做教师还是其他教育工作者；是做大学、中学教师，还是做小学、幼儿教师等。制定职业生涯规划，首先应确立志向和理想，而不是急于确定具体的职业目标，这有利于从宏观上更好地把握职业发展方向。实践证明，一个有远大志向和理想的人，在一生的奋斗中，即便遇到一些挫折，也不会被困难吓倒。相反，如果一开始就盯着某一个具体的职位，必然纠缠于一时的成败，患得患失，稍遇坎坷就可能动摇，甚至迷失方向。因此，确立志向是制定职业生涯规划必须首先解决的问题，也是事关个人一生追求是否符合自身实际，定位是否准确的大问题。确立志向也许并不能一次完成，许多高职学生往往简单根据自己的专业、兴趣爱好确立志向，但随着时间推移，发现自己并不适合这一领域。因此，初步选定志向以后，还要进行全面的评估，根据评估结果，做出调整。

二、状况评估

（一）自我评估

1. 自我评估的主要内容

自我评估的内容主要包括职业体力倾向、职业能力倾向和职业个性倾向三个方面。国家人事部人事人才研究所的罗双平从这三个方面出发，提出了以下四个方面的评估内容。

（1）生理上的自我。即一个人的相貌、身材、举止和语音。有很多职业对从业者的生理方面提出了要求，如模特要求身高出众，播音员要求语音纯厚，运动员要求身体素质和动作协调性好等，不是所有职业从业者都能介入。

（2）心理上的自我。即内在自我，指一个人的性格、意志、自信、上进心、创造性、管理与领导潜力、成就感等。这些方面对一个人职业选择、事业发展影响也非常大。

（3）理性自我。即一个人职业生涯中最重要的内容，如行为方式、思维方法、道德水准、价值追求以及情商。有人曾做过调研，在一个人事业成功的因素当中，智商占 20%，情商占 80%。情商高的人最大的特点是自我激励能力比较强，有坚韧不拔的毅力。

（4）社会自我。即自己在社会中扮演的角色，在社会中的责任、权利、义务、名誉、自己对他人的评价，以及社会对自我的评价等。

2. 自我评估应掌握的原则

（1）适度性原则。指自我评价应当适当。过高的自我评价往往使自己脱离现实，意识不到自己的条件限制，由自信而自负，在作规划或择业时，就有可能出现期望值过高。相反，过低的自我评价往往忽视自己的长处，缺乏自信，过于自卑，在作规划或择业时，如果目标不适当，就会限制自己的发展。实际上过高或过低的自我评估对自己都不公正。

（2）全面性原则。指自我评价应当全面。任何一个科学的自我评估都应当考虑到全面、整体的因素，既看到自己的优点和长处，也看到自己的缺点和不足，其评估结论应当是对自己的综合评价。

（3）客观性原则。指自我评价应当以客观事实作为基础和依据，尽可能排除主观因素的限制和外界环境的干扰，努力使自我评估趋于客观和真实。

（4）发展性原则。指自我评价应当着眼于自我的发展，充分考虑环境、职业经历、再教育等因素的变化。在进行自我评估时，不但应对自我的现实素质进行评估，还应当对自我的未来发展做出预测，包括发展潜力和前景展望。

要把握好以上几个原则，对自我做出适当、全面、客观的评估，除了加强学习、提高自身素养之外，掌握科学的评估方法也很重要。

3. 自我评估的方法

自我评估的方法有心理学的测评方法、管理学的测评方法和经验比较的测评方法。

（1）心理学的测评方法。这是通过心理测验对自我兴趣特长、性格、气质、情商、组织协调与人际关系等方面做出评估的方法。

（2）管理学的测评方法。管理学的自我评估方法也有多种。例如，"五 W 归零思考模式"，即从自己是谁开始，然后依次思考下去，共有五个问题：

①What am I？我是谁？

②What I want？我的人生理想是什么？

③What can I do？我会做什么？

④What can support me？环境支持我做什么？

⑤What I can be in the end？我最终的职业目标是什么？

回答了这五个问题，找到它们的最高共同点，就有了自己的职业生涯规划。

回答第一个问题，我是谁？静心地去想自己是个什么样的人，有什么性格特点，有什么优点和缺点。

回答第二个问题，我的人生理想是什么？我最期望做什么？有的人期望成为歌星，有的人期望成为作家，有的人期望成为职业经理人……除了这些事业上的期望，对生活有什么期望，希望旅行全世界，还是周游全国，还是期望平淡；对家庭有什么期望，期望和睦的家庭还是其他。对自己期望做的事情排个优先顺序，有的人可能把家庭放在第一位，有的人把事业放在第一位，所以排序是必不可少的一个工作。

回答第三个问题，我会做什么？要把自己会的，擅长的项目进行一下罗列，比如唱歌、写作、人力资源管理、会计等，然后把自己擅长的项目按照擅长程度的大小进行排序。

第四个问题，环境支持我做什么？如果想成为歌星，可是目前自己只是企业的一名文员，整天跟电脑、文字打交道，这样的环境根本支撑不了自己成为歌星的梦想。那么仔细想一想，现在所处的环境能支持自己做什么呢？假如自己是一名人力资源经理，老板支持自己进行一些人力资源变革。那么就把这个环境因素记下来。再回顾一下是否记全了。

明晰了前面四个问题，就会从各个问题中找到实现职业目标有利和不利的条件，选择不利条件最少的、自己想做而且又能够做的职业目标，那么第五个问题的答案就有了。自己可以设想一下：十年后，自己将成为什么样子？五年后的自己该做什么？三年后的自己该干什么？一年后的自己该干什么？明天的自己该做什么？这样一想，自己的职业生涯规划就设计出来了。

（3）经验比较的测评方法。利用自己过去成功的经验和失败的经验进行比较，利用自己的成功经验与条件相似的人的成功经验进行比较，利用他人评价与自我评价进行比较，总之，利用比较，得出相同与相异的若干结论，从中分析找出符合客观的自我评估。

在实际的自我评估中，往往综合使用上述三种方法，使评估结论趋向真实。

（二）环境评估

环境评估指从社会、组织和人际关系三个方面的分析入手，找出自己所处环境条件的特点、发展变化情况、自己在环境中所处地位、环境对自己提出的要求，以及环境对自己有利的条件和不利的因素，使自己的职业生涯规划既要做到与环境的要求相吻合，又要做到在复杂的环境中趋利避害，使自己得到发展。

（1）社会环境评估是宏观环境评估。这是指正确认识和把握国家社会经济发展的客观

规律，从而使个人的职业生涯规划与社会发展的大趋势合拍。要做到对社会环境的准确判断和评估，要养成关心时事的习惯。无论学什么专业，今后准备从事什么职业，都应当了解国家、社会的形势、政策和未来发展趋势，更重要的是要学会观察和分析社会现象，善于通过现象抓住本质，使自己在复杂的社会环境中站得高、看得远。

（2）组织环境评估是中观环境评估。这是指正确认识和把握用人单位的发展前景和内部环境，不被眼前利益所迷惑。西方有一句名言：你选择了一个组织，就是选择了一种生活。特别是现代组织越来越强调文化建设，在一个专业符合度高、领导知人善用、企业文化优秀、发展势头良好的单位，个人的发展前途一般也不会太差。组织环境评估还有一个重要因素需要考虑，即组织提供的培训机会。因为在社会发展日新月异的时代，任何学校教育的知识都是有限的和阶段性的。因此，在事业发展的进程中，组织提供的培训机会已成为影响个人事业成功的重要加速器。

（3）人际关系评估是微观环境评估。这是指正确认识和把握组织内部的人际关系和自身个性特征。人作为社会的组成单元，每时每刻要同他人打交道，因而正确分析人际关系状况显得尤为重要。在一个人际关系紧张、互相钩心斗角的组织里，个人不仅很难取得成就，而且个人的情绪和心理健康也会受到不良影响。另外，不同职业对人际关系的处理有不同要求，有的职业个体独立性强，一般不需要过多地考虑人际关系，而有的职业则必须广泛与人打交道，对个人人际关系能力要求高。人际关系分析应着眼于以下几个方面：个人职业发展过程中将与哪些人交往；其中哪些人将对自身发展起重要作用；哪些人际关系因素将对自身发展带来不利影响，自己将如何相处、对待等。

三、确定职业生涯目标

1. 确定职业目标

确立了志向，完成了状况评估，就可以确定自己的职业目标。职业目标是个人理想的具体化和可操作化。形象地说，职业志向决定自己走上什么样的职业道路，而职业目标决定自己一生在这条道路上将走多远，将得到什么样的结果。职业目标通常分短期目标、中期目标和长期目标。短期目标又称近期目标，一般指毕业后实现顺利就业的 1～2 年；中期目标又称阶段性目标，一般指适应工作岗位后的 5～10 年；长期目标又称最终目标，一般指工作10～20 年后，甚至更长的时期内实现的人生理想。当然，不论短期目标，中期目标，还是长期目标，都不是绝对的、一成不变的，而是要随着社会、环境、个人等条件因素的变化而不断做出调整。总之，一定要跟上时代进步的潮流，尽量使自己的职业选择适应社会需求，才不至于被淘汰出局。另外，确定职业生涯目标也不可能一蹴而就，实践证明，往往要经历从抽象到具体、从模糊到清晰的循环往复过程。

2. 确定职业发展起点

确定职业发展起点无定式可言，一般来说随自己选择的职业岗位所在地而定。正确对待职业发展起点，是强调在考虑职业生涯规划时不应把选择大城市、经济发达地区作为人生事业起飞的主要考虑因素。事实上，很多一开始选择了北京、上海、沿海发达城市的毕业生很快发现，那里虽然薪资水平高、工作条件好、生活舒适，但却人才济济、竞争激烈，结果工作时间不长就被迫跳槽。而如果一开始就选准方向，在一个地方，围绕一个职业长期稳定发展，在工作中不断积累工作经验，丰富人力环境资源，终将脱颖而出。有企业做过统计，在

企业担任中层以上主管，甚至高层主管、有较高薪水的职业劳动者，都是在企业连续工作 8 年以上的员工。而那些不断跳槽的人，8 年后，仍然站在起点。实践证明，对于有望成为某一领域的资深人士来说，资历加努力应该是非常重要的成功因素。因此，选择了适合自己的职业发展方向，确定了职业目标，就不必在意职业起点是城市还是乡镇，是东南沿海还是西部地区。

四、选择职业生涯路线

（一）常见的职业生涯路线

根据霍兰德提出的六种职业类型和施恩提出的五种职业锚，高职毕业生有四种职业生涯路线，如表 4-3 所示。

表 4-3　高职毕业生职业生涯路线

年龄　　职业类型	21 岁~25 岁	26 岁~30 岁	31 岁~35 岁	36 岁~40 岁	41 岁~45 岁	46 岁~50 岁	51 岁~55 岁	56 岁~60 岁	备注
高职毕业生 · 企业型（管理）	高级工（公司职员）	技师或工程师（部门主管）	高级技师（公司副总）	高级工程师（公司CEO）	高级工程师（公司CEO）	高级工程师（公司CEO）	总工程师	总工程师	30 岁起也可能自主创业
研究型（专业技术）	实习研究员（助理职称）	助理研究员（中级职称）	助理研究员（中级职称）	副研究员（副高职称）	副研究员（副高职称）	研究员（正高职称）	研究员（正高职称）	研究员（正高职称）	35 岁起也可能进入高级管理层
社会型（公务员）	副科级	副科级	正科级	副处级	正处级	副厅级	正厅级	正厅级	35 岁起也可能进入其他领域
艺术型（律师、记者、艺术家、运动员等）	事业初创	事业发展	社会知名	社会知名	社会贤达	社会贤达	社会贤达	社会贤达	35 岁起也可能进入政界

实际上，每个人在确立了职业志向和确定了职业目标以后，还面临选择职业生涯路线的问题。换言之，任何一个职业发展方向又可面临不同的发展路径。例如，教师确立了终生从事教育事业的职业志向，确定了做一名成功的教育工作者的最终目标，这时教师还面临将沿哪一条发展路径走下去的问题：是进入教育行政主管部门，走行政管理路线，向行政方面发展；还是进入学校做一名教师，走专业技术路线，向业务方面发展；或者是做一名教育新闻媒体的记者，走自由职业的发展路线等。发展路线不同，对人的各方面条件的要求也不同。即使同一职业领域，也有不同的岗位，有人适合搞行政管理，可在管理方面大显身手，成为一名卓越的管理人才；有人适合搞科学研究，可在某一领域有所突破，成为一名专家学者；有人适合搞经营，在商海中建功立业，成为一名经营人才；也有人更适合自由职业，在律师、作家、艺术家、运动员等职业中发挥聪明才智，为社会提供精神食粮。显然，如果一个

人不具有表演天赋，却选择了艺术型路线，他就很难成就事业。由此可见，高职生职业生涯路线的选择，也是职业生涯发展能否成功的重要因素之一。

上述常见职业生涯路线图是以 21～25 岁高职毕业进入职业岗位为起点。企业型与艺术型职业生涯路线相对适应期短、成功早，有的甚至能在短期内迅速走向成功。而研究型、社会型职业生涯路线相对要花较长的时间才能取得成功。但不管成功早与迟，职业劳动者要想不断超越自己，实现最终人生理想，都要付出艰苦努力。

（二）选择职业生涯路线的四大要素

如何才能做出正确的选择，走上适合自己的职业生涯路线呢？这就需要在选择职业生涯路线时把握以下四个要素，即回答以下四个问题：

1. 我想往哪一路线发展

把握这个要素，其核心问题是分析自我的价值目标取向，追求什么样的人生理想。当然，也包含兴趣和动机。

2. 我适合往哪一路线发展

把握这个要素，其核心问题是分析个人资质和潜能，即分析当前具备的学历、智力和潜在能力等。

3. 我可以往哪一路线发展

把握这个要素，其核心问题是分析自我所处环境，包括社会环境、组织环境等，有时甚至包括社会、政治、经济大环境，从而决定路径选择的许可度。

4. 是否存在迂回发展路线

把握这个要素，其核心问题是分析自我面临的机遇与机会的成熟度。从而为近期目标与中期目标的转换做出合理的安排。例如，自己向往某一职业理想，也适合这样发展，但目前环境条件不具备，是否简单地做出放弃的决定呢？这显然是不科学的，但为了等待机遇，也为了积蓄力量，高职生可暂时选择另一条路径。有一个真实的故事：某青年为了成为 IT 行业的领军人物，先干了五个月打字员，又干了一年半印刷工，当他熟悉了打印、排版、印制等全过程，又拥有一批固定客户后，他办了一个小印刷厂，以印刷厂为依托，他办起了打字员培训班，自此一发而不可收，办起了电脑培训学校，终于实现了自己的理想。

考虑了上述四个要素，进行综合分析后，就可以确定自己的职业生涯路线，这必将是一个全面、科学的职业生涯路线。

五、提出达到职业生涯目标的条件

1. 必要条件

必要条件指实现某一职业目标的职业资格。在确定了职业生涯目标、选择了职业生涯路线以后，就可以提出达到职业生涯目标的必要条件。

必要条件有三种情况：第一种是入门资格。入门资格又称基本条件，如学历、性别、专业、身体状况等，几乎所有职业岗位都提出自己的入门资格。第二种是附加资格。附加资格指在通常的入门资格基础上，根据岗位需要再附加若干资格条件，如近年来国家公务员招考，有相当一部分岗位附加"中共党员"这一报名资格；很多企业招聘时，附加"两年以

上工作经历或岗位经历"的报名资格。显然，附加资格使得招聘范围极大缩小。第三种是高级岗位资格。高级岗位资格指担任部门主管或科级以上领导职务时提出的必要条件。在职业生涯的不同阶梯上，职业劳动者要想由低至高向上发展，就必须弄清每一职位的岗位资格要求，不断创造条件，实现目标。

值得注意的是，近年来社会用人单位招聘大学生不再简单地提出诸如学历、专业等资格条件，而是全面考察大学生的综合素质。

2. 需要条件

需要条件指胜任某一职业岗位的综合素质要求。对社会用人单位而言，需要条件就是好中选优的条件。前面讲到，在职业生涯中，职业劳动者要想顺利实现职务晋升，就要了解高级职位的任职资格。而现在强调，高级职位总是有限的，具备任职资格仅仅是第一步，还应当知道胜任这一职位的综合素质要求，为此，不同企业有各自不同的选拔标准。

3. 素质拓展计划

明确了自己的职业生涯目标、路线、必要条件、需要条件等，可以说完成了职业生涯规划的第一部分内容。但是，职业生涯规划不仅是提出自己的理想，更重要的是制订出详细的教育实践计划，向着理想和目标迈进。学校专业教育的内容，仅仅是社会用人单位考核的一小部分，而企业高度关注的能力素质，则需要高职生通过周密计划和有意识地训练才能获得。素质拓展特指高职生在校期间努力的方向。素质拓展计划具体包括：订出三年～五年计划，对高职生活做出合理安排；订出分年度实施计划，细化到内容、方法、步骤与时间表，并且特别强调要有评估回馈，以检查计划落实情况，并及时做出调整。每年度的实施计划可以细化到月和周，逐周、逐月落实。素质拓展计划可以使高职生产生只争朝夕的紧迫感，使学习效率大大提高。

六、决策与评估

1. 职业生涯规划决策

完成了上述各项工作以后，高职生就可以做最后的职业生涯规划决策。管理学研究提出了多种决策方式，而信息决策是综合性强、全面科学的一种决策方式。在网络普及，信息交流速度快、范围广的情况下，应用信息决策可以得出令人满意的结果。

信息决策的核心要素是掌握准确、全面的信息。而收集信息的内容正是前面各项内容所要求的。

在初步决定了自己的职业志向或理想之后，开始广泛收集信息并进行自我评估，根据自我评估，针对自身的具体情况，对最初的理想做出调整。在充分了解自我与掌握信息的基础上，提出职业生涯规划方案，一般提出两套方案备选，然后对两套不同方案进行评价，比较和选优（最适合的）。结果如果很理想，则做出终结性决定，并对方案的可行性进一步评估，修改完善后实施方案。结果如果不理想，则通过再次调查寻求更好的方案。

2. 系统评估

系统评估有两层含义。第一层含义，是指对整个规划再做一次全面的评估，其内容主要是三个方面：现状评估，自我认知是否准确（现在是什么）；价值评估，自我设定是否最优（将来应该是什么）；技术评估，路径选择是否合理（什么是最佳路线）。第二层含义，根据变化的情况对规划做出调整。俗话说，计划赶不上变化，影响职业生涯规划的因素很多，有的变化可以预测，并已经吸收到规划中，也有的变化难以预测。在这种情况下，要使规划仍然有效，就必须对规划做出必要的修订。无论哪一部分内容不符合实际，都可以进行修订，如职业发展方向修订、目标修订、职业生涯路线修订、素质拓展计划修订等。只有这样，高职生才能实现可持续发展。

实践园地

1. 自我检测表：《职业兴趣测试》

指导语：

请同学们仔细阅读下面的问题，对于每项活动，如果回答是肯定的话，则在"是"一栏中打"√"。最后把"是"一栏的回答次数相加，填入表4-4中"回答'是'的次数"一栏中。这套测试题适用于在校学生。完成本问卷大约需要15分钟，请不要做过多的思考，也无须和别人讨论。

【发放问卷】（详见教学资源）

【结果显示】

1) 个人统计每组问题回答"是"的次数，填入表4-4。

2) 结果对照：统计和确定自己的职业兴趣型。

表4-4 职业兴趣测试统计表

组	回答"是"的次数	相应的职业兴趣
第一组	（ ）	兴趣类型1
第二组	（ ）	兴趣类型2
第三组	（ ）	兴趣类型3
第四组	（ ）	兴趣类型4
第五组	（ ）	兴趣类型5
第六组	（ ）	兴趣类型6
第七组	（ ）	兴趣类型7
第八组	（ ）	兴趣类型8
第九组	（ ）	兴趣类型9
第十组	（ ）	兴趣类型10
第十一组	（ ）	兴趣类型11
第十二组	（ ）	兴趣类型12

回答"是"的次数越多的组，则相应的兴趣类型与自己的兴趣更为一致。

各种兴趣类型的特点与相应的职业：

兴趣类型1——喜欢与工具打交道。这类人喜欢使用工作、器具进行劳动的活动，而不喜欢从事与人或动物打交道的职业。相应的职业有修理工、建筑工、木匠、裁缝等。

兴趣类型2——喜欢与人相接触。这类人喜欢与他人接触的工作，他们喜欢销售、采访、传递信息一类的活动。相应的职业有记者、营业员、邮递员、推销员等。

兴趣类型3——喜欢从事文字符号类工作。这类人喜欢与文字、数字、表格等打交道的工作。相应的职业有会计、出纳、校对员、打字员、档案管理员、图书管理员等。

兴趣类型4——喜欢地理地质类职业：这类人喜欢在野外工作，进行地质考察、地质勘探等活动。相应的职业有勘探工、钻井工、地质勘探人员等。

兴趣类型 5——喜欢生物、化学和农业类职业。这类人喜欢实验性的工作。相应的职业如农技员、化验员、饲养员等。

兴趣类型 6——喜欢从事社会福利和助人工作。这类人乐意帮助别人，他们试图改善他人的状况，喜欢独自与人接触。相应的职业有医生、律师、护士、咨询人员等。

兴趣类型 7——喜欢行政和管理的工作。这类人喜欢管理人员的工作，爱好做别人的思想工作，他们在各行业中起重要的作用。相应的职业有辅导员、行政人员等。

兴趣类型 8——喜欢研究人的行为的工作。这类人喜欢谈论涉及人的主题，他们爱研究人的行为举止和心理状态。相应的职业有心理学工作者，哲学、人文科学、人类学研究者等。

兴趣类型 9——喜欢从事科学技术工作。这类人喜欢科学、技术、机械、工程类活动。相应的职业有建筑师、工程技术人员等。

兴趣类型 10——喜欢从事富有创造性的工作。这类人喜欢有想象力和创造力的工作，爱创造新的式样和概念。相应的职业有演员、作家、创作人员、设计人员、画家等。

兴趣类型 11——喜欢做操作机器的技术工作。这类人喜欢运用一定的技术，操作各种机器，制造产品或完成其他任务。相应的职业有驾驶员、飞行员、海员、机床工。

兴趣类型 12——喜欢从事具体的工作。这类人喜欢制作能看得见、摸得着的产品；希望很快看到自己的成果，他们从完成的产品中得到自我满足。相应的职业有厨师、园林工、农民、理发师等。

【交流研讨】如何看待自己的职业兴趣类型？如果自己在这个测查中反映的兴趣类型与自己现在的专业不符，怎么办？

2. 实践活动模型

（1）实践活动：

阅读大学生职业生涯规划调查报告后谈谈自己的体会。

当前我国大学生的职业规划现状如何？对就业中心提供的职业发展服务是否满意？为此，北森测评网、新浪网与《中国大学生就业》杂志共同实施了一次大型调查，采用在线填答形式，共收集有效问卷 2627 份。参与调查的人群包括在校非应届大学生、硕士生、博士生、应届毕业生及毕业超过一年的人等典型人群。

调查显示，大学生对于个人职业生涯规划满意度整体水平不高。各项调查指标的满意度最高没有超过 3.6 分（5 分表示非常满意），其中对"职业生涯规划现状"和"求职方法和技巧"的满意度最低，对"清楚了解自己个性"的满意度最高。有 40% 的大学生在调查中表示，不愿意从事与自己专业相一致的工作，这充分反映了目前高考选择志愿的盲目性。

从职业发展的角度来看，放弃自己的专业需要承担非常大的机会成本，同时也会带来心理、家庭等诸多的问题，而这些问题的解决需要专业职业发展人员系统的服务。

大学生在求职过程中，学校就业中心是他们获得外界工作信息及职业规划指导的一个主要途径。但是，对就业中心的各项情况和服务，表示满意或比较满意的调查者不到总数的 15%，而选择"一般"的调查者占总调查人数的 30%，另有 30% 的调查者根本不了解就业中心的情况和服务。

调查发现，当大学生面临职业选择或职业困惑时，他们最主要的解决途径是自己思考解决，占到了 44%；其次是与父母和同学商量，分别为 12% 和 15%；听老师意见的占 7%；选择由专业机构对自己进行指导的学生仅占 10%。

虽然现实生活中大学生较少接受系统的职业生涯规划服务，但面对未来的发展，超过 80% 的人还是认为职业生涯规划非常重要。70% 以上的人表示需要或者非常需要职业生涯规划方面的指导。

（2）畅谈职业理想：

通过本章的学习，请同学们认真思考：自己的职业理想是什么？如何才能实现？然后组织一场研讨会，与同学们分享。

素养训练

游戏——我的人生目标一定要达到

（1）训练名称：我的人生目标一定要达到。

（2）训练目标：增强不达目标决不放弃的勇气和信心。

（3）训练内容：通过清晰地表达"我的人生目标一定要达到"，增强自信心。在本游戏中，通过走自己的路、身心考验、战胜自我三阶段的训练，帮助高职生从"我想成为……"，到"我努力想成为……"，再到"我一定要成为……"，循序渐进地明确人生目标，并训练不达目标决不放弃的勇气和信心。

（4）训练步骤：

第一阶段：走自己的路。

第一，最清晰地表达自己的人生目标，合格者通过意愿关。表达方式："我想成为……，请允许我通过！"（通过标准：人生目标尽量符合职业锚。）

教师允许后可以通过。

第二，从 A 点走到 B 点，用任何不同于其他人的姿势走过去，与他人相同者将被淘汰。通过者每人得 1 分。

第二阶段：身心考验。

第三，最响亮地表达自己的人生目标，合格者通过意愿关。表达方式："我想努力成为……，请允许我通过！"（通过标准：声音至少要达到 80 分贝。）

教师允许后可予以通过。

第四，做俯卧撑 20 次以上。通过者每人得 2 分，每增加 10 次俯卧撑加 1 分。

第三阶段：战胜自我。

第五，最响亮、最清晰、最快速地表达自己的人生目标，合格者通过意愿关。表达方式："我一定要成为……，请允许我通过！"（通过标准：声音至少要达到 100 分贝，每秒 6 个字。）

游戏感悟：成功＝意愿×方法×行动

（5）相关讨论：

第一，通过游戏，同学们的感悟是什么？

第二，这个游戏对于同学们确立人生目标有什么帮助？

（6）总结：

第一，找到自己的人生目标不容易，要努力达到自己的人生目标更需要勇气和信心。

第二，具备不达目标决不放弃的勇气和信心还需要不断训练。

（7）参与人数：集体参与。

（8）时间：15分钟。

（9）道具：无。

（10）场地：室内。

第五章　职业习惯的养成

情景再现说明：养成一个好的职业习惯可以帮助自己成就伟大的事业。那么，高职生应该培养什么样的职业习惯呢？

什么是习惯？现代汉语词典中习惯的解释有以下两个：

（1）动词。是指常常接触某种新的情况而逐渐适应。

（2）名词。是指在长时期里逐渐养成的、一时不容易改变的行为、倾向或社会风尚。

本章所指的习惯应该属于第二种，是人长期逐渐养成的、一时不容易改变的行为、倾向。确切地说，习惯是一种重复性的、通常为无意识的日常行为规律，它往往通过对某种行为的不断重复而获得。

毫无疑问，人是一种习惯性的动物。无论自己是否愿意，习惯总是渗透在生活的方方面面。有调查表明，人们日常活动的90%源自习惯和惯性。想想看，大多数的日常活动都只是习惯而已！为什么早上要刷牙？因为习惯了。老人为什么去晨练？因为这是他们的习惯。有些同学放学回家后第一件事是打开电脑玩游戏。这是为什么呢？因为他已经养成了这样的习惯。古人云，习惯成自然。意思是某种行为如果演变为习惯，那么就成为很自然的事了。

习惯的力量是惊人的。无论好习惯、坏习惯，一旦形成，就很难改变，它让自己必须遵照它的命令行事，否则就会感到万分难受和不安。坏习惯，必然影响个人的发展，成为成功的障碍。相反，好习惯是成功的基石与阶梯。

1978年，75位诺贝尔奖获得者在巴黎聚会。有人问其中一位："你在哪所大学、哪所

实验室里学到了你认为最重要的东西呢？"

出人意料，这位白发苍苍的学者回答说："是在幼儿园。"那人又问："在幼儿园里学到了什么呢？"

学者答："把自己的东西分一半给小伙伴们；不是自己的东西不要拿；东西要放整齐；饭前要洗手；午饭后要休息；做了错事要表示歉意；学习要多思考，要仔细观察大自然。从根本上说，我学到的全部东西就是这些。"这位学者的回答，代表了与会科学家的普遍看法：成功源于良好的习惯。

习惯包括生活习惯、学习习惯、运动习惯、职业习惯等。

职业习惯是指职业人在长期、重复的职业活动中逐渐养成的比较稳定的行为模式。一个人的职业竞争力主要就体现在他的职业习惯上。因此培养自己良好的职业习惯，应该成为职业准备的当务之急。因为习惯不可能是一天练就的，它是一种日久天长、水滴石穿的积累结果。

本章将介绍有关职业习惯的内容，帮助同学们养成与人合作的习惯，形成强大的执行力，养成良好沟通的习惯，塑造清洁工作的心态。养成这些习惯都有利于高职生的成功。

第一节　养成与人合作的习惯

【案例】　　　　具备与人合作的习惯是企业对人才的要求

关某在职业学院上学期间成绩中等，没有太多爱好，唯独对模型设计与制作这门课情有独钟，他不但上课时认真听讲、积极发言，还专门在家中开辟出了一个房间作为他的加工车间，每天都要花时间在这里搞他的小发明。关某毕业后面试进入了自己心仪的企业。刚刚进入企业的他充满了兴奋，工作非常积极，经常在完成自己本职工作之余主动与老员工聊天，请教各种经验。一天他了解到企业近期接到了一个订单，但是设计出来的模具在使用过程中出现了问题，使得残次品频出。他看在眼里、急在心里。下班后上网查找资料，又阅读相关书籍，在自己的车间内和同班组的人员一起反复思考并试验方法的可行性，终于研究出了更合理的模具。就这样一个小小的改革，就为公司节约了大量的生产成本，避免了次品、废品频出，为企业赢得了长期合作的伙伴。

【点评】　在当今社会，企业分工越来越细，任何人都不可能独立完成所有的工作，个人所能实现的仅仅是企业整体目标的一小部分。所以，对现代职业人而言，具备与人合作的良好习惯，非常重要。

本节将介绍团队和团队精神的含义，帮助高职生领悟团队合作的重要意义，了解与人合作的基本原则，从而引导高职生养成良好的合作习惯。

一、与人合作对个人的成功是非常重要的

（一）善于合作是个人获得机会的重要保证

团队精神日益成为企业的一个重要文化因素，对从业者而言，它要求从业者除了具备扎实的专业知识、敏锐的创新意识和较强的工作技能之外，还要学会尊重别人，懂得沟通，以恰当的方式同他人合作，学会领导别人与被别人领导。对企业而言，它要求企业分工合理，

将每个员工放在正确的位置上，使其能够最大限度地发挥自己的才能，同时又辅以相应的机制，使所有员工形成一个有机的整体，为实现企业的目标而奋斗。

从业者只有具备与人合作的习惯，才可能进入自己梦寐以求的公司，也才能取得优异的成绩。IBM人力资源部经理说："团队精神反映了一个人的素质，一个人的能力很强但缺乏团队精神，IBM公司不会录用这样的人。"美国视算电脑科技有限公司（SGI）人力资源部经理对此也有类似的表述："如果一个人的能力非常好，而他却不具备团队精神，那么我们宁可选择具备团队精神，而个人能力稍逊的人。"

（二）善于合作是个人成功的基石

如果职业劳动者在工作中善于合作，取人之长，补己之短，自己的能力将会得到不断提高。那么，职业劳动者也将会做出应有的业绩，脱颖而出，获得企业的赏识。事实也正是如此，那些善于合作，具有团队精神的职业劳动者往往更容易获得成功。

要知道每个人的能力都是有限的。一个精力旺盛的人，往往误认为自己没有做不完的事。实际上，一个人精力再充沛，个人的能力还是有一个限度的，超过这个限度，就是人力所不能及的，也就是个人的短处了，此时合作就显得重要了。每个人都有自己的长处，同时也有自己的不足，因此需要与人合作，用他人之长补自己之短。养成良好的合作习惯，才会更好地完善自己，发展自己。

二、团队和团队精神

什么是团队和团队精神呢？

（一）团队的含义及构成要素

英文"Team"，翻译成中文，就是"团队"。对"团队"这两个字从字面上分析一下：有"口""才"的人和一群用"耳"倾听的"人"组成的组织。所以，这里包括领导与被领导的关系。因此，不是所有的组织都可以被称作团队，只讲不听的组织只能是团伙。

1. 团队的含义

团队是指在工作中紧密协作并相互负责的一群人，他们拥有共同的目的、绩效目标以及工作方法，且以此进行自我约束。

深入了解团队的含义是每个人——不管是管理者还是普通员工都必须去做的事。《团队的智慧》的作者琼·R·卡扎巴赫和道格拉斯·K·史密斯一再强调：团队不是指任何在一起工作的集团，团队工作代表着鼓励倾听、积极回应他人观点、对他人提供支持并尊重他人兴趣和成就的一系列价值观念。

2. 团队的构成要素

被誉为"世界第一CEO"的杰克·韦尔奇在他20年的任期内把通用电气集团带向了辉煌！他在提到团队时，曾经把运动团队作为团队的典型。他认为：

其一，团队的成员必须经过精心选拔和组合。

其二，每一个团队成员的职责都与其他人不一样。

其三，领导者在管理团队成员时要区别对待，有针对性地培养。从这个意义上来说，团队的业绩首先来自团队的每一个成员的业绩，只有每一个团队成员充分发挥自己的能力，协

调好与别人的分工和关系，团队的业绩才有可能达到最大化。

其四，团队的重点在于协调和合作，在于默契的配合，在于发挥每个人的全部潜能，在于创造高绩效。

以上各方面缺一不可，任何方面的缺失都不能称之为"团队"。

（二）团队精神的含义

精神的含义指意识、思维、神志或内容的实质所在，而团队精神是指为了共同目标而工作或活动的集体。它是大局意识、协作精神和服务精神的集中体现。它反映的是个体利益和整体利益通过协同合作达到统一，并进而保证团队的高效率运转。

在企业中，每一项工作都需要许多人互相配合，如果一个人只知道单打独斗，而没有团队合作的精神，是无法真正发挥自己的能力的。

现代的公司都非常注重培养员工的团队精神。很多公司认为，员工的团队精神是所有技能中最重要的一种。如果每一位员工都具备团队合作精神，企业不仅可以在短期内取得较大的效益，而且还可以获得长远的发展。

团队精神对于企业的推动作用已经在许多公司中得到了充分的证实。沃尔玛、丰田是最早推崇团队精神的企业，对团队精神的关注使它们得以在很短的时间内迅速壮大，实现了企业整体绩效的提升，而且使企业具备了永续发展的能力。此后，惠普、摩托罗拉、苹果等企业也纷纷将团队精神置于重要地位，并取得了显著的效果。微软 Windows2000 的推出就是一个典型的例子。这一视窗系统有 3000 多名软件工程师参与编程开发和测试，如果没有高度统一的团队精神，没有全部参与者的分工合作，这项工程是根本不可能完成的。

所以，是否具有团队精神已成为企业对员工进行考核的一项重要内容。缺乏团队精神的员工，是不会受到企业欢迎的。

三、高职生要主动培养和增强团队精神

不论对于企业还是对于个人来说，团队精神都是创造卓越业绩的基础，是成长和发展的基石，是获得机会的重要保证。那么高职生怎样培养团队精神呢？

1. 要看清自己的位置

有一天，一个男孩问迪斯尼公司的创办人华特·迪斯尼："是你画的米老鼠吗？""不，不是我。"华特·迪斯尼说。男孩接着问："那么你负责想所有的笑话和点子吗？"华特·迪斯尼说："没有。我不做这些。"最后，男孩追问："迪斯尼先生，你到底都做些什么啊？"华特·迪斯尼笑了笑回答："有时我把自己当作一只小蜜蜂，从片厂一角飞到另一角，搜集花粉，给每个人打打气，我猜，这就是我的工作。"

男孩认为，动画片的完成是基于某个人具体的工作。而在华特·迪斯尼的眼里，动画片的制作其实是一个复杂的过程，需要许多人在一起团结协作，是一个团队的工作。

在谈到自己的工作时，华特·迪斯尼虽然采用了轻描淡写的口气，好像他没做什么实际的工作，但是他对自己在团队中的位置非常清楚——自己在团队中处于核心地位，自己最重要的工作就是激励团队成员不断努力。一个好的团队就像一部设计精密的机器，每个成员都有自己独特的定位，都有自己最主要的工作。只有每一位团队成员都认清了自己的位置，明白了自己的主要任务，团队这部机器才能正常运转。若对自己的位置认识不清，看不清工作

的重点，团队就会一团糟。

因此，高职生在加入一个团队之后，应该做的第一件事不是翻阅文件、承接任务，而是寻找自己的定位，找准自己的位置。

2. 善于看到他人之长

美国著名的心理学家荣格有个公式是这样的：I + We = Fully I。

这个公式的意思是：一个人只有把自己融入集体中，才能最大限度地实现个人价值，完善自己的人生。任何成绩的取得都是与他人协作的结果，不管个人所处的是一个研究开发团队、生产团队还是销售团队，都是如此。在这种情况下，高职生只有融入团队才会实现自我业绩的突破。而融入团队的前提就是看到他人的长处，欣赏他人的优点。

3. 对于团队使命的认同

团队精神是一种心灵的力量，它来自于团队成员对于使命的认同。不管做任何事情，人们只有认同其使命才会产生奋斗的激情，才会有工作的动力。因此，具有团队精神的前提就是对团队使命的认同。如果团队成员无法认同团队使命，不管工作有怎样丰厚的薪水激励或有怎样严厉的惩罚，也不会激发起团队成员的工作激情，更不会使团队成员产生向心力和凝聚力，从而无法使其创造出卓越的业绩。

众所周知，微软造就了数以万计的百万富翁。微软的团队使命被这些百万富翁们深深认同，他们已经把自己与微软绑在了一起，并将其作为了展示自我价值的最好舞台。

正如比尔·盖茨所说："微软公司所形成的氛围是，你不但拥有整个公司的全部资源，同时还拥有一个能使自己大显身手、发挥重要作用的小而精的班级或部门。每一个人都有自己的主见，而能使这些主见变成现实的则是微软这个团队。"这种强烈的团队精神使微软在激烈的市场竞争中不断壮大。

第二节　形成强大的执行力

一个企业要成功，必须要有科学、细致、严格的管理。而且只有制度是不够的，关键是把它贯彻下去。企业的员工必须照章办事，把公司的规范转化为自己的实际行动。员工的执行力，造就了企业的核心竞争力，使企业这艘"航母"具备了持续领先的竞争优势。可见，执行力对个人、对企业都非常重要。

本节将介绍执行力的含义和意义，缺乏执行力的四种表现，以及个人提高执行力的方法。

一、执行力的含义和意义

（一）执行力的含义

什么是执行力呢？

（1）对个人而言，执行力就是保质保量地完成自己的工作和任务的能力。也就是说，执行力就是个人的办事能力。衡量个人执行力的标准，就是在领导者提出任务和要求后，能否保质保量地完成工作。

（2）对于企业而言，执行力则是将长期战略一步步落到实处的能力。也就是说，执行

力就是经营能力，就是企业的战斗力。企业的经营是一个长期而复杂的过程。例如，一个大型企业，内部有各种各样复杂的部门，有大批的员工；外部，企业要面对激烈的竞争，而市场的信息往往也是变化莫测，时常还把企业置于危险的境地。在这样复杂多变的内外环境考验之下，企业员工必须团结一心，对外界挑战应对自如，战胜一切困难，实现让企业盈利的目标，否则企业就无法生存下去。所以，衡量企业执行力的标准，就是在预定的时间内，能否完成企业的战略目标。

（二）执行力的意义

1. 没有执行力，企业就没有竞争力

（1）战略虽好，也要有人执行。为什么星巴克能在满街的咖啡店中异军突起？为什么沃尔玛能够成为全球零售业霸主，并且登上世界企业 500 强第一名的宝座？无数成功企业的经历说明，那些在激烈竞争中最终能够胜出的企业无疑都具有超强的执行力。

无论多么宏伟的蓝图、多么正确的决策、多么严谨的计划，如果没有严格高效的执行力，最终的结果都会和预期相差甚远，甚至是空中楼阁。

在企业发展速度要加快、产品质量要提高、发展规模要扩大、企业寿命要延长的要求下，企业的决策层除了要善于不断捕捉发展机遇，制定出好的战略外，更重要的是要具有实施这一战略的执行力。执行力是企业贯彻落实领导决策、及时有效地解决问题的能力，是企业的管理决策在实施过程中原则性和灵活性相互结合的重要体现，是企业生存和发展的关键。

（2）不仅要执行，而且要执行到位。许多企业存在这样的现象：公司有许多制度和标准，甚至有非常完善的制度，但上至领导下至员工，全都不能也不会坚持贯彻执行，或者在执行中大打折扣。结果是这些制度、流程和标准都流于形式，不能够真正贯彻落实。

与其等待别人来拯救，还不如自己从现在就开始努力认真地做起：认真地对待自己的工作，严格执行企业的战略，每个环节和阶段都保质保量地完成。如果企业里的每位员工都能如此，那么就会发现，企业中所谓的"救世主"其实就是员工自己。只要每位员工能够再认真一点、再严格一点、执行力再到位一点，企业就会实现可持续发展。

2. 执行力是个人职业能力的试金石

一个合格的职业人，不仅需要具备职业所需的专业技能，而且需要具有良好的职业素养，两者缺一不可。执行力是个人职业素养中非常重要的内容。简单地说，执行力就是个人的办事能力。衡量个人执行力的标准，就是能否保质保量地完成工作。一个缺乏执行力的人，即使有再高深的思想、再精湛的技艺，对企业来说，也没有任何价值，因为他不能尽职尽责、保质保量地完成工作，不能为企业创造财富，企业当然就不会重用他。得不到企业欢迎的人，个人的理想当然也无从实现。

二、缺乏执行力的表现

虽然执行力如此重要，决定着企业的生死存亡，但缺乏执行力的现象却比比皆是，由于执行不到位所导致的企业问题也时有发生。战略是工作目标，执行是工作态度，而工作态度的不认真，是战略发展出现偏差的最大原因。以下是企业中常见的缺乏执行力的四种表现。

（一）总认为差不多就行

中国人向来聪明勤劳，也不乏创造性，但为什么我国优秀的企业不多呢？最大问题就在于我们对执行的问题缺乏敏感性，也不重视。

早在1927年，美国就开始宣传"Almost right is wrong"，这句话的意思是"差不多就是错"。正是由于有这种对待工作的态度，美国逐渐变成了一个工业强国。高职生要克服"差不多就行"的工作态度，做一个工作态度认真，执行力强，永远都不会讲"差不多""过得去""还可以"这样的话的从业者。

（二）标准只是挂在墙上的废纸

各行各业都有自己的标准和制度，只有身在其中的每个人都坚持落实了，才会做好自己的工作，达成企业的奋斗目标。任何一个公司也都有自己的要求标准，关键是看那个要求标准是挂在墙上还是摆在心里。如果那个标准只是挂在墙上而没有摆在心里，那么那个标准就是假的。

一个工人，如果不知道产品质量的标准和要求，就不可能对产品精益求精；一个医生，如果不知道医生的职业道德和技能标准，就不可能认真对待病人；一个教师，如果不知道教师的职业操守和教学规范，就可能误人子弟，毁了一个国家的未来。

大到国家，小到个人，都有应该坚持的操守或规范，只有始终坚持了，才能逐渐走上成功之路；没有坚持，就只能永远跟在别人的后面，甚至遭受失败。

（三）不会尽职尽责地做好分内工作

执行力是在工作的每一个环节、每一个层级和每一个阶段都应重视的问题，企业的所有员工都应共同地担负起责任。

不管从事什么职业、处在什么岗位，每个人都有其担负的责任，都有分内应做的事。做好分内的事是每个人的职业本分，也是执行力的基本要求。

工作没有紧张感，对一切都无所谓，吊儿郎当，马马虎虎，得过且过，对自己的分内工作不能够尽职尽责，也不知道自我检讨；每天一上班打开电脑，用半个小时浏览新闻，用半个小时回复一些无关紧要的私人邮件，然后是问候MSN、QQ等聊天工具上的朋友，这就是典型的缺乏执行力的表现，是必须要克服和改进的。

三、如何提高个人的执行力

企业要想具有强大的执行力，就需要有执行力强的员工。对于企业而言，什么样的员工才有较强的执行力，如何提升员工的执行力呢？对于个人而言，只有提高自己的执行力，才能被企业所认可和重用，才能实现自我价值。那么，如何提高个人的执行力呢？

1. 没有任何借口

如果员工总是以各种理由寻找借口，就会每次都做得差一点，如果每次差一点，十次就会差一大截。如果企业中每位领导人、每个员工都比对手差一点，那么这个企业早晚要被淘汰。

一个人如果养成找借口的习惯，他的工作就会拖拖拉拉、没有效率，做起事来就往往差

一点，这样的人不可能是好员工，他们也不可能有完美的人生。在公司里这样的人迟早会被淘汰。

2. 领导在不在都一样

在"工业学大庆"的时代，大庆人强调树立"三老四严""四个一样"的作风。其中"四个一样"是指黑夜和白天干工作一个样；坏天气和好天气干工作一个样；领导不在场和领导在场干工作一个样；没有人检查和有人检查干工作一个样。其实，这就是一种认真自主的工作态度。铁人王进喜就是在这样一种精神指导下，带领他的团队实现目标的。高职生只有学习这种工作作风，才能在发挥自主性的同时提高执行力。

3. 勇敢担责任

在一些企业中，有些员工报喜不报忧的问题相当严重。这种做法，不仅妨碍了上级对真实情况的了解和掌握，而且容易造成决策失误，给企业造成重大损失。同时，也会使其他员工产生投机心理，助长弄虚作假之风，败坏企业风气。其实，这种报喜不报忧的心态，正是缺乏责任感的一种表现。对任何事情都得过且过、马马虎虎，总是试图用遮掩问题和淡化问题来推卸责任。

一个人在犯错误后，推卸责任或者将责任归于外部的原因，以减轻自己内心的负担，这种现象几乎是人类的共性。一个执行力强的人一定是一个勇于承担责任的人，要使自己勇于承担责任，就必须同其上级一起为每一项工作制定目标；确保自己的目标与整个团队的目标一致，明确自己的责任；此外，还必须承担富有挑战的工作，以便通过工作使自己有所成就。

4. 抱怨会让问题恶化

一般人失败的原因往往是不愿意对自己负责，总是从其他人身上找自己失败的借口。如果仔细观察就会发现，这些失败者天天都在抱怨。但抱怨对自己并没有任何的好处，结果必将一事无成。一个人要充分认识自己，与其抱怨客观条件，不如从自身入手。

陈武刚是台湾人，50 岁的时候破产了，到处借债，能借的钱都借了，几乎走投无路。但他的太太却说："即使已经破产，口袋里根本没钱，我老公仍然每天穿着西装，打着领带，拎着公文包，开着车上班，像个董事长一样，不被失意击倒……"

很快他有了新的机会。陈武刚于 1989 年在台湾创立克丽缇娜，十几年来把克丽缇娜打造成了一个成功的直销品牌，连续数年蝉联台湾直销冠军宝座，并由台湾地区发展到大陆，近 3000 家克丽缇娜美容连锁店遍布各大城市。当前，克丽缇娜更是迈开了国际化步伐，产业遍布 13 个国家和地区……面对问题不抱怨才能赢得发展的机会。

5. 坦诚面对批评

金无足赤，人无完人，任何人都有犯错误的时候。犯了错误，是坦然地接受批评，还是选择逃避？面对批评时的不同态度，可以反映出一个人的执行力强弱。

有些人性情比较暴躁，或者不太喜欢听取别人的意见，一旦有人向他们提出批评，他们的第一反应就是进行反驳。但是反驳并不能使问题得到解决，相反还可能会使矛盾进一步激化。因此当对方提出批评意见时，正确的做法是认真地倾听，即便有些观点自己并不赞同，也应该让对方先讲完自己的道理。另外，还应该坦诚地面对批评者，表现出愿意接受批评的态度。

能够接受别人的批评，体现了一个人虚怀若谷、谦虚进步的胸怀。在接受别人批评时，不要去猜测对方批评的目的，而应该将注意力放在对方批评的内容上。面对批评者，无论批评的内容是对还是错，都要表现出认真倾听的态度。有人肯批评自己，是因为他在意自己，希望自己更完美。在自己身边，时刻有一个督促自己积极上进的人，是自己成功的动力。

6. 严格按照标准执行

执行力是企业成功的必要条件，也是个人成功的必要条件。制度和规定有了，计划和方案也做了，这时决定效果的因素就是执行力了。执行力是完成工作的能力，每个从业者的学历、职称、职务、工作环境、工作内容、工作能力不同，但有一点是共同的，就是从业者应严格按照标准完成工作，因为标准是统一的，有了统一的标准，就有了检验成果或效果的尺子。因此，心中有标准，行动上严格按照标准完成工作，是提高和检验个人执行力的关键因素。从这个意义上来说，质量管理的理念就会促使职业人自觉地严格按照标准执行，就会为企业和个人的成功奠定规范的基础。

第三节　养成良好的沟通习惯

【案例】　　　　　　　　　　失败的沟通

有一天，秀才去买柴。他对卖柴人说："荷薪者过来！"卖柴人听不懂"荷薪者"三个字，但是听得懂"过来"两个字，于是把柴担到秀才前面。秀才问他："其价如何？"卖柴人听不太懂这句话，但是听得懂"价"这个字，于是就告诉秀才价钱。秀才接着说："外实而内虚，烟多而焰少，请损之。（你的柴外表是干的，里头却是湿的，燃烧起来，浓烟多而火焰小，请便宜些吧。）"卖柴人因为听不懂秀才的话，便担着柴就走了。

【点评】　在现实生活中我们每时每刻都要与人打交道。是否具备良好的沟通习惯，影响着我们能否形成良好的人际关系，与他人默契地进行合作，取得事业的成功。但是，沟通的能力和水平并非取决于个人的文化水平。案例中的秀才具有很高的文化知识水平，但是他和卖柴人的沟通却是失败的。沟通的前提是自己的话让对方听懂。

本节将介绍沟通的基本内涵、沟通的三大要素，分析导致沟通失败的原因，并且介绍听的技巧、说话的技巧等。

一、沟通的基本内涵

我们从出生一直到现在，经常不断地在和别人进行着沟通。但是沟通是什么？不同的人对沟通的理解是不一样的。

（一）沟通的定义

沟通是指将信息传送给对方，并期望得到对方相应反应的过程。

（二）沟通的三大要素

1. 要有一个明确的目标

必须有了明确的目标才叫沟通。如果大家在一起天南海北地聊天但没有目标，那就不是

沟通。而我们以前常常没有区分出聊天和沟通的差异。实际工作和生活中可能经常会遇到这样的情况，有同事或朋友过来说："咱们出去随便沟通沟通。""随便"和"沟通"二者本身就是矛盾的。沟通就要有一个明确的目标，这是沟通最重要的前提。所以，我们在和别人沟通的时候，见面的第一句话应该说："这次我找你的目的是……"沟通时第一句话要说出自己要达到的目的，这是非常重要的，也是沟通技巧在行为上的一个表现。

2. 达成共同的协议

沟通结束以后一定要形成一个双方或者多方共同承认的协议，只有形成了这个协议才叫作有效沟通。如果没有达成协议，就不能称之为有效沟通，可以说是"沟"而不"通"。在实际的工作过程中，我们常见到大家一起沟通过后，但是最后没有形成一个明确的协议，就各自去工作了。由于对沟通的内容理解不同，又没有达成协议，最终造成了工作效率的低下，使双方又增添了很多矛盾，这种明显的"沟"而不"通"的情况是普遍存在于实际工作之中的。在和别人沟通结束的时候，我们一定要做一个简单的总结："非常感谢您，通过刚才的交流我们现在达成了××的协议。"这才是良好的沟通行为。

3. 沟通信息、思想和情感

（1）沟通的三种内容包括：信息、思想和情感。

那么信息、思想和情感哪一个更容易沟通呢？是信息。

例如，今天几点钟起床？现在是几点了？几点钟开会？往前走多少米？

这样的信息是非常容易沟通的。而思想和情感是不太容易沟通的。在工作的过程中，很多障碍使思想和情感无法得到很好的沟通。但事实上我们在沟通过程中，需要传递的更多的是彼此之间的思想，而信息的内容并不是最主要的。

（2）沟通的两种方式有：语言的沟通和肢体语言的沟通。

语言是人类特有的一种非常好的、有效的沟通方式。语言的沟通包括口头语言、书面语言、图片等。口头语言包括面对面的谈话、会议等，书面语言包括信函、广告和传真，甚至现在用得很多的 E-mail 等，图片包括一些幻灯片和电影等，这些统称为语言的沟通。在沟通过程中，语言沟通能传递信息、思想和情感等，其中最擅长的是传递信息。

肢体语言的内容非常丰富，包括动作、表情、眼神等。实际上，声音里也包含着非常丰富的肢体语言。我们在说每一句话的时候，用什么样的音色去说，用什么样的语调去说等，这都是肢体语言的一部分。

在平时的工作和生活中，无效的沟通给我们带来的伤害或损失是非常大的，它比任何一种不好的习惯给我们带来的伤害或损失都会大。如果在工作中欠缺沟通技巧，就无法和同事正常地去完成一项工作，工作效率降低，同时也会影响到个人的职业生涯的发展；在家庭中无效的沟通会破坏家庭的和谐。所以，沟通对于我们来说是一个非常重要的基本技巧。

二、导致沟通失败的原因

专家研究表明：20% 的沟通是有效的，80% 的沟通是无效的。导致沟通失败的原因主要有以下几种：

（1）没有说明重要性。在沟通的过程中，没有优先顺序，没有说明每件事情的重要性。

（2）只注重了表达，而没有注重倾听。

（3）没有完全理解对方的话，以致询问不当。

（4）时间不够。

（5）不良的情绪。人是会受到情绪影响的，特别是在沟通的过程中，情绪也会影响到沟通效果。

（6）没有注重反馈。

（7）没有理解他人的需求。

（8）职位的差距、文化的差距也会造成很多沟通的失败。

成功学家们的研究表明，一个正常人每天把大量的时间花在与他人进行的交流上。故此，一位智者总结到："人生的幸福就是人情的幸福，人生幸福就是人缘的幸福，人生的成功就是人际沟通的成功。"

人和人的谈话，是一种最直接的交流。谈话的效果好坏与沟通技巧有很大的关系。谈话是一种双向的行为，包括听和说两部分，接下来将从这两方面加以介绍。

三、听的技巧

（一）学会倾听

1. 专注地倾听

专注地倾听是指用身体给沟通者以"我在注意倾听"的表示。它要求自己把注意力集中于说话者的身上，要心无二用。忌"左耳进，右耳出"，别人的讲话在自己的心中没有留下任何痕迹。专注不仅要用耳，而且要用全部身心，不仅是对声音的吸收，更是对语意的理解。

在沟通过程中，可能存在着一些因素，干扰沟通的进行。既有内部的，也有外部的。房间内的喧闹、电话铃声或者客人来访，说话者不恰当的穿着打扮、脸部表情或体态语言等外在因素，都属于外部干扰。内部干扰有哪些呢？例如，有时候自己会处在某种特别的情绪状态之中，比如很恼火，或得了感冒或患牙痛，或者是刚好临近吃饭或休息的时间，觉得很饿也很累。在这样的干扰下，可能不会很认真地去听。因此，我们要学会排除干扰。

孔子云："三人行，必有我师焉。"希腊也有句谚语，我们在路上遇到的每一个人，都有我们不知道的知识。听是一种最好的获得新信息的活动。在听话过程中，我们要以开阔的胸怀去自由地倾听，要关注谈话的内容而不要过早地评价或作出判断。

要善于从说话者的言语层次中捕捉要点。一般谈话，开头是提出问题，中间是要点或解释，最后是结论或是对主要意思的强调或引申。其次，要善于从说话者的语气、手势变化中捕捉信息，如说话者会通过放慢语速、提高声调、突然停顿等方式来强调某些重点。

2. 移情地倾听

移情地倾听是指对说话者的感觉产生反映。听话不仅是听"话"而且要听话中的弦外之"音"。即敏感地听出说话者的忧、喜、哀等各种感觉并对此做出相应的反应。移情地倾听要求听者设身处地地设想：如果自己处于那种环境会有什么感想。

3. 公正地倾听

公正地倾听是指全面理解说话者想要表达的意思和观点。这该如何做到呢？

首先，要区别话语中的观点与事实。说话者在陈述事实时，往往会加入自己的观点。而且在表述时，往往会将观点变成事实。尤其是人们在表述偏见或喜爱时，就好似在谈论事

实。例如，有个人常这样说："我不具备文学方面的天赋，我永远也不可能成为一个作家，这是众所周知的。"显然，说话者将其作为一个事实在陈述。其实，这只是表达说话者心中的不满，是一种个人的观点而已。

其次，要控制自己的感情，以免曲解说话者的话语。保持客观理智的感情，有助于自己获取正确信息。尤其是当自己听到令人不愉快的消息时，更要先独立于信息之外，来仔细检查事实。因为当把听到话语加上自己的感情色彩时，我们就失去了正确理解别人话语的能力了。

（二）学会恰当鼓励

倾听时，仅仅是投入是不够的，还要鼓励说话者充分表达或进一步说下去。正确的启发和恰当的提问可以帮助自己达到目的。

1. 正确的启发

正确的启发是指以非语言来诱导说话者诉说或进一步说下去的方式。

（1）身体上与说话者保持同盟者的姿态。说话者站，你则站；说话者坐，你则坐。

（2）不时地使用倾听的声音来承认别人所说的。

（3）复述说话者的话，使自己和他们更亲近。不要把话题拉回到自己身上；相反，提出一些"附和性"的问题。

2. 恰当的提问

恰当的提问让说话者进一步知道自己很关注其谈话的内容，说话者会因此而深受鼓舞的。

一般来说，提问可分为两类：封闭式提问和开放式提问。封闭式提问采用一般疑问句式，说话者几乎可以不假思索地用"是"或"不是"来回答。而开放式提问是指所有问题不能用简单地"是"或"不是"来回答，必须详细解释才行。

例如，"我们可以准时到达北京吗？"和"我们什么时候到达北京呢？"两种提问方式中，后者明显可以让我们获得更多的信息。因为提问的目的是鼓励说话者说话。所以，提问要因人而异、因情而异。多用开放式提问，使说话者有话可说。

四、说话的技巧

西班牙作家塞万提斯说过："说话不考虑等于射击不瞄准"，所以在说话前，必须要有充分的准备，凡事预则立。

那么，如何做说话前的准备呢？古人云"知己知彼，百战不殆"。第一步，当然要充分了解听话者。

（一）了解听话者

了解听话者的需求情况。人们有各种各样的需求。听话者的需求情况决定着他们的兴趣和爱好。当面对听话者时，必须了解他们的需求是什么？

因为人们的需求是隐藏于内心深处的，所以只能通过表面的"语言"和"非语言"信息来判断和了解。说话者可以通过合适的目光接触，非语言声音（如咳嗽）、脸部表情和肢体语言，获得听话者内心的需求信息。例如，在一个友好的交谈氛围中，听话者突然将身体向后靠，双手环抱。说话者就应该知道，有些麻烦了。

1. 根据听话者的注意水平将听话者分成四类

根据听话者的注意水平，可以将听话者分成四类：

（1）漫听型。这类听话者，在别人说话时，他们没有认真去听，他们的注意力不在此。在说话者努力陈述自己观点的时候，他们眼神飘忽，甚至忸怩作态。有时候，他们的注意力还会闪开去想一些无关的事情。而他们这种开小差的情形往往很快被说话者觉察。

（2）浅听型。这类听话者流于浅表。他们只听到声音和词句，很少顾及它们的含义和弦外之音。浅听型听话者往往停留在事情的表面，对于问题和实质，他们深入不下去。浅听的最大危险是容易引起误会。在漫听的层次上，听话者至少还接收了说话者没有放入话题的、另外的一些信息。但是，浅听型听话者却总是以为自己是在认真地听、认真理解，因而他们更容易陷于错觉之中。

（3）技术型。这类听话者会用更多的注意力和精力很努力地去听别人说话。但他们倾向于做逻辑性的听众，较多关注内容而较少顾及感受。他们仅仅根据说话者的话进行判断，完全忽视说话者的语气、体态和脸部表情，他们重视字义、事实和统计数据，但在感受、同情和真正理解方面却做得很不够。技术型听话者总认为自己已经理解说话者。但是，说话者却常常认为他们自己并没有被理解。

（4）积极型。这类听话者会为聆听付出许多，他们在智力和情感两方面都做出努力，因而他们也特别觉得累。积极型听话者并不断章取义。相反地，他们会着重去领会说话者所说话的要点。他们注重思想和感受；既听言辞，也听言外之意。

听话者大体可分为以上四种类型。在交谈中，说话者要根据不同听话者的特点，因势利导，达到顺利沟通。

2. 根据听话者的类型采用适合的说话方法

（1）漫听型听话者。对于这样的人，说话者应该不时地与他保持目光接触，使其专注于谈话，并不断地提一些问题，讲些他感兴趣的话题。

（2）浅听型听话者。对于这样的人，说话者应该简明扼要地表述，并清楚地阐述自己的观点和想法，不要长篇累牍，让浅听型听话者心烦，也不要含义特深，晦涩难懂。可以经常这样说："我的意思是……"

（3）技术型听话者。对于这样的人，说话者应该多提供事实和统计数据，把自己的感受直接描述给这类听话者，多做一些明显的暗示和提示，让听话者积极进行反馈。可以经常这样说："你认为我所说的怎么样？"

（4）积极型听话者。对于这样的人，说话者应该选择他们感兴趣的话题，运用表达技巧，与听话者多进行互动反馈。可以经常这样说："我是这样想的，你认为如何？"或"你觉得什么时候……"

3. 了解听话者的个性

俗话说，"见什么人说什么话"。就其积极意义而言，就是在与他人对话时，要事先把握对方的个性，随机应变地采用不同的说话方法。如果在说的过程中不考虑对方的性格，那么往往会适得其反。

（二）决定恰当的话题

每一个人都应该知道，让听话者感兴趣的不仅是说话者本身，更重要的是话题。双方都感兴趣的话题，才是沟通得以进行的关键。如果选择不适当的话题与听话者进行交谈，那么就不会达到有效的沟通效果。

说话者可以利用一些常见的话题，与对方亲近，打开沟通的局面，如天气状况、交通情况、时事、新闻、社会热点、运动、体育比赛、电影、电视剧、音乐等。这些话题是人们普遍关心的，与谈话双方都没有什么实质性的利害关系，不会造成彼此的冲突。利用这些话题，可以在很短的时间内营造出热烈友好的气氛，有利于彼此进一步的交流。

选择话题时应该注意：对于自己不知道的事，不要冒充内行；不要向陌生人夸耀自己的成绩；不要在公共场合谈论朋友的失败、缺陷和隐私；不要谈容易引起争执的话题；不要到处诉苦和发牢骚，这不是获取同情的正确方法。

（三）恰当地表达

格拉西安说过："说得恰当要比说得漂亮更好。"在说话技巧中，表达则是更为重要的一步。那么，如何恰当地表达呢？

1. 注意说话的具体场合

鲁迅先生曾讲过这样一个故事：一户人家生了一个男孩，全家高兴极了，满月的时候，抱出来给客人看——大概自然是想得到一点好兆头。

一个说："这孩子将来要发财的。"他于是得到一番感谢。

一个说："这孩子将来要做官的。"他于是收回几句恭维。

一个说："这孩子将来是要死的。"他于是得到一顿大家合力的痛打。

前两个客人明显说的是假话，而后一个客人说的是客观事实，但为什么待遇不同呢？因为后一个客人说话不注意场合，在欢庆时说出不吉利的话。

所以，说话时无论是话题的选择、内容的安排，还是言语形式的采用，都应该根据特定场合的表达需要来决定取舍，做到灵活自如。要注意场合的庄重与否、亲密与否、正式与否、喜庆与否。

2. 说话必须考虑听话者的性别、年龄、文化层次和背景等因素

说话必须考虑听话者的性别、年龄、文化层次和背景等因素。根据这些因素的差异来选择恰当的语言，才能让对方真正理解说话者的意图。

【案例】　　　　　　　　　*请外国友人欣赏中国的歌剧*

1954 年，周恩来总理出席日内瓦国际会议，为了向外国友人表明中国爱好和平，决定为外国嘉宾举行电影招待会，放映越剧艺术片《梁山伯与祝英台》。为此，工作人员准备了一份长达 16 页的说明书。周恩来看后笑道："这样看电影岂不太累了？我看在请柬上写上一句话就行，即'请你欣赏一部彩色歌剧电影：中国的《罗密欧与朱丽叶》。'"果然一句话奏效，外国嘉宾都知道这部电影要讲述的故事。

【点评】　这是一个非常经典的例子。周总理在向外国友人介绍中国的文化时，非常好地做到了联系外国的文化背景，这样非常有利于外国朋友的理解，便于双方的交流。

3. 充分利用说话的时机

对于说话者来说，要想达到预期的目的，取得好的效果，说话不仅要符合时代背景，与彼时彼地的情景相适应，还要巧妙地利用说话时机，灵活把握时间因素。

1978年8月8日，当日本外相园田直来北京，准备和我国政府签订和平友好条约时，黄华外长到北京机场去迎接。飞机停在机场上，下起了大雨，有时还夹着雷声。园田直走下了飞机，黄华外长迎上前去，随后陪着园田直走进贵宾室。园田直说："到北京迟了，见到黄外长，旅途的疲劳消失了。"黄华说："你带来了及时雨。"这些本是寒暄的话，但对外交家来说，则包含着更多的意思。黄华外长抓住时机，用"及时雨"形容园田直此行，既表达了欢迎之意，又有预祝条约商谈成功的含义。

4. 说话时要情理相融

以情动人，以理服人，这是说话的两个方面，二者有机统一，互相交融，可以使说话取得良好的效果。

（1）说话时要做到以情动人，必须注意以下几个方面：首先，要真诚。说话者应该以真诚的态度，取得听话者的好感，缩短与听话者之间的距离。真诚是说话最有效的营养素。心诚则灵，诚才能以心换心，心心相印。如果说话者对听话者持一种不信任态度，说话时必然闪烁其词，或故弄玄虚，或忸怩作态，或夸张失实，或遮遮掩掩，其结果往往会给对方留下浮夸虚假的印象，不利于相互理解和感情上的沟通。

当然，说话时要坦率真诚，并不等于可以百无禁忌，对别人不愿谈及的事，应该尽量避免提及。真诚不在于说出自己全部的思想，而在于在表达的时刻，永远表达自己当时之所想。

其次，要尊重。尊重是人的一种精神需要。尊重对方能启发对方产生自尊自爱的感情。如果说话者没有架子，平易近人，会使对方感到说话者是自己的知己，是自己的良师益友，那么说话者与听话者的心理距离将会大大缩短。相反，如果说话者高高在上、目空一切，自以为高人一等，指手画脚，其效果只会令人不服。因此，要使对方接受说话者的讲话，就必须尊重对方。

最后，要同情和理解。心理学研究表明，人们有一种偏向于"相信知己"的心理倾向，特别是当一个人处于矛盾之中，或遇到某些困难而又一时无法解决时，他非常需要别人的同情和理解。此时此刻，强烈的同情心及满怀深情的言语，将使对方不由自主地向说话者打开心扉诉说一切。理解可以激起心灵的火花，产生善良、容忍、信任和动力。

动之以情，晓之以理。要使听话者对自己的说话内容感兴趣，并且乐意接受，使他们信服，要有充分的理由，要摆事实，讲道理。托尔斯泰曾说："用语言表达出来的真理，是人们生活中的巨大力量。"确凿的事理正是说话的力量所在。

（2）说话时要做到以理服人，必须注意以下几个方面：首先，材料和事实要准确、可靠。俗话说："事实胜于雄辩"，事实是说话的基础。其次，说理充分透彻、有的放矢。利用已有材料进行分析说理，抓住事物的本质，一切问题都将迎刃而解。

5. 简洁精炼的言语最能吸引听话者的注意力

（1）抓住重点，理清思路。这是说话的基本要求，也是说好话的前提。我们平时与人寒暄或作简短的交谈，是比较随便的，谈不上条理清晰。但在正式场合，如报告会、讲座、

演讲等，情况就不一样了。它要求说话者对所说的内容有深刻的理解，并对整个说话过程做出周密的安排。一般来说，有这样三点要求：

首先，把握中心。一个高明的说话者，会时刻把主题牢记在心，不管转了多少个话题，都不偏离说话的中心。

其次，言之有序。说话不能靠材料堆积吸引人，而要靠内在的逻辑力量吸引人，这样才有深度。话语的结构要求明了，应采用提出问题、分析问题和解决问题的方式。观点和材料的排列，要便于理解、记忆和思考，应采用由近及远、由浅入深、由已知到未知的顺序。当然，时间顺序最好按过去、现在、未来进行安排，这样容易被听话者记住。

最后，连贯一致。开场白非常重要，它直接影响到所讲内容的展开，不能一开口就"嗯"地冒出一句让人摸不着边际的话；多层意思之间过渡要灵活自然；结尾要进行归纳，简明扼要地突出主题，加深听话者的印象。

（2）言简意赅，短小精悍。以少胜多，听话者感兴趣，也便于理解，容易记住。那种与主题无关的废话、言之无物的空话、装腔作势的假话，会使听话者极为厌烦。

6. 美化自己的声音

一般来说，得体的声音，能够显示说话者的沉着和冷静，并吸引他人的注意力；也可以让过于激动或正在生气的听话者冷静下来，使其支持自己的观点。

许多人认为声音是天生的、不可改变的。也有人认为只有经过专业训练的演艺人士才能做到自如地美化声音。其实，这都是误解。只要说话者意识到声音的重要性，并自觉地加以修饰与改正，人人皆可得到动听的声音。

（四）有始有终

最后，那就是有始有终了。将彼此达成的共识做一个概述后，谈话双方心平气和地结束谈话。

第四节　塑造清洁工作的心态

现代企业管理强调的是零灾害、零事故、零不良、零抱怨等的安全生产目标。为此，企业更加注重营造干净、舒适、绿色、环保的生产环境，表面上看是企业的硬件投入，需要大量的资金，而实际上是一种现代管理理念在生产中的应用，是培养从业者拥有清洁工作习惯的体现。而清洁工作习惯的养成不是一朝一夕的事，需要从业者从培养清洁工作的习惯开始，自觉涵养清洁工作的心态，才能在实现安全生产的同时，达到人与环境的和谐统一。安全生产规程、工作规范是死的，执行的人是活的，工具是死的，使用的人是活的。工作环境需要清洁，人的心态更需要清洁，这样才能实现制度、工具、环境与人的和谐共存、和谐共生、和谐发展。本节主要介绍心态的含义、心态对人的影响及如何塑造清洁工作的心态等。

一、心态的含义

随着社会的发展、物质生活的丰富，人们拥有的越来越多，但是快乐越来越少；人与人沟通的工具越来越多，但是深入的交流越来越少；认识的人越来越多，但是真诚的朋友越来越少。这到底是怎么了？其实，这与人们的心态有很大的关系。

心态就是指人们对事物发展的反应和理解表现出不同的思想状态和观点。

世间万事万物，每个人可用两种观念去看待：一个是正的，积极的；另一个是负的，消极的。这一正一反，就是心态，它完全决定于自己的想法。好心情才能欣赏好风光，如果自己的心情是一团糟，再美丽的风景也会黯然失色的。那么自己该选择哪种心态呢？

二、心态对人的影响

（一）心态影响人的身体健康

什么是健康？1989 年世界卫生组织（WHO）的定义是，健康不仅是没有疾病，而且还包括躯体健康、心理健康、社会适应和道德健康四个方面。著名心理学家马斯洛曾说过，健康有三个标准：足够的自我安全感，生活理想符合实际，保持人际关系良好。如果自己总是抱怨周围的人，就要调整心态了。为什么要调整心态？因为坏情绪对人的健康有巨大的破坏作用。

不同的心态会导致人们产生不同的情绪。人基本的情绪有九类：兴趣、愉快、惊奇、悲伤、厌恶、愤怒、恐惧、轻蔑和羞愧。

前两类——兴趣和愉快是正面的，第三类——惊奇是中性的，其余六类都是负面的。在这九类基本情绪中，人的负面情绪占多数，因此人不知不觉就会进入不良情绪状态。医学已经证明：很多疾病的发生与消极的情绪有密切的关系。

人类的恐惧有六种原因：贫穷、被批评、得病、失去爱、年老和死亡。那么我们怎么办呢？关键是有正确的认识。前两种——贫穷和被批评，经过自身努力可以改变；中间两种——得病和失去爱，经过自身努力在一定程度上可以改变；后两种——年老和死亡不可改变。所以，力所能及则尽力，力不能及则由它去，恐惧也没有用。自己如果能这样想，情绪就会变好。

亚里士多德说，生命的本质在于追求快乐，使得生命快乐的途径有两条：第一，发现使你快乐的时光，增加它；第二，发现使你不快乐的时光，减少它。

心态影响人的能力，能力影响人的命运。

（二）积极心态激发人的潜能，消极心态限制人的潜能

人的能力是客观存在的，但在不同的状态下，发挥的水平会有很大差异。在心态积极时，自信、自爱、坚强、快乐、兴奋，让能力源源涌出。在心态消极时，多疑、沮丧、恐惧、焦虑、悲伤、受挫，会影响能力发挥，让表现大失水准。随着心态的变化，每个人在好坏状态之间进进出出。在能力已经具备的情况下，我们应尽量控制消极心态，避免它对自己的干扰，从而发挥自己的潜能，争取成功。

（三）个人的心态会影响到家庭、团队和社会

个人是组成家庭、团队和社会的基本单位。所以人的心态不仅影响个人的前途和命运，还会对家庭、团队、社会有强烈的影响。如果内心有一团火，就能释放出光和热，让自己身边的人感到温暖，让自己的家庭温馨，让自己的同事也信心百倍，奋发向上。这样，我们的

社会也会更和谐。同样，消极心态也能传递。如果内心是一块冰，那么自己身边的人也会变得冷漠、沮丧、脾气暴躁，甚至悲观失望。这样的家庭能幸福吗？这样的团队能团结吗？构建和谐社会的理想也就不可能实现了。

总之，心态对人的影响是显而易见的。因此，现代企业要实现安全生产，需要让从业者养成清洁工作的习惯，更需要让从业者具备清洁工作的心态，那么，什么是清洁工作的心态？如何塑造清洁工作的心态呢？

三、如何塑造清洁工作的心态

（一）清洁工作的心态的含义

清是清白、洁净无尘的意思。塑造清洁工作的心态，是指从业者要端正对待工作的态度，具备零抱怨的心态，培养保持工作环境干净整洁的习惯，正确看待制度与人、工具与人、环境与人的关系，从而实现制度、工具、环境与人的和谐共存、和谐共生、和谐发展。

什么样的心态属于清洁工作的心态呢？怎样才能实现零抱怨呢？

（1）主动培养清洁工作环境的习惯。在工作中，从业者要主动培养常整理、常整顿、常清洁、常清扫、常规范工作的习惯。清洁工作的习惯养成了，工作环境清洁了，生产效率提高了，心情舒畅了，工作也容易取得成绩了。

（2）改变自己，学会遵守清洁工作规范。在工作中，从业者要随时更新观念，与企业共同进步。现代企业管理要求企业注重形象，制定保障工作环境清洁的规章制度，因此，从业者就要遵守工作环境清洁的规章制度，适应新规范。

（3）不能改变事情就改变对事情的态度。很多事情都是不以人的主观意志为转移的，高职生不能只从自己的角度看问题，要学会站在他人的角度看问题，这样分歧就少了，就容易和谐了。

（4）不能向上比较就向下比较。高职生要学会对当前的现状满意。"尺有所短，寸有所长"，我们为什么不学会为自己的所长骄傲呢？要用自己的所短与他人的所长相比较，自己得到的肯定是痛苦。"不想当将军的士兵不是好士兵"，这话说得没有错，说明人要有追求。但是经过努力，我们没当"将军"怎么办？没关系，我们可以朝着将军的目标继续努力，而现在既然是个"士兵"，那就要努力做个好的"士兵"，并为自己骄傲。如果不善于对当前状况满意，那自己就会永远生活在痛苦中。

（二）如何塑造清洁工作的心态

1. 学会享受清洁工作的过程

学会享受清洁工作的过程，才能使每一天都充满清洁。从业者要善于营造清洁工作的环境和舒适工作的心情。为了使工作环境清洁，从业者首先要让自己学会拥有清洁一生的心情。

怎么享受清洁工作的过程呢？从业者把注意力放在积极的事情上，放在努力创造简单和谐的人际关系上，自己的内心就会干净清洁没有烦恼。工作的过程就是选择的过程，记忆的过程就是遗忘的过程，从业者选择遗忘还是保持，选择过程还是结果，这都取决于从业者自己。学会体会过程，有的人就找工作最不如意的地方去体会，殊不知，一缕阳光从天上照下来的时候，还有照不到的地方，何况是工作呢？如果从业者的眼睛只盯在工作不如意处，就会选择抱怨企业，就无法享受清洁工作的过程。

2. 活在内心清洁的现在

活在内心清洁的现在，是指从业者对自己当前的现状满意，相信每一个时刻发生在自己身上的事情都是最好的，要相信自己的生命正以最好的方式展开。对于高职生来说，最重要的事情就是现在自己在做的事情，最重要的人就是现在和自己一起做事情的人，最重要的时间就是现在，最好的工作就是自己现在正在做的工作，最重要的事务就是要清洁自己生活工作的环境，这就是活在内心清洁的现在。最重要的就是要对自己的工作现状满意，不能这山望着那山高。从业者如果抱怨现状不好，因为自己不知道还有更坏。如果从业者不活在现在，就一定会失去现在，活在满意的现在，就会体验知足常乐。

3. 把握自己，努力工作

把握自己，努力工作，使自己的每一天都是充实而快乐的。而有人总是为未来担心，忧心忡忡，如果担心的事情不能被自己左右，就随它去吧。我们只能考虑力所能及的事情，力所能及则尽力，力不能及则由它去。原来一起工作的同事，有的当上了总经理，而自己还只是一个小职员，就想，"我多没面子啊，别人会看不起我。"为什么要看别人的眼色？自己的命运自己掌握，路在自己脚下。高职毕业生只要努力工作，照样能够成功。

4. 乐观地面对工作中遇到的困难

调查资料显示：122 名患过心脏病的人，8 年后发现最悲观的 25 人中死了 21 个，最乐观的 25 人中死了 6 个，结论是乐观者长寿。挫折、失败是一笔宝贵的财富，乐观地面对生活工作中遇到的困难就更是人生的宝贵经历；工作中出现了问题没关系，把问题当成锻炼、成长的机会，享受解决问题的过程，乐观地面对工作中遇到的困难，就一定会克服困难，超越自己。

总之，从业者要学会知足、勇敢、乐观，这样才能拥有清洁工作的心态。

实践园地

1. 自我检测表：《测测你的沟通能力》

指导语：

《测测你的沟通能力》选择了一些在工作中经常会遇到的、比较尴尬的、难于应付的情境性问题，测查同学们是否能正确地处理这些问题，从而反映同学们是否了解正确沟通的知识、概念和技能。这些问题看似无足轻重，但是一些工作中的小事和细节往往决定了别人对自己的看法和态度。如果分数偏低，不妨仔细检查一下自己所选择的处理方式会给对方带来什么样的感受，或会使自己处于什么样的境地。

每个人都有独特的沟通、交流方式。请阅读下面的情境性问题，选择出自己认为最合适的处理方法。

【发放问卷】（详见教学资源）

【评分标准】（见表 5-1）

表 5-1 评分标准

题号	1	2	3	4	5	6
A	1	1	0	0	0	0
B	0	0	0	0	0	1
C	0	0	1	1	1	0

【结果显示】

1）个人得分_____。

2）得分对照：0～2分为较低，3～4分为中等，5～6分为较高；分数越高，表明自己的沟通技能越好。良好的沟通能力是处理好人际关系的关键。良好的沟通能力可以使个人很好地表达自己的思想和情感，获得别人的理解和支持，从而和上级、同事、下级保持良好的关系。沟通技巧较差的个体常常会被别人误解，给别人留下不好的印象，甚至无意中对别人造成伤害。

【交流研讨】如何看待自己的沟通能力？如果自己在这个测查中得分较高，说明了什么？如果得分较低，该怎么办？

2. 实践活动模型

（1）实践活动：

小组活动：学会倾听。每个同学经过认真思考后，对小组其他成员说出自己对他的看法，要求客观真实，不能脱离实际。然后让每个同学谈一谈，在听到别人讲述自己在他人心中的形象时，内心感受是什么？这个活动可以帮助同学们学会站在他人的角度看自己，学会倾听别人对自己的不同意见，增强同学们之间的沟通和交流。

（2）自我反思：

考察一下自己在同学中的人际关系状况，找出不足和欠缺，并结合自己的实际情况制定出改进的措施。

素养训练

游戏——赞美他人

（1）训练名称：赞美他人。

（2）训练目标：培养和谐人际关系。

（3）训练内容：语言和态度是人与人之间沟通时的两大要素。赞美他人能增强人与人之间的情感交流。本游戏就是让同学们经过认真思考后，对小组其他成员的优点一一给以述说和评价，要求客观真实，不能脱离实际，目的是要同学们学会使人际关系达到和谐的方法。

（4）训练步骤：

第一，8人为一大组，4人为一小组，每大组分为AB两个小组，给A（或B）小组一张白纸，让同学们在3分钟时间内用头脑风暴的办法列举出尽可能多的赞美B（或A）小组每个成员的语言，如张某热情大方，李某乐于助人等，每一个小组要注意不使另外一组事先了解到他们会使用的赞美语言。

第二，每一个小组在10分钟内写出一个1分钟的剧本，当中要尽可能多地出现那些赞美的语言。

第三，游戏的评分标准：

①每使用一个赞美的语言加1分；

②如果表演者能使用这些赞美的语言的同时表现出真诚的态度，另外加5分。

第四，让一个小组先开始表演，另一个小组的同学在纸上记录他们所听到的赞美的语言。

第五，表演结束后，让表演的小组确认他们所说的那些赞美的语言，必要时要对其做出解释，然后两个小组调过来，重复上述的过程。

（5）相关讨论：

第一，我们对别人使用赞美的语言时，观察别人会有什么反应？

第二，使用赞美的语言时需要注意的问题是什么？我们倾向于在什么时候使用这些语言？

（6）总结：

第一，在听到别人夸奖自己的时候，自己内心会感到愉悦，对他人产生好感，拉近彼此间的距离。

第二，使用赞美他人的语言可以沟通情感，达到创建和谐人际关系的目的，这个活动可以促进同学之间彼此的交流，增进感情，同时增强每个同学与人交往的自信心。

（7）参与人数：4人一组，分成偶数组。

（8）时间：15分钟。

（9）道具：卡片或白纸一沓。

（10）场地：不限。

第六章　职业意识的培养

【情景再现】 想法是做法的前提

【岗位】 副总经理

【职称】 工程师

【工作业绩】 40岁的张某是某国企的副总经理，可是张某刚来该国企的时候却是一个只有中专学历的小学徒。这二十几年来，张某合理安排、充分利用工作之余的时间发奋自学，不仅取得了大专、本科学历，而且在技术方面也是排除万难、刻苦钻研，申请了数项专利，从一名普通的技工升到了工程师的职称。同时，张某凭借自己良好的人际关系，从一个普普通通的工人，走到了主管生产的副总经理的职位。回顾这二十年来走过的路，张某认为培养各方面的职业意识对一个人的成功至关重要。

【点评】 人的想法决定人的做法，一个人只有具备良好的职业意识，才能在他的职业生涯中获得真正的成功！

情景再现说明：培养良好的职业意识对一个人事业的成功有着重要的作用。职业意识是职业人对职业劳动的认识、评价、情感和态度等心理成分的综合反映，是支配和调控全部职业行为和职业活动的调节器，它包括人和意识、时间管理意识、抗挫意识和创新意识等方面。职业意识是指人们对职业的认识、意向以及对职业所持的主要观点，它的形成不是突然的，而是经历了一个由幻想到现实、由模糊到清晰、由摇摆到稳定、由远到近的产生和发展过程。

良好的职业意识的培养，是一个人事业成功的关键。从哲学角度讲，人与动物的本质区别就在于人的自觉能动性，而这种能动性表现为"想"和"做"。一个人的想法决定了他的做法。可见，一个人只有不断地培养自己各方面的职业意识，才能保证自己职业生涯的最后成功！

本章将从人和意识、时间管理意识、抗挫意识和创新意识四个方面介绍职业意识的相关内容，希望能够让高职生认识到这四个职业意识对于每一个人的重要意义。同时，本章还提供了很多培养职业意识的途径和方法，希望高职生通过这些途径和方法的训练，能够真正具备这些职业意识，最终都能成就自己的事业！

第一节　培养人和意识

【案例】　　　　　良好的人际关系是事业成功的助力

小张在一家企业主管文化产业方面的工作，虽然他已经是部门经理，可是小张今年仅仅28岁。小张大学毕业来到这家企业的时候，只是一个普普通通的、涉世未深的小职员。短短六年时间，在其他同学为前途迷茫的时候，小张已经成为一位出色的部门经理。小张的同事这样评价小张：小张是一个非常阳光的人，我们都愿意和他在一起，他不但善于倾听别人的想法，而且很大度，是一个值得我们信任的好领导！

【点评】 小张的成功告诉我们，良好的人际关系对于自身事业的成功是非常重要的。

所谓"天时不如地利，地利不如人和""得人心者，才能得天下"。无论是一个普通的员工，还是一位管理者，没有群众的支持和拥护，是不可能有光明前途的。即使是一个高水平的技术人员，如果没有良好的人际关系，他的发展也只能永远停留在技术层面。

本节将从人和的角度，与高职生一起探讨人和意识的相关内容：人和的含义；培养人和意识对成才的重要意义；培养人和意识的途径和方法。本节希望能够让高职生认识到人和对于一个人事业成功的重要性，并且通过本节提供的一些培养人和意识的途径和方法，真正具备人和的职业意识，迈向事业的成功！

一、人和的含义

从哲学的角度来讲，人的一生只需要处理好两大关系，就可以最大限度地实现人生价值，获得属于自己的成功，感受生活的美好。这两大关系就是人与自然界的关系和人与社会的关系。而处理人与社会的关系，就是处理人与人之间的关系。如果一个人能够良好地处理人与人之间的关系，我们就认为这个人拥有良好的人际关系。这里谈到的"人和"就是指良好的人际关系。

所谓人际关系，就是指人们在物质交往与精神交往中所形成的人与人之间的关系。这种关系具体指个体所形成的对其他个体的一种心理倾向及其相应的行为。人际关系的好坏反映了人们在相互交往中物质和精神的需要能否得到满足的一种心理状态。如果得到满足，彼此之间就喜欢和接近；相反，就厌恶和疏远。人际关系的亲疏还表现在人与人之间的空间距离上。心理学家霍尔就指出，人际关系不同，交往时的空间距离也不同。一般分为四种人际关系距离：亲密距离为0.5米以内，可以感到对方的体温、呼吸与气味，通常是父母与子女、恋人、夫妻之间的距离；朋友距离约为0.5米~1.2米，以便于深谈或传递细微的表情；社会距离约为1.2米~3.7米，是相识的人之间的距离，多数交往在这个距离之内；公众距离一般在3.7米以上，是陌生人之间的距离。众所周知，人类社会中人际关系是十分复杂的。有些人善于交际，有些人不善于交际；有的人吹牛拍马、讨好别人，有的人注重脚踏实地、以诚相待……而生活在世界上的人，每个人都需要别人，因此具有良好的人际关系非常重要。

人际关系包括亲属关系、朋友关系、学友（同学）关系、师生关系、雇佣关系、战友关系、同事关系及领导与被领导关系等。概括来讲，良好的人际关系大致分为四个方面：良好的家庭关系、良好的校园关系、良好的单位关系以及良好的朋友关系。

（一）良好的家庭关系

良好的家庭关系是指与家庭内部成员的和谐关系，即与父母的和谐关系，与兄弟姐妹的和谐关系，夫妻之间的和谐关系以及与孩子的和谐关系等。

（二）良好的校园关系

良好的校园关系是指与校园内部成员的和谐关系，即师生间的和谐关系，同学间的和谐

关系等。

（三）良好的单位关系

良好的单位关系是指与单位内部成员的和谐关系，即与领导的和谐关系，与同事的和谐关系以及与下属的和谐关系等。

（四）良好的朋友关系

良好的朋友关系是指性格相近、情趣相投的人之间的和谐关系，即与同甘共苦的人的和谐关系，与志同道合的人的和谐关系，与情趣相投的人的和谐关系等。

二、培养人和意识对成才的重要意义

古人云："天时不如地利，地利不如人和。"培养"人和"意识，对于一个人的成功、成才有着重要的意义。

美国前总统罗斯福说："成功的第一要素也就是首要因素，就是要懂得并学会如何搞好人际关系。"美国的一项企业调查印证了罗斯福这句话的正确性。

一个调查机构向 2000 多位来自不同地区、不同行业的雇主进行问卷调查，内容是，"请贵公司查阅最近解雇的 3 名员工的详细资料，然后回答下面的问题：请问，3 名员工因为什么被解雇。"调查的统计结果显示，2/3 的雇主认为："他们是因为与别的员工相处不好而被解雇的。"

卡耐基是美国成功学大师，他经过长期的观察与研究得出了这样的结论："一个人的专业知识，在他个人成功中所起的作用只占 15%，剩下的 85% 则取决于他良好的人际关系。"美国石油大王洛克菲勒说："如果能获得与人相处的本领，我愿意用任何代价去进行交换。"

小亮是一家国有企业的新员工，工作不到一年就几次提出要辞职。"小亮当初是由于技术能力强才被录取的，他不仅写得一手好字，还有较强的钻研精神。如果他好好干，会有好前途的。真不知道他为什么要辞职。"小亮的经理略带惋惜地说。听说小亮要辞职，同事也都很吃惊。后来经了解，小亮几次辞职的原因在于：小亮性格内向，不爱与人交流，甚至认为别人都看不起自己，别人在自己面前都很虚伪。久而久之，小亮觉得在单位工作让自己喘不过气来，所以他想逃离这个地方！

一个人如果不能营造良好的人际关系，就如同脱离了社会，就会感到孤独无助，就会失去前进的动力，无法获得成功！

马克思曾说："一个人的发展取决于和他直接或间接进行交往的其他一切人的发展。"人需要交往，交往离不开人际关系。高职生从未离开学校，没有真正走上社会，所以对社会上人际关系的复杂性还认识不足。如果今后走向社会而对人际关系一无所知，那他们将无法适应未来的工作。从历届毕业生反馈的信息得知，如果没有这种心理准备，就会感觉社会与学校的人际关系落差太大，无所适从。所以，即将走上工作岗位的高职生，应培养自己良好的人际关系。实践表明，人际关系处理得很好的毕业生，他们如虎添翼，事业成功。但也有极少数人际关系处理得不太好的毕业生，尽管他们在学校成绩很优秀，但总是不能很好地发挥自己的才能。那些获得高薪或高职位或自己当老板的往往是那些全面发展、人际关系良好的毕业生，因为他们善于与人交往，善于展示自己的才华，因而获得了更多的发展机会。

总之，培养人和意识，需要一个人时刻关注并且努力营造属于自己的良好的人际关系。良好的人际关系还可以使自己学到许多新知识。正如英国作家萧伯纳所指出的："良好的人际关系不但能交流信息，还能交流思想。如果你有一种思想，我有一种思想，彼此交换，我们每个人就有了两种思想，甚至更多。"

三、培养人和意识的途径和方法

（一）学会微笑

一个人要拥有良好的人际关系，就一定要学会微笑。不论自己从事何种职业，都不能缺少微笑，所以，任何一个人都应该试着学会微笑，并利用好微笑。因为微笑不需要自己花大量的时间去学习，也不需要进行金钱上的投资，并且要领简单，容易掌握，但它的价值却是不可估量的。但是有很多人并不知道微笑这个技能的价值，他们花费了大量的时间和金钱去学习各种技能，在计算机、英语、会计等学科中也投资了不少钱和精力，却忽略微笑所存在的巨大价值。

原一平，身高仅有 1.53 米，是一个相貌平平的日本男人，却是日本历史上签下保险订单最多的人，被誉为"推销之神"。他在寿险方面的业绩连续 15 年保持着日本第一。他的成功秘诀是什么呢？

其实，原一平在当保险推销员的最初半年里，没有做成一份业务，没有签下一份保单。没有钱租房，他就睡在公园的长椅上；没有钱吃饭，他就去吃那些饭店给流浪者专门留下的剩饭。即使这样，每天清晨，只要原一平从公园的长椅上醒过来，他都会向自己所碰到的每一个人微笑示意，他给人的感觉总是热忱和充满自信的。

终于有一天，有一个经常去原一平睡觉的公园散步的大老板，提出要请原一平吃顿早餐，虽然当时原一平非常饿，但是却婉言谢绝了大老板的邀请，只是请求这位大老板买他一份保险。被原一平面对挫折仍然保持快乐生活的精神状态所感动，大老板不仅自己买了保险，还把原一平介绍给他在商界中的很多朋友。就这样，原一平凭借自己真诚而自信的微笑赢得了自己的第一份保单，更是凭借这一招牌微笑，感染了所有与他接触过的人，成为日本的"推销之神"。

发自内心的微笑能够传达自己的真诚与友善。发自内心的微笑能够让每一位接触到自己的人受到感染，甚至是感动。发自内心的微笑能够保障自己具有良好的人际关系，它是"人和"的基础。

（二）习惯赞美别人

林肯说："每个人都希望被欣赏，人类深层的特质是渴望被欣赏。渴望感到自己很重要，是动物和人的区别之一。人类存在的最强烈的愿望就是能受到别人的喜爱。"

赞美和鼓励是推动一个人进步的重要力量，也是一个人内心深处的人性需求。在这个世界上，人人需要赞美，人人喜欢赞美。正如西方一句谚语所说的："赞美好比空气，人人不能缺少。"每个人都渴望被重视、被赞美，从业者掌握了一定的赞美技巧，不但能在工作中帮助自己谈成一笔大单子，还能改善人际关系，也让自己在生活中受益匪浅。

别人的脸是自己的一面镜子，反射了自己脸上的表情。在人际交往中，人们都有保持心理平衡的需要。你怎么看待别人，别人就会怎么看待你。如果你对别人有消极的看法，那么，这种看法就会无意识地表现出来，当对方从你的语言或非语言中觉察到消极信息后，也会对你做出同样的反应。事实上，你对别人的态度和别人对你的态度是一样的，我们往往能从别人的脸上读到自己的表情。可见，对于自己不喜欢的人，一句赞扬要比一句埋怨更有效。给予人真诚的赞扬，体现了对人的尊重、期望与信任，有助于增进彼此间的了解和友谊，博得别人对自己的好感，是协调人际关系的好方法。

赞扬别人是承认他人价值的最好体现，认同是每个人的心理需要，打动他人最好的方式就是真诚的欣赏和善意的赞许。我们应闭上带刺、挑剔的眼睛，用欣赏的、快乐的眼光去看待别人，用真诚去关爱别人，用优美的词汇去赞扬别人，让自己变成一个有修养的人。

（三）宽容

宽容即允许别人自由行动或判断，耐心而毫无偏见地容忍与自己的观点或公认的观点不一致的意见。俗话说"宰相肚里能撑船"，意在告诉我们要做大事的人，心怀一定要宽广，也只有心怀宽广的人才可能做大事！

1754 年，在弗吉尼亚州议员的选举中，时任上校的华盛顿因为和威廉·佩恩支持的候选人不同而产生矛盾。

有一天，他们两人碰面后就展开唇枪舌剑，情急之中，华盛顿说了一些过头话冒犯了佩恩。佩恩顿感受到了侮辱，火冒三丈，一拳将华盛顿击倒在地。华盛顿的部下围上来要教训佩恩时，华盛顿忽然清醒过来，劝阻部下一起返回了营地。

第二天，华盛顿约佩恩到一家酒馆见面，解决昨天的事情。佩恩赶到酒馆时，一见到华盛顿就傻眼了。华盛顿没带一兵一卒，也没带决斗的长剑或手枪，而是一副绅士装扮，见佩恩进来便迎上前去握手，并真诚地说："佩恩先生，人不是上帝，不可能不犯错。昨天的事是我对不起你，不该说那些伤害你的话。不过，你已经采取了挽回自己面子的行动，也可以说是我已为我的错误受到了惩罚。如果你认为可以的话，我们把昨天的不愉快统统忘掉，在此碰杯握手，做个朋友好吗？我相信你不会反对的。"

佩恩听了万分感动，他紧紧握着华盛顿的手，热泪盈眶地说："华盛顿先生，你是个高尚的人。如果你将来成了伟人，我将是你永久的追随者和崇拜者。"

就这样，一对完全有可能成为仇敌的人做了朋友。同时，被佩恩言中，后来华盛顿果然成了美国人民世代崇敬的伟人，佩恩也至死都跟随着华盛顿。

让我们放开胸怀，去宽容别人吧。这样做，我们就会发现自己脚下的路越来越宽！

第二节　培养时间管理意识

本节将从时间管理的角度，介绍时间管理意识的相关内容，即时间管理的概念、时间管理的误区和时间管理的原则。本节希望能够让高职生认识到时间管理对于一个人事业的重要性，进而让高职生真正具备时间管理的职业意识，迈向事业的成功！

一、时间管理的概念

（一）时间的含义

世界几乎全面地在进步，但我们一天还是只有 24 个小时。成功和失败的人一样，一天都只有 24 个小时，但区别就在于他们每天如何利用自己所拥有的 24 个小时。那么时间究竟是什么呢？

有的哲学家这样说："时间是物质运动的顺序性和持续性，其特点是一维性，是一种特殊的资源。"

要想真正地了解时间并且管理时间，就一定要了解时间的四个独特性：

（1）无法弹性供给。时间的供给量是固定不变的，在任何情况下不会增加，也不会减少，每天都是 24 个小时，所以无法开源。

（2）无法蓄积。时间不像人力、财力、物力和技术那样可以被积蓄储藏。不论愿不愿意，我们都必须消费时间，所以无法节流。

（3）无法取代。任何一项活动都有赖于时间的堆砌。这就是说，时间是任何活动所不可缺少的基本资源。因此，时间是无法取代的。

（4）无法失而复得。时间无法像失物一样失而复得。它一旦失去，则会永远失去。花费了金钱，尚可赚回，但倘若挥霍了时间，任何人都无力挽回。

（二）时间管理的含义

时间管理就是指用最短的时间或在预定的时间内，把事情做好。由于时间具备四个独特性，所以时间管理的对象不是"时间"，而是指针对时间进行的"管理者的自我管理"，即管理者必须抛弃陋习，引进新的工作方式和生活习惯，包括要订立目标、妥善计划、分配时间、权衡轻重和权力下放，加上自我约束、持之以恒才可提高效率，事半功倍。因此，时间管理也可以说是时间方面的自我管理。

如果银行每天早晨向你的账号拨款 8.64 万元，你在这一天可以随心所欲，想用多少就用多少，用途也没有任何的规定，条件只有一个：用剩的钱不能留到第二天再用，也不能结余归自己。前一天的钱你用光也罢，分文不花也罢，第二天你又有 8.64 万元。请问：你如何用这笔钱？

天下真有这样的好事吗？是的，你真的有这样一个户头，那就是"时间"。每天每一个人都会有新的 8.64 万秒进账。

那么面对这样一笔财富，你打算怎样利用它们呢？选择一：自己没有时间规划，总是让别人牵着鼻子走。选择二：自己试图掌握时间，却不能持之以恒。选择三：自己的时间管理状况良好。选择四：自己是值得学习的时间管理典范。高职生应该尽量学会管理时间，通过日积月累尽早成为时间管理的典范。

二、时间管理的误区

（一）工作缺乏计划

查尔斯·史瓦在担任伯利恒钢铁公司总裁期间，曾经向管理顾问李爱菲提出这样一个不

寻常的挑战："请告诉我如何能在办公时间内做妥更多的事，我将支付给你任意的顾问费。"李爱菲于是递了一张纸给他，并对他说："写下你明天必须做的最重要的各项工作，先从最重要的那一项工作做起，并持续地做下去，直到完成该项工作为止。重新检查你的办事次序，然后着手进行第二项重要的工作。"

数星期后，史瓦寄了一张面额 25 000 美元的支票给李爱菲，并附言她确实已为他上了十分珍贵的一课。伯利恒钢铁公司后来之所以能够跃升为世界最大的独立钢铁制造商，据说是起因于李爱菲的那几句真言。

尽管计划的拟订能给我们带来诸多的好处，但我们有的时候从来不做或是不重视计划，原因不外乎以下几条：

（1）因过分强调"知难行易"而认为没有必要在行动之前多做思考。

（2）认为不制订计划也能获得实效。

（3）不了解制订计划的好处。

（4）计划与事实之间极难趋于一致，故对计划丧失信心。

（5）不知如何制订计划。

高职生即将要踏上职业化的道路，成为一个强调实效性的职业人士，不应该把以上原因当作工作中的借口，为什么呢？

（1）固然有些事情是易行而难料的，但若过分地强调这一点，则有可能养成一种"做了再说"或"船到桥头自然直"的侥幸心理。试问：在房子燃烧的紧要关头，消防队员是应该立刻拿起水龙头或灭火器进行抢救，还是应花费少许时间判别风向、寻找火源、分派工作，然后再进行抢救？

（2）不制订计划的人只是消极地应付工作，他将处于受工作摆布的地位；制订计划的人则是有意识地支配工作，处于主动的地位，且工作效率较高。

（3）由于目标中拟定假设的客观环境发生变动，计划与事实常常难以趋于一致，所以我们必须定期审查自己的目标与计划，做出必要的修正，寻找最佳途径。但如果我们没有计划的引导，则一切行动将杂乱无章，最终走进死胡同。

综上所述，工作缺乏计划，将导致如下恶果：

（1）目标不明确。

（2）没有进行工作归类的习惯。

（3）不能按事情的轻重缓急进行排序。

（4）没有时间分配的原则。

所以，制订计划，一步一步按照次序完成，才能实现有效的管理时间。

（二）时间控制不够

如果我们一直处于迟钝的时间感觉中，换句话说，当我们觉得时间可有可无，不愿面对工作中的具体事务，沉溺于"天上掉馅饼"的美梦中时，那就需要好好反省自己了。因为我们随时在丧失宝贵的机会，随时可能被社会所淘汰！

拖延商数的测验，可以对自己的时间控制能力做出评判。

拖延商数测验：请据实选择最切合自己的答案。

（1）为了避免对棘手的难题采取行动，我于是寻找理由和借口。

    A. 非常同意　　　　B. 略表同意　　　　C. 略表不同意　　　　D. 极不同意

（2）为使困难的工作能被执行，对执行者施加压力是必要的。

    A. 非常同意　　　　B. 略表同意　　　　C. 略表不同意　　　　D. 极不同意

（3）我经常采取折中办法以避免或延缓不愉快的事发生。

    A. 非常同意　　　　B. 略表同意　　　　C. 略表不同意　　　　D. 极不同意

（4）我遭遇了太多足以妨碍重大任务完成的干扰与危机。

    A. 非常同意　　　　B. 略表同意　　　　C. 略表不同意　　　　D. 极不同意

（5）当被迫参与一项不愉快的决策时，我避免直截了当地答复。

    A. 非常同意　　　　B. 略表同意　　　　C. 略表不同意　　　　D. 极不同意

（6）我对重要的行动计划的追踪工作一般不予理会。

    A. 非常同意　　　　B. 略表同意　　　　C. 略表不同意　　　　D. 极不同意

（7）试图令他人执行不愉快的工作。

    A. 非常同意　　　　B. 略表同意　　　　C. 略表不同意　　　　D. 极不同意

（8）我经常将重要工作安排在下午处理，或者带回家里，以便在夜晚或周末处理它。

    A. 非常同意　　　　B. 略表同意　　　　C. 略表不同意　　　　D. 极不同意

（9）我在过分疲劳（或过分紧张，或过分泄气，或太受抑制）时，无法处理所面对的困难任务。

    A. 非常同意　　　　B. 略表同意　　　　C. 略表不同意　　　　D. 极不同意

（10）在着手处理一件艰难的任务之前，我喜欢清除桌上的每一个物件。

    A. 非常同意　　　　B. 略表同意　　　　C. 略表不同意　　　　D. 极不同意

评分标准：

每题答"非常同意"评 4 分，"略表同意"评 3 分，"略表不同意"评 2 分，"极不同意"评 1 分。总分小于 20 分，表示你不是拖延者，也许偶尔有拖延的习惯。总分在 21 分 ~ 30 分之间，表示你有拖延的毛病，但不太严重。总分大于 30 分，表示你或许已患上严重的拖延毛病。试着通过测试，了解自己的不足，改变拖延时间的不良习惯。

前面探讨了两个时间管理的误区，不管以前我们做得怎样，要记住：世界上所有的成就都是"现在"所塑造的。因此，我们要总结"过去"，把握"现在"，放眼"未来"。送给高职生一句话：

昨天是一张已被注销的支票，

明天是一张尚未到期的本票，

今天则是随时可运用的现金。请善用它！

三、时间管理的原则

（一）明确目标

在人生的旅途中，没有目标就好像走在黑漆漆的路上，不知往何处去。有目标才有结果，目标能够激发我们的潜能。

约翰随父母迁到亚特兰大市时，年仅四岁。他的父母只有高中学历，因此当约翰表示要

上大学时，他的亲友大多不表示支持。但约翰心意已决，最后果真成为家中唯一考进大学的人。但是一年之后，他却因为贪玩导致功课不及格而被迫退学。在接下来的六年，他过着得过且过的生活，毫无人生目标。他大半的时间都在一家低功率的电台担任导播，有时也替卡车卸货。

有一天，他拿起柯维的第一本著作《相会在巅峰》，从那时起，他对自己的看法完全改变，发现自己有不平凡的能力。重获新生的约翰，终于了解到目标的重要性。

至此，约翰一改过去的散漫态度，以信心坚定、目标明确、内心无畏的姿态，重新踏入校门。经过两年零三个月，最终他以优异的成绩取得了学位，紧接着再迈向更高的目标。如今，这个伐木工人的儿子已成为约翰博士，他还在全美发展最迅速的教会担任牧师。

美国的一份统计结果显示：一个人退休后，特别是那些独居老人，假若生活没有任何目标，每天只是刻板地吃饭和睡觉，虽然生活无忧，但他们后来的寿命一般不会超过七年。但是，对许多人来说，拟定目标实在不是一件容易的事，原因是许多人每天单是忙在日常工作上就已透不过气，根本没有时间好好想自己的将来。但这正是问题的症结所在，就是因为没有目标，每天才弄得自己没头没脑、蓬头垢面，使自己陷入一个恶性循环。另外有些人没有目标，则是因为他们不敢接受改变，与其说安于现状，不如坦白一点，那便是没有勇气面对新环境可能带来的挫折与挑战，这些人最终只会是一事无成。而且不幸的是，多数人对自己的目标，仅有一点模糊的概念，而只有少数人会贯彻这模糊的概念。

那么我们究竟该如何选择或是制定正确的目标呢？在选择或制定目标时应考虑两个方面：一是目标要符合自己的价值观，二是要了解自己目前的状况。

从严格意义上说，一个目标应该具备以下五个特征才可以说是完整的。

1. 目标具有具体可操作性

有人说："我将来要做一个伟大的人。"如果把这个目标当作一个长远目标的话，一定要将其具体化，否则就是一个不具体的目标。目标一定要是具体的，例如，自己想把英文学好，那么就订一个具体的目标：每天一定要背十个单词、一篇文章。

有人曾经做过一个实验，他把参与实验的人分成两组，让他们去跳高。两组人的个子差不多，先是一起跳过了 1 米。然后，他对第一组说："你们能够跳过 1.2 米。"他对第二组说："你们能够跳得更高。"经过练习后，让他们分别去跳，由于第一组有具体的目标，结果第一组每个人都跳过 1.2 米，而第二组的人因为没有具体目标，所以他们中大多数人只跳过了 1 米，少数人跳过了 1.2 米。这就是有和没有具体目标的差别所在。

2. 目标具有可衡量的标准

任何一个目标都应有可以用来衡量目标完成情况的标准，目标愈明确，就能提供给自己愈多的指引。例如，自己要盖一栋房子，先要在心里有个标准。房子要多大，要多少平方？是几层楼？需要多少卧室？要木头的还是钢筋混凝土的？地点在哪儿？预算是多少呢？有了这些明确的标准，才有可能顺利地盖好自己的房子。

3. 目标具有达到的可能性

不能达到的目标只能说是幻想、白日梦，太轻易达到的目标又没有挑战性。多年前在美国进行了一项成就动机的实验。15 个人被邀请参加一项套圈的游戏。在房间的一边钉上一根木棒，给每个人几个绳圈，游戏参与者要将绳圈套到木棒上，离木棒的距离可以自己选择。

站得太近的人很容易就把绳圈套在木棒上，而且很快也泄气了；有的人站得太远，老是套不进去，于是很快也泄气了；但有少数人站的距离恰到好处，不但使游戏具有挑战性，而且他们也能获得成就感。实验设计者解释这些人有高度的成就动机，他们通常不断地设定具有挑战性但做得到的目标。

4. 目标具有相关性

制定的目标应和自己的生活、工作有一定的相关性，例如一个公司的职员，整天考虑的不是怎样才能做好工作，却一心做着明星梦，又不肯努力奋斗，在一天一天消耗中丧失学习、工作的能力。不思进取、不努力提高工作业务能力的人，最终会被公司抛弃，会被社会遗弃。

5. 目标具有时间限定

任何一个目标都应该考虑时间的限定，例如，自己的目标是拿到律师证书。目标是很明确了，只是不知目标是在一年内完成，还是十年后才完成。完成目标的期限不同对自己发展的快慢影响很大。

（二）分清工作的轻重缓急

根据下面的行事次序，思考自己平时喜好用哪种方式。

（1）先做喜欢做的事，然后再做不喜欢做的事。

（2）先做熟悉的事，然后再做不熟悉的事。

（3）先做容易做的事，然后再做难做的事。

（4）先做只需花费少量时间即可做好的事，然后再做需要花费大量时间才能做好的事。

（5）先处理资料齐全的事，然后再处理资料不齐全的事。

（6）先做已排定时间的事，然后再做未排定时间的事。

（7）先做经过筹划的事，然后再做未经筹划的事。

（8）先做别人的事，然后再做自己的事。

（9）先做紧迫的事，然后再做不紧迫的事。

（10）先做有趣的事，然后再做枯燥的事。

（11）先做易于完成的整件事或易于告一段落的事，然后再做难以完成的整件事或难以告一段落的事。

（12）先做自己所尊敬的人或与自己关系密切的人所拜托的事，然后再做其他人所拜托的事。

（13）先做已发生的事，后做未发生的事。

以上的各种行事次序，从一定程度上说大致都不符合有效的时间管理的要求。我们既然是以目标的实现为导向，那么在一系列以实现目标为依据的待办事项中，到底哪些应该先着手处理，哪些可以拖后处理，哪些甚至不予处理？一般认为是按照事情的紧急程度和重要程度来判断。

运用帕累托原则，高职生可以按照事情的紧急程度和重要程度来管理自己的时间。帕累托原则是由19世纪意大利经济学家帕累托提出的，其核心内容是生活中80%的结果几乎源于20%的活动。例如，20%的客户带来了80%的业绩，可能创造了80%的利润；世界上80%的财富是被20%的人掌握着，世界上80%的人只分享了20%的财富。因此，要把注意

力放在20%的关键事情上。

图 6-1　事情的类型及处理方式

对图6-1进行解析可知：

第一象限是重要又紧急的事。诸如应付难缠的客户、准时完成工作等。这是考验我们的经验、判断力的时刻，也是需要我们用心耕耘的园区。如果荒废了，我们很可能会失去方向。但我们也不能忘记，很多重要的事都是因为一拖再拖或事前准备不足，而变得迫在眉睫。

第二象限是重要但不紧急的事。主要包括长期的规划、问题的发掘与预防、参加培训、向上级提出问题处理的建议等。如果荒废了这个领域，将使第一象限日益扩大，使自己陷入更大的压力，在危机中疲于应付。反之，多投入一些时间在这个领域有利于提高实践能力，缩小第一象限的范围。做好事先的规划、准备与预防措施，很多急事将无从产生。虽然这个领域的事情不会对自己造成催促力量，但是必须当作主支去做，这是发挥个人领导力的领域。

第三象限是紧急但不重要的事。表面看与第一象限类似，因为迫切的呼声会让自己产生"这件事很重要"的错觉——实际上就算重要也是对别人而言。电话、会议、突来访客都属于这一类。如果花很多时间在这个象限里面打转，会误以为自己是在第一象限，其实不过是在满足别人的期望与标准。

第四象限是不紧急也不重要的事。简而言之就是浪费生命，所以根本不值得花半点时间在这个象限。但我们往往在一、三象限来回奔走，忙得焦头烂额，不得不到第四象限去疗养一番再出发。这部分范围倒不见得都是休闲活动，因为真正有创造意义的休闲活动是很有价值的。然而像阅读令人上瘾的无聊小说、观看毫无内容的电视节目、办公室聊天等，这样的休闲活动不但不是为了走更长的路，反而是对身心的毁损，刚开始时也许感觉有滋有味，到后来自己就会发现其实是很无聊的。

现在不妨回顾一下上周的生活与工作，自己在哪个象限花的时间最多？请注意，在划分第一和第三象限时要特别小心，急迫的事很容易被误认为重要的事。其实二者的区别就在于这件事是否有助于完成某个重要的目标，如果答案是否定的，便应归入第三象限。

（三）合理地分配时间

穆尔于1939年大学毕业后，在哥利登油漆公司找到一份业务员的工作。当时的月薪是160美元，但满怀雄心壮志的他仍拟定了一个月薪1000美元的目标。当穆尔逐渐对工作感到得心应手后，他立即拿出客户资料以及销售图表，以确认大部分的业绩来自哪些客户。他发现，80%的业绩都来自于20%的客户，同时，不管客户的购买量大小，他花在每个客户身上的时间都是一样的。于是，穆尔的下一步就是将其中购买量最小的36个客户退回公司，然后全力服务其余20%的客户。

结果如何？第一年，他就实现了月薪1000美元的目标，第二年便轻易地超越了这个目标，成为美国西海岸数一数二的油漆制造商，最后还当了凯利穆尔油漆公司的董事长。

这个故事告诉我们应避免将时间花在琐碎的多数问题上，因为即使自己花了80%的时间，也只能取得20%的成效。所以，应该将时间投入到重要的少数问题上，因为掌握了这些重要的少数问题，自己只需花20%的时间，即可取得80%的成效。

掌握重点可以让自己的工作计划不致出现偏差。一般人很容易陷在日常琐碎的事情中；但是有效进行时间管理的人，总能确保最关键的20%的活动具有最高的优先级。

第三节 培养抗挫意识

每个人都会因生活、工作琐碎而忙碌，承受压力，经受失败，关键在于自己在失败面前，是一蹶不振、自暴自弃，还是找出原因，为成功做好准备。这是一个人能否取得成功的分水岭。

本节将从抗挫的角度，与高职生一起探讨抗挫意识的相关内容：挫折理论；培养抗挫意识的途径和方法。本节希望能够让高职生认识到抗挫意识对于一个人事业的重要性，进而真正具备抗挫的职业意识，迈向事业的成功！

一、挫折理论

（一）挫折的含义

从心理学角度分析，人的行为总是从一定的动机出发，经过努力达到一定的目标。如果在实现目标的过程中，碰到了困难，遇到了障碍，就产生了挫折。所谓挫折，是指人们在有目的的活动中，遇到无法克服或自以为无法克服的障碍或干扰，进而使其需要或动机不能得到满足。用通俗的话说，挫折就是碰钉子。挫折通常有两方面作用：从积极的方面看，挫折可以帮助人们总结经验教训，促使人提高解决问题的能力，引导人们以更好的办法去满足需要，即"吃一堑，长一智"；从消极的方面来看，如果心理准备不足，挫折可能使人痛苦沮丧、情绪紊乱、行为失措，甚至会引起疾病，将大大打消人的积极性，影响人的工作效率。

（二）产生挫折的原因

产生挫折的原因是多种多样的，从总体上讲，它可以划分为外在因素和内在因素。

1. 外在因素

外在因素又称客观因素或外因，是指阻碍人们达到目标的外界事物或情境。它主要包括自然因素和社会因素两种。自然因素，主要是指个人能力无法克服的自然灾害，如雪灾洪水、地震山崩等。社会因素，主要是指个人在社会生活中所遭到的政治、经济、风俗、习惯、宗教、道德等的限制。另外，外在因素还包括组织者的管理不善，教育不力以及工作环

境中缺乏良好的设施和人际关系等。

2. 内在因素

内在因素又称主观因素或内因，是指主观因素阻碍人们达到目标而产生的挫折。它包括个人的生理因素和心理因素两种。生理因素，主要是指个人的健康状况、身高和身体上的某些缺陷所带来的限制。心理因素，主要是指个人的能力、智力、动机水平、知识经验等带来的限制。

此外，动机的矛盾和斗争状态，也是引起挫折的主要心理因素。例如，满足欲望与抑制欲望的斗争，理想与现实的斗争，个人利益与集体利益的斗争等。这些斗争如果处理不当，常常能引发个体的心理挫折。

心理挫折，通常包括想象中的挫折和事实上的挫折。其中，想象中的挫折尽管还没有构成事实，但也能影响人的行为。例如，某人参加自学考试，还没有报名就想象着自己的命运，任务重、时间紧、学习压力大，感到自己十有八九通不过考试，于是在潜意识中先产生了心理挫折。

（三）抗挫意识及其意义

人非圣贤，孰能无过。不要怕挫折，人只有经过挫折，并利用挫折，才会变得聪明。正像一位伟人所说，"错误和挫折使我们变得聪明起来。"挫折不是人生最后的句号，而是人生最大的财富。成功往往青睐的是失败过的人，不断从失败中走出的人要比从成功中走出的人辉煌得多。

抗挫就是面对挫折，抗击挫折的能力。每一个人的一生当中都会遇到各种各样的挫折，没有任何挫折的人生是不存在的。因此，提高自己的抗挫意识就具有非常重要的意义。

1. 抗挫是战胜自我的过程

对于一个人来说，阻止他成功的最大障碍就是不能战胜自己。如果一个人可以不断地战胜自己，那么他就能够不断地迈向成功。而这种不断战胜自己的过程就是不断抗挫的过程。其实，一件事情是挫折还是机遇，完全取决于每一个人看待这件事情的态度。如果我们不把令自己不快的事情看成是挫折，就能永远保持乐观态度，同时，这种乐观态度也必然帮助自己走向成功！很多时候，问题的关键并不在于会不会遇到挫折，而在于遇到挫折时，我们能不能不把它看作是挫折。抗挫的过程就是我们遇到挫折时，能发现挫折当中蕴含的机遇，并在挫折面前战胜自己、乐观面对、永不放弃、积极进取。

享有"撑竿跳沙皇"美誉的布勃卡是举世闻名的奥运会撑竿跳冠军。他曾35次刷新撑竿跳领域的世界纪录。

退役后，他接受了由总统亲自授予的国家勋章。在隆重而热烈的授勋典礼上，记者们纷纷向他提问："你成功的秘诀是什么？"

布勃卡回忆道，有一次，他照例来到训练场，在多次失败后他禁不住摇头叹息，对教练说："我实在是跳不过去。"教练平静地问："那你心里是怎么想的？"布勃卡如实回答："我只要一踏上起跳线，看到那根高悬的横杆时心里就害怕。"这时，教练一声断喝："布勃卡，你现在要做的就是闭上眼睛，先把你的心从横杆上'摔'过去！"

教练的厉声训斥让布勃卡顿时恍然大悟。他重新撑起跳竿，又试跳了一次，一项新的世界纪录就诞生了，他再一次超越了自我。布勃卡总结说："在每一次起跳前，我都会先将自己的心'摔'过横杆。这就是我成功的秘诀。"

2. 抗挫是一个人走向成功的必经之路

人们经常说：前途永远是光明的，但是道路永远是曲折的。可见，任何成功的道路上无不布满荆棘与坎坷，没有任何挫折的成功道路是根本不存在的。正如付出与得到成正比一样，挫折与成功也是成比例的。因此，必须培养自身的抗挫意识，只有这样，我们才能在挫折面前积极面对，永不放弃，发现挫折背后蕴含的机遇，走向成功！

高中毕业后，因家庭贫困未能上大学的赵某从家乡来到举目无亲的深圳。他花了一个月的时间，好不容易找到一份工作——在一家大公司做一名小小的油漆工。赵某边工作边自学，每天只睡5个小时。每天一上班，他便睁大通红的双眼，解决一个又一个的技术难题，而且还能讲出一套套的理论来。同事们看着有些亢奋的他，惊奇不已。仅仅第八天，赵某便被任命为公司的油漆队队长。

在他工作两年后，公司要调一个人到写字楼工作，第一个前提就是会电脑操作，赵某由于上过电脑培训班顺利入选。新的挑战随即开始了，赵某被任命为客户代表。一个多月时间里，赵某没有签到一个客户，但是他没有被困难吓倒，而是又开始了社交礼仪、演讲口才、顾客心理、营销策略的学习，在随后的5个月时间里，赵某签下了高达300多万元的订单，名列公司第一位。

因为在每个岗位都能焕发光彩，赵某逐渐受到重用，进入事业的平稳发展期。他先后在公司里担任工程监理、工程部经理、客服中心经理等重要职务。

失败说：挫折是成长路上永远翻不过去的山，因为翻过一座山，前方又会有另一座山。

懦弱说：挫折是成长路上的一片荆棘地，会把人扎得遍体鳞伤。

沮丧说：挫折是被击倒后的眩晕，让人失去了信心，迷失了前进的方向。

坚强说：挫折是山，翻过它，就可以见到成功的大海。

勇敢说：挫折是荆棘，拿出胆量劈开它，面前会出现更广阔的大道。

胜利说：挫折是海中的礁石，不遇见它，永远激不起成功的浪花。

成功，需要挫折和抗挫的勇气与能力！

二、培养抗挫意识的途径和方法

(一) 积极乐观的心态

玛丽的丈夫是一名军人，他的连队驻扎在一个沙漠里，玛丽便随丈夫一起去了沙漠。因为玛丽的丈夫奉命要到沙漠里去演习，所以玛丽经常一个人在陆军的小铁皮房子里。没有几天，玛丽就受不了了。她给父母写信说自己待不下去了，准备回家了。不久玛丽就接到了父亲的回信。父亲在信中说："有两个犯人在监狱里，他们从铁窗向外望。一个人看到的是泥土，另外一个人看到的是星星。"

玛丽开始改变自己的态度，她开始积极地和当地人交朋友。虽然语言不通，但并没有妨碍他们之间的交流。玛丽逐渐对当地人的纺织品、陶器等产生了兴趣，还对沙漠中的仙人掌和其他植物产生了兴趣，并且学习了很多有关土拨鼠的知识。玛丽再也没有感觉到寂寞，她与人聊天、研究植物、观看日落、寻找海螺壳……以前认为一刻也不能待下去的沙漠现在变成了令她流连忘返的快乐天堂。

人们经常说："世界上并不是缺乏美好的东西，而是缺少发现美的眼睛。"事情本身并无好与坏之分，事情的好与坏完全取决于我们看待它们的态度，以及在这种态度影响下产生的行为。快乐也是一天，不快乐也是一天，为什么我们要不快乐地生活呢？

米契尔 46 岁时，一次意外的机车事故，使他 65% 的皮肤被烧坏了，自己都辨认不出自己了：手脚成了肉球，面部恐怖，做了 16 次手术，术后的他依然不能自理。但是，他很快从挫折中走了出来，与朋友合资开了一家炉子公司，经过不懈地奋斗，他成了一个百万富翁，这家公司后来成了佛蒙特州第二大私人公司。后来他置办了房地产、一架飞机和一家酒吧。

机车事故发生后的第四年，米契尔用肉球般的手学会了驾驶飞机，但不幸的是飞机升空后，突发故障，他同飞机一起摔了下来。这一次事故让米契尔面临着瘫痪的现实，因为他的脊椎被摔成了粉碎性骨折。人们看到他的样子，都很难过，但他却说："现实成了这样，我无法逃避，所以要乐观接受。虽然我不能行动，但我还有健全的大脑，还有一张可以帮助别人的嘴。"瘫痪的身体并没有使米契尔放弃希望，经过不懈地努力，他被选为科罗拉多州孤峰顶镇的镇长，后来又被选为国会议员。

米契尔的乐观精神让他在一次次跌倒后又一次次成功地站了起来。什么是成功者？成功者就是面对困难与挫折时，所有的人都被打趴下了，只有你还能站起来！

对于一个对生活永远充满希望的乐观的人来说，再困难的事情也能解决。

（二）永不放弃的信念

永不放弃的信念是战胜困难的支柱，是理想和意志的融合，是精神和品格的交汇，是事业成功的阶梯，是战胜挫折的力量，是人生的幸福源泉。永不放弃的信念的力量和魅力就在于，即使自己身处逆境，也能鼓起生活的勇气。

只要永不放弃，就永远都有希望，有希望就有成功的可能。也许很多时候，很多人都认为不可能实现的事情，只要自己相信可以实现，并且为这个目标坚持不懈地去努力，就可以创造奇迹。

（三）感谢挫折的态度

感谢挫折是一种态度，是一种敢于看待挫折，正确看待成功和失败的态度。成功的经历很难成为人生的财富，因为每个人成功的模式都不相同，别人的成功之路不见得适合自己，但失败的经历却可以成为人生的财富。一个想成功的人，能够从失败中得到很多的东西：磨炼自己的意志、挖掘自身的潜力、积累经验等。成功就是要汲取以往错误决定的教训，不断地积累经验，最终做出正确的决定。高职生应该养成从挫折中学习的习惯，使其成为成功的开始。

感谢挫折必须积极作为。只有找到失败的原因，才能重新走向成功的入口。只有在做事中不断克服困难，积累新的经验，才能在危机中找寻走向成功的方法。

人生中有各种各样的机缘，有机会也有危机。机会可以造就一个人的成功，但有时，危机也是一种机遇。如果自己因为某种原因而使梦想破灭，不必悲观失望，也许，另一种成功正等着自己，因为危机就是最大的机遇。无奈的困境常常是突破自我藩篱的契机。有时自己可能不如别人了解自己的优势和劣势，自认为自己不是某一块料的时候，往往却成了这方面的天才，当自己认为自己适合做什么时，却往往难以成功。这种状况都是因为自己没有找到自我突破的契机。

在日本，冈仓天心被称为明治时期的美术之父，他是一个历经挫折的人。他在大学毕业前完成了毕业论文。然而，就在提交论文的前夕，他那位年轻的妻子癔症发作，把他苦心完成的论文投入火中，化为灰烬。一周内完成一篇大论文谈何容易！极度无奈的冈仓天心只好改弦易辙，重新构思了一篇。这是一篇有关美术方面的论文。令人意外的是，这篇论文获得了极高的评价。这一意外的事件，使冈仓天心成了一个美术评论家，并且走向了辉煌。

我们应感谢挫折。人生的胜利不在于一时的得意，而在于谁是最后的胜利者，没有走到生命的尽头，谁也无法说到底是成功了还是失败了。伟人之所以能成为伟人，是因为他们往往经历了常人所没有经历过的挫折，并且战胜了它，才获得了突出的成就。温室里的花朵永远经受不了野外的暴风雪，只有高高挺立的松柏才能四季常青。

第四节　培养创新意识

【案例】<center>打破思维定势</center>

烟草公司为了开发新的市场，派了一名销售员去海湾旅游区，要在那儿打开"皇冠牌"香烟的销路。但是，海湾旅游区的香烟市场早被其他烟草公司的牌子所占领。推销员冥思苦想，但还是无计可施。一次，他正在海湾旅游区走动，发现有一个写着"禁止吸烟"的牌子，于是推销员有了主意。回到旅馆后，他就找人制作了多幅大型广告牌，每个广告牌上都写着"禁止吸烟"的大字，但在下面却别出心裁地加上了一行字："'皇冠牌'也不例外。"结果，禁止吸烟的广告牌大大引起了游客的注意，同时皇冠牌的香烟也引起了他们的兴趣。于是，游客们竞相购买"皇冠牌"香烟。自此，这个推销员为公司打开了销路，开辟了新的市场。

【点评】 当一个人能够打破自己的思维定势，细心观察发生在身边的事情时，就能创造性地打开自己的思维方式，完成创新！只有一个人具有创新的意识，才能使自己的事业获得突破性的进展，使自身获得成功的喜悦与满足！

本节将从创新的角度，与高职生一起探讨创新意识的相关内容：创新意识的概念及其分类；培养创新意识的途径和方法。本节希望能够让高职生认识到创新对于一个人事业的重要性，进而真正具备创新的职业意识，迈向事业的成功！

一、创新意识的概念及其分类

创新意识是指人们根据社会和个体生活发展的需要，产生创造前所未有的事物或观念的动机，并在创造活动中表现出意向、愿望和设想。它是人类意识活动中的一种积极的、富有成果性的表现形式，是人们进行创造活动的出发点和内在动力，是创造性思维和创造力的前提。创新意识包括创新动机、创新兴趣、创新情感和创新意志。创新动机是创新活动的动力因素，它能推动和激励人们开展和进行创新性活动。创新兴趣能促进创新活动的成功，是促使人们积极探求新奇事物的心理倾向。创新情感是引起、推进乃至完成创新活动的心理因素，只有具有正确的创新情感才能使创新活动成功。创新意志是在创新活动中克服困难、冲

破阻碍的心理因素，创新意志具有目的性、顽强性和自制性。

创新意识的主要表现是思想活跃、不因循守旧、富于创造性和批判性、敢于标新立异、具有独树一帜的精神和追求。只有具备强烈的创新意识，才敢想前人没想过的事，才敢创前人不曾创成的业。

二、培养创新意识的途径和方法

（一）打破固有的思维模式

一个人要创新，首先要打破固有的思维模式，也就是打破思维定势。因为一个人长期按同一种思维模式进行思考和解决问题，就形成了固定的模式。其实生活中有时候存在的很多问题，只要从固有的思维中跳出来，很快就能解决，但是对那些不能从固有思维模式中跳出来的人来说，却成了永远解决不了的难题。

逃生专家胡汀尼练就一手绝活：无论多么复杂难开的锁，他都能在极短的时间内打开。胡汀尼曾定下一个富有挑战性的目标：在60分钟之内，从被锁住的地方逃脱出来。

有一个英国小镇的居民得知，决定向他挑战。他们打制了一个特别坚固的铁笼，和一把看上去非常复杂的锁，请胡汀尼一试身手。胡汀尼信心十足地接受了挑战。他穿上特制的衣服，走进铁笼中，笼门"咣当"一声关上了。胡汀尼从衣服中取出自己的工具，聚精会神地开始开锁。但是，两个小时过去了，他始终没听到锁弹簧弹开的声音。最后，他精疲力尽地靠着铁门坐下来。然而，他万万没想到的是，这时笼门却顺势打开了。原来笼门上的锁根本没有锁上，只是虚挂在笼门上。

上面例子中的小镇居民就是使用了思维定势捉弄了胡汀尼这位大名鼎鼎的逃生专家。古语云："穷则变，变则通，通则达。"一句话就说出了打破固有思维的真正内涵。打破固有思维、另辟蹊径是培养创新意识的前提。

（二）别让思想成为章鱼

实验证明：章鱼的身体非常柔软，柔软到几乎可以将身体塞进任何自己想去的地方。因为没有脊椎，它甚至可以穿过一个硬币大小的洞。章鱼最喜欢做的事情，就是将身体塞进海螺壳里躲起来，等到鱼虾走近，就咬破它们的头部，注入毒液，使其麻醉而死，然后美餐一顿。它几乎是海洋里最可怕的生物之一。

但是，渔民们却用瓶子制服了它。他们把小瓶子用绳子串在一起沉入海底，不论瓶子有多么小、多么窄，章鱼见到了小瓶子，都争先恐后地往里钻。结果无往不胜的章鱼，成了瓶子里的囚徒。

是什么囚禁了章鱼？是瓶子吗？不，瓶子放在海里，不会动，更不会去主动捕捉章鱼。其实，囚禁了章鱼的，是它们自己。它们向着最狭窄的路越走越远，不管那是一条多么狭窄的路。

我们要培养创新意识，就不能让自己的思想成为章鱼，走进死胡同不能自拔，要懂得及时调整方向，把精力与时间投入到有价值的事情上面。

在生活中，人们为了一些不值得的东西而极力去争取，结果使自己越走越远，思维也越来越狭窄，思想就像章鱼一样被捆住，最后走进了死胡同，只能以失败告终。如果自己的目标不能实现，而发现了其他有价值的东西，应立即抽身，把精力与时间投入到有价值的事情上面。

（三）突破自我限制

科学家经过研究得出结论：跳蚤是动物界的跳高冠军。它所跳的高度，是自身高度的100倍以上。然而，这个动物界跳高冠军，经过试验，多次给它设置限制后，跳蚤会完全丧失跳高的能力。

科学家首先把跳蚤放在桌子上，在它的身体外罩上一个玻璃罩，用手拍桌子，跳蚤开始向上跳。第一次，跳蚤跳起来就碰到了玻璃罩，就这样，让跳蚤连续跳了很多次。慢慢地，跳蚤改变了跳起的高度，以此来适应新的环境。后来，它竟然能做到每次跳起的高度不触及罩顶。就这样，玻璃罩越来越低。最后，当玻璃罩的高度降到接近桌面时，跳蚤一跳就碰着罩子，经过多次后，跳蚤不再试图去跳了，只是在桌子上爬行。这样又过了一段时间，科学家取走了玻璃罩。但不管再怎么去拍桌子，跳蚤仍然不跳。此时，跳蚤已经在自己的经验限制中变成"爬虫"了。

"跳蚤"由动物界的跳高冠军变成了"爬虫"，是因为跳蚤失去了跳跃的能力吗？不是！跳蚤是由于遭受一次次挫折之后，慢慢失去了勇气，限制了自我，到了最后就麻木了。

跳蚤如此，人也是这样。经过很多次的挫折与限制之后，能力没有变，但勇气已被自己扼杀。就是没有了限制，限制也已经深深地扎根在潜意识中，没有再试一次的勇气。科学家把这种现象称为"自我设限"。

很多时候我们都以为自己尽了全部的努力仍然无济于事，因而有了退却的念头。可是这多半是"自我设限"，实际上自己并没有到达非要放弃不可的绝境。人的智慧是无穷无尽的，所以，当自己绝望时，不妨想一想有没有自己的思路没有触及的地方。

突破自我限制，有时候做到很难，但有时候因对一句话的领悟，就能使一个人突破自我限制，使自己具有高效思维的同时及时行动，从而获取成功。人的智慧是无穷无尽的，所以，当自己绝望时，不妨尝试突破自我限制。

（四）勤于思考

要培养创新意识，保持高效的思维，我们就要勤于思考，这样解决问题的办法才会多。只有在众多的解决办法中去选择那种更省时、省力，并且能将事情做得最好的办法，才能体现高效，才能最终实现创新。

一位提着豪华公文包的犹太人，来到一家银行的贷款部。

"请问先生，您有什么事情需要我们效劳吗？"贷款部经理一边小心地询问，一边打量着来人的穿着：名贵的西服，高档的皮鞋，昂贵的手表，还有镶着宝石的领带夹子……

"我想借点钱。""完全可以，您想借多少呢？""1美元。""当然，只要有担保，借多少我们都可以照办。"

"好吧。"犹太人从豪华公文包里取出一大堆股票、国债、债券等放在桌上："这些作为担保可以吗？""好吧，到那边办手续吧，年息为6%，只要您付6%的利息，一年后归还，我们就把这些作保的股票和证券还给您……""谢谢……"犹太富豪办完手续，准备离去时，贷款部经理不解地问"我实在弄不懂，您拥有50万美元的家当，为什么只借1美

元呢?"

"我到这儿来,是想办一件事情,可是随身携带这些票券很碍事。我问过几家金库,他们的保险箱租金都很昂贵,我知道银行的保安很好,所以嘛,就将这些东西以担保的形式寄存在贵银行了,由你们替我保管,我还有什么不放心呢!况且利息很便宜,存一年才不过6美分。"

只有勤于思考的人才能想到最好的办法,才能获得灵感,绝处逢生。古人云:"学而不思则罔""行成于思,毁于随",的确,如果对学到的知识、调查得到的情况不深入思考,就难以留下深刻的烙印,最终收效甚微。高职生要善于在实践中总结经验教训,学会运用科学发展观的理念和统筹协调的思维去观察事物、分析矛盾、处理问题,解决新形势下具体工作中所出现的新矛盾、新问题,进而使自己在工作中不断取得新的突破和进展。

实践园地

1. 自我检测表:《急迫性指数测验》

指导语:

现在请同学们做一测试,了解自己的急迫性指数。

【发放问卷】(详见教学资源)

【结果显示】

1)个人得分。

"A"总数:_____ "B"总数:_____;"C"总数:_____;总得分:_____。

(A =0分;B =2分;C =4分)

2)得分对照:0到25分属于低度急迫性心态,26到45分属于强烈急迫性心态,46分以上已经到了严重急迫性的程度。

【交流研讨】如何看待自己的急迫指数?如果自己在这个测查中某种类型得分较高,说明了什么?如果自己的某种类型得分较低,该怎么办?

2. 实践活动模型

(1)实践活动:

内容:表演小品——《创造就是酷》,模拟某记者采访芭比娃娃的制造商——马蒂尔先生的情景。

【角色模拟】

记者:您设计制造的芭比娃娃,深受世界各国小朋友的欢迎。那么,您成功的秘诀是什么?

马蒂尔:满足儿童的情感需求,满足随趋势与潮流而变化的情感需求。这就是芭比娃娃能一年又一年地永葆魅力的原因所在。

记者:您说得太好了,谢谢。

请在座的观众,也谈一谈自己对"创造就是酷"的看法。

观众1:……

观众2:……

记者:希望通过我们今天的话题,能够激发您的创新意识。观众朋友们再见。

(2)考评步骤:

1）根据提供的题目、人物、情节分组编排小品，课下排练，演出时间不宜过长。

2）紧扣"如何培养创新意识"这一主题。

3）因课上时间有限，建议用抽签方式确定 1~2 组在全班汇报表演。

4）表演组要做好准备，以备表演时向同学们展示。

5）请表演者和观看者谈一谈自己的体会。

素养训练

1. 游戏——钥匙游戏

（1）训练名称：钥匙游戏。

（2）训练目标：锻炼学生突破思维定势的创新能力。

（3）训练步骤：

第一，10 人左右为一组，将学生分成若干组。

第二，要求各小组把放在地上的两串钥匙捡起来，从队首传到队尾，并且必须按照顺序，使钥匙接触到每个人的手。

第三，看看哪一组最快。

（4）参与人数：10 人左右为一组。

（5）时间：15 分钟。

（6）场地：教室。

2. 游戏——机器人

（1）训练名称：机器人。

（2）训练目标：锻炼学生团队交流配合的能力。

（3）训练步骤：

第一，每组选出一个人扮演"机器人"，同时每个小组自行商议，选定不超过 10 个的声音信号，例如拍手代表前进、吹口哨代表停止等。

第二，商议完毕，"机器人"坐到椅子上，并且戴上眼罩。

第三，施测人员向所有游戏参与者展示每一组需要取的物品，并且将之放在平行线划定的范围内。

第四，其他小组成员站在平行线外，按组别集合在一起。

第五，施测人员宣布游戏开始，小组成员开始利用事先商定的声音信号，指挥本组的"机器人"去取物品。在这个过程中，负责指挥的小组成员与"机器人"只能通过声音信号交流。

第六，看看哪一组又快又准。

（4）参与人数：10 人左右为一组

（5）时间：15 分钟。

（6）场地：教室。在教室地上画两条平行直线，平行线之间相距 8 米。其中一条平行线上放有椅子，每个小组一张椅子。

第七章 职业形象的树立

【情景再现】 彬彬有礼的小陈

【岗位】 车间主任

【职称】 高级技工

【工作业绩】 小陈是某国有企业的车间主任，职称是高级技工。在企业工厂第一线工作10余年，他一直对工作充满了激情，也许就是这种激情感染了领导，也感染了同事，使他从一个普通的工人被提升为车间主任。同事对小陈总是有这样的评价：小陈生活朴素，穿衣整洁大方，总是笑脸迎人，和他在一起就像和家人在一起，没有距离感。任何一个和小陈交往过的人都不相信小陈是中专毕业，因为他总是那么彬彬有礼，彰显着绅士的风度！

【点评】 拥有大方得体的装扮，永远充满工作激情和了解基本的礼仪知识是小陈在同事和领导中得到好评的关键。可见，树立良好的职业形象可以帮助我们建立良好的群众基础，而这些良好的群众基础能够帮助我们取得事业的成功。

情景再现说明：拥有良好的职业形象具有重要意义。在职场中，每个人都应重视自身的职业形象。

职业形象不仅是外在的仪容仪表，更是内在的职业人格的外化，是一个人综合素养的表现。本章将从职业形象的内涵及作用、富有激情、做文明有礼的高职生和职业形象是一种无声的语言四个方面与高职生一起探讨职业形象的相关内容，希望能够让高职生认识到职业形象对于个人的重要意义。同时，本章还提供了很多培养职业形象的途径和方法，希望高职生通过这些方法的训练，能够真正提升自己的职业形象，最终取得事业的成功！

第一节 职业形象的内涵及作用

【案例】 不恰当的装扮

林某是公司的文秘，有着一头令人美慕的长发。由于长期梳着披肩的长发，林某决定换一个新发型。周末，她来到了理发店，在发型师的建议下，她决定尝试一下挑染。她挑了一个很靓的紫红色。第二天，当林某出现在公司时，总经理却把她叫到办公室，说："今天与外商的谈判你就不要参加了，先去把头发染回来，我不希望你的形象毁了公司的谈判。"林某心里很委屈，但也只好把头发恢复成原样。

【点评】 在职场上，高职生要时刻注意自身的职业形象。也许头发颜色的改变，不经意的一次迟到等，都会给自己的职业生涯造成一定的阻碍。在不同的职业环境，我们要注意打造适合的职业形象。

在强调职业发展的同时，高职生应该认识到个人的职业形象和职业素养是职业发展的关键，时刻都应该展现既职业又专业的职业形象。千万不要以为职业形象只是外在的东西，没有必要重视。高职生须知职业状态是群体中的个人状态，得不到他人广泛的认可，职业发展就会举步维艰。只有高职生将良好的职业形象展示在他人面前时，对方才会将自己当作职业人士来对待，才会有一个有益的职业交往，而形象、仪表的职业化同时也会赋予高职生更充分的自信和职业责任。

本节将从职业形象的内涵、职业形象的作用两个方面与高职生一起探讨职业形象的相关内容，希望能够让高职生认识到职业形象的重要意义，重视自己的职业形象，更好地去学习和打造自己完美的职业形象！

一、职业形象的内涵

所谓职业形象就是别人对职业劳动者的工作能力、性格特征等一致而稳定的评价。高职生展示在人们面前的应该是与人合作、整洁大方、富有激情、彬彬有礼、开朗、自信……的职业形象。渊博的知识和娴熟的技能固然重要，但是光有这些还远远不够，因为不良的个人形象或考虑欠佳的行为举止，很有可能使自己的事业毁于一旦。

职业形象不仅是外在的仪容仪表，更是内在的职业人格的外化，是一个人综合素养的表现。如果把职业形象简单地理解为外表形象，把一个人的外表跟成功挂钩的话，那么就犯了一个非常严重的错误。职业形象包括多种因素：外表形象、知识结构、品德修养、沟通能力等。如果把职业形象比做一个大厦的话，外表形象好比是大厦外表上的马赛克，知识结构就是地基，品德修养就是大厦的钢筋骨架，沟通能力则是连接大厦内部与外界的通道。

要成功就要改变性格，而改变性格应该从改变我们平时的习惯开始。而所有这些都需要通过知识的积累、品德的修养、沟通能力的锤炼来改变，最后再给这座"大厦"粘贴上漂亮的马赛克，自身的职业形象就完美了。

实际上，不管你愿意与否，你时刻带给别人的都是关于你的形象的一种直接印象。当一个人进入一个陌生的房间时，即使这个房间里面没有人认识你，房间里面的人也可以通过你的形象得出关于你的结论：经济、文化水平如何；可信任程度如何，是否值得依赖；社会地位如何，老练程度如何；家庭教养的情况如何，是否是一个成功人士。调查结果显示，当两个人初次见面的时候，第一印象中的55%是来自一个人的外表，包括衣着、发型等；第一印象中的38%来自于一个人的仪态，包括举手投足之间传达出来的气质，说话的声音、语调等，而只有7%的内容来源于简单的交谈。也就是说，第一印象中的93%都是关于外表形象的。

美国一位形象设计专家对美国财富排行榜前300位中的100人进行过调查，调查的结果显示：97%的人认为，如果一个人具有非常有魅力的外表，那么他在公司里会有很多升迁的机会；92%的人认为，他们不会挑选不懂得穿着的人做自己的秘书；93%的人认为，他们会因为求职者在面试时的穿着不得体而不予录用。

现实中也有很多这样的例子。同样是参加一个招聘会，有的人因为得体的穿着和良好的表现，在求职的过程中取得了很好的职位，而有的人因为没有注意到这一点而与机会失之交臂。所以高职生要成功，就要从打造良好的职业形象开始。

二、职业形象的作用

（一）职业形象显示职业劳动者的内涵

香奈儿说："当你穿得邋邋遢遢时，人们注意的是你的衣服；当你穿得无懈可击时，人们注意的是你"。

别人判断职业劳动者时，不光看重才华，还看职业形象。职业劳动者的外表清楚地表明他对自己的看法。几乎毫无例外，穿着体面的人总是沉着自信，而这恰恰是在工作中取胜的重要因素。

穿着干净整洁、得体大方会展示给他人自信的职业形象。作为从业者，这就意味着衬衣总是熨烫平整，皮鞋要擦亮，袖口不能磨损，纽扣不能少，指甲应该平整干净，领带不能有污渍。自豪是很可贵的品质，一个人的穿着风格表明了他自己是否为自己感到自豪。

自豪的外表需要有丰富的内涵做基础。其实人和书一样，个人的修养和内涵就等于书的内容，是非常重要的方面，但在现实繁忙紧张的生活中，人与人之间的沟通和接触可能只有几分钟到十几分钟，如果能在这么短的时间内给人留下好的印象，使人有兴趣与你交往或合作，不仅取决于得体的装扮，更得益于彬彬有礼的谈吐和文明的举止。

（二）职业形象影响个人的群众基础

要想给人以好感，建立良好的群众基础，得体地塑造和维护个人职业形象是很重要的。在正式场合下，一个人的言谈举止可以体现一个人的内在品质。许多资料都有这样的记载：握手是最普通的见面礼。握手时，男女之间由女方先伸手。男子握女子的手不可太紧，如果女子无握手之意，男子就只能点头鞠躬致意。长幼之间，年长的先伸手；上下级之间，上级先伸手；宾主之间，则由主人先伸手。握手时应注视对方，并取下手套。如果因故无法取下手套，需向对方说明原因并表示歉意。还应注意人多时不可交叉握手，女性彼此见面时可不握手。同握手的先后顺序一样，介绍两人认识时，要先把男子介绍给女子，先把年轻的介绍给年长的，先把职位低的介绍给职位高的。

服饰礼仪、职业礼仪渐渐成为职业劳动者的必修课。服饰礼仪是人们在交往过程中为了表示相互的尊重与友好，达到交往的和谐而体现在服饰上的一种行为规范。职业礼仪是在职场的人际交往中，职业劳动者以一定的、约定俗成的程序、方式来表现律己、敬人的行为规范，涉及穿着、交往、沟通、情商等内容。潘石屹是 SOHO 中国有限公司董事长兼联席总裁。他总是穿着黑衣服，戴着黑框眼镜。他认为，黑色很简单，在正式、非正式的场合都适合，尤其是同一天参加很多活动时，黑色可以以不变应万变。保持形象的连贯性也很重要，这样可以使自己具有辨识度。他的看法有一定的道理，讲究职业形象的连贯性，会给人一种稳定、诚信的感觉。

（三）职业形象决定职业劳动者的职场命运

英国著名形象设计公司 CMB 曾对 300 名金融公司决策人进行调查，结果显示，成功的形象塑造是获得高职位的关键。另一项调查显示，形象直接影响到收入水平，那些更有形象魅力的人收入通常比一般同事要高 14%。各大公司的人力资源部在招聘员工时，对应聘者的职业形象高度关注，他们认为那些职业形象不合格、职业气质差的员工不可能在同事和客户面前获得高度认可，极有可能令工作效果打折扣。

职业形象的好坏关系到事业能否成功，职业形象和个人的职业发展有着密切的关系。

首先，职业形象表达个人的人性特征特质，并且容易形成令人难忘的第一印象。而第一印象在个人求职、社交活动中会起到很关键的作用。

其次，职业形象强烈影响个人业绩。首先就是业绩型职业人，如果自己的职业形象不能体现专业度，不能给客户带来信赖感，那么所有的技巧都将是徒劳。

再次，职业形象会影响个人的晋升概率。获得上司的认可是晋升的核心要素之一，如果因为职业形象问题导致误会、尴尬甚至引发上司厌恶，业绩再好也难有出头之日。

职业劳动者最好事先了解行业和企业的文化氛围，把握好特有的办公室色彩，谈吐和举止中要流露出与企业、职业相符合的气质，在日常工作中一定要注意表现出自身的成熟，显得果断而可靠。职业形象的塑造和维护不是短时间就可以完成的，需要职业劳动者日积月累。如果喜欢微笑交流，即使打电话，对方也能听出来自己的"笑容"；如果平日办事可靠，即使低调出场，下属对自己也是信心百倍，所以良好的职业形象并不是所见即所得的"声色"外表，而是一个人行事风格的综合体现。

（四）职业形象是职业劳动者的沟通工具

商业心理学的研究发现，人与人之间的沟通所产生的影响力和信任度，是来自语言、语调和形象三个方面。它们的重要性所占比例是语言占7%；语调占38%；形象占55%，由此可见形象的重要性。而服装作为形象塑造中的第一要素，而成为众人关注的焦点。自己的形象就是自己的未来，在当今激烈竞争的社会中，一个人的形象远比人们想象得重要。一个人的形象应该为自己增辉，当职业形象成为有效的沟通工具时，那么塑造和维护个人的职业形象就成了一种投资，长期持续下去会带来丰厚的回报，让个人增值。没有什么比一个人许多内在的素养都没有机会展示就被拒之门外的损失更大了。

（五）职业形象影响组织的发展

职业形象在很大程度上影响着企业的发展，这是显而易见的。只有当一个人真正意识到了职业形象与修养的重要性，才能体会到职业形象给自己带来的机遇有多大。同时要注意交往的对象，例如，与大众传播、广告或是设计之类等需要天马行空般灵感的行业人士交往时，个人职业形象方面可以活泼、时髦些；而与金融保险或律师事务所，以及日系公司等中规中矩形象著称的行业人士交往时，则尽量以简单稳重的造型为佳。如果职业劳动者注意到了这一点，那么已经成功了一半。

总之，职业形象要达到以下几个标准：与个人职业气质相契合、与个人年龄相契合、与办公室风格相契合、与工作特点相契合、与行业要求相契合。个人的举止更要在标准的基础上，在不同的场合采用不同的表现方式，个人的装扮上也要做到展现自我，尊重他人，尊重区域文化。从职业持续发展的角度看，职业劳动者应该为自己希望从事的工作选择着装，而不仅仅是为已有的工作着装。

第二节　富有激情

激情，是一种能把全身的每一个细胞都调动起来的力量。在所有伟大成就的取得过程中，激情是最具有活力的因素。每一项改变人类生活的发明、每一幅精美的书画、每一尊震撼人心的雕塑、每一首感人的诗篇以及每一部让世人惊叹的小说，无不是激情之人创造出来的奇迹。

本节将从激情的概念及作用、点燃激情的途径和方法两个方面与高职生一起探讨激情的相关内容，希望能够让高职生认识到激情对于每一个人的重要意义。同时，本节还提供了很多培养激情的途径和方法，希望高职生通过这些方法的训练，能够真正激发在学习和工作中的激情，最终获得事业的成功！

一、激情的概念及作用

（一）激情的概念

激情是一种强烈的情感表现形式，往往发生在强烈刺激或突如其来的变化之后，具有迅猛、激烈、难以抑制等特点。人在激情的支配下，常常能调动身心的巨大潜力。

（二）激情的作用

歌德说："责任是一种耐心细致的行动，是一种把你应该做好的日常工作做到最好的充满激情的行动。"每个人都有类似的体会，当激情袭来时，我们情绪高涨，干劲十足，信心百倍，觉得自己拥有无穷无尽的力量和智慧。富有激情的人是具有高度责任心的人，听从自己内心的召唤，不因外界的干扰和一时的挫折而气馁放弃；富有激情的人是具有高度使命感的人，数年如一日，尽自己最大的努力，兢兢业业地做事，并不断地去完善、开创、拓展。激情不是空洞的口号，它体现在工作的每个细节上，体现在具体的行动中。

二、点燃工作激情的途径和方法

激情是不断鞭策和激励我们向前奋进的动力。对工作充满高度的激情，可以让我们突破困难阻碍。如果只把工作当作一件差事，或者只把目光停留在工作本身，那么即使从事自己最喜欢的工作，依然无法持久的保持对工作的激情，但如果把工作当作一份事业来看，工作不仅仅给予自己工资薪水，还能成就自己的人生，那么情况就会完全不同。

美国前教育部部长、著名教育家威廉·贝内特曾有一段叙述：

"一个明朗的上午，我走在第五大街上，忽然想起要买双短袜。于是，我走进了一家袜店，一个年纪不到17岁的少年店员向我迎来。'先生，您要什么？''我想买双短袜。'

'您是否知道您来到的是世界上最好的袜店？'他的眼睛闪着光芒，话语里含着激情，并迅速地从一个个货架上取出一只只盒子，把里面的袜子逐一展现在我的面前，让我赏鉴。

'等等，小伙子，我只买一双！'，'这我知道，'他说，'不过，我想让您看看这些袜子有多美，多漂亮，真是好看极了！'他脸上洋溢着庄严和神圣的喜悦，像是在向我启示他所信奉的宗教。我对他的兴趣远远超过了对袜子的兴趣。我诧异地望着他。我说，'我的朋友，如果你能一直保持这种热情，如果这热情不只是因为你感到新奇，或因为得到了一个新的工作。如果你能天天如此，把这种热情保持下去，我敢保证不到 10 年，你会成为全美国的短袜大王。'"

这段叙述中，少年工作时的激情令人感到惊异。刚刚进入公司的员工，自觉工作经验缺乏，为了弥补不足，常常早来晚走，斗志昂扬，就算是忙得没时间吃午饭，也依然开心，因为工作有挑战性，感受当然是全新的。

这种在工作时激情四射的状态，几乎每个人在初入职场时都经历过。可是，这份激情来自对工作的新鲜感，以及对工作中不可预见问题的征服感，一旦新鲜感消失，工作驾轻就熟，激情也往往随之湮灭。一切开始平平淡淡，昔日充满创意的想法消失了，每天的工作只是应付完了即可。既厌倦又无奈，不知道自己的方向在哪里，也不清楚究竟怎样才能找回曾经让自己心跳的激情。他们在老板眼中也由前途无量的员工变成了比较称职的员工。

有时，压力也是人们失去工作激情的原因之一。职业劳动者承担着巨大的有形或者无形的压力，同事之间的竞争、工作方面的要求以及一些日常生活的琐事，无时无刻不在禁锢着职业劳动者的心灵。于是在种种压力的禁锢之下，无精打采、垂头丧气和漠不关心扼杀了职业劳动者对事业的激情。从热爱工作到应付工作再到逃避工作，职业劳动者的职业生涯遭到了毁灭性的打击。但是，如果你在周一早上和周五早上一样精神振奋；如果你和同事、朋友之间相处融洽；如果你对个人收入比较满意；如果你敬佩上司和理解公司的企业文化；如果你对公司的产品和服务引以为豪；如果你觉得工作比较稳定；只要对以上任何一个问题，你的回答是肯定的，那么你就可以恢复工作激情。

按照美国著名激励大师博西·崔恩的建议，高职生可以从以下方面提升工作激情：

（一）自豪于自己的工作才能对工作充满激情

人们都在强调兴趣的重要性，也有很多人把兴趣当作激情的源泉。诚然，兴趣很重要，兴趣也是可以培养的。职业劳动者可能因为兴趣选择了某份职业，几个月或者几年后，就会发现，支持自己一路充满激情做下去的不再是初始的兴趣，更多的是一种责任，一种被人肯定的自豪，再有就是一份因为熟悉而产生的眷恋。所以当用没有兴趣作为工作没有激情的借口时，职业劳动者应当反思究竟是没有兴趣还是自己的惰性导致工作没有激情？

（二）不断树立新目标

任何工作在本质上都是一样的，都存在周而复始的重复。面对这些周而复始的永无休止的重复，无论谁都会有厌倦的时候。当职业劳动者对眼前的工作厌倦时，如果不改变态度，不给自己树立新的目标的话，即使那是一份让自己称心的工作，即使那是一个令所有人羡慕的工作环境，它也一样会因为一成不变而使职业劳动者无法从中获得快乐。保持长久激情的秘诀，就是给自己不断树立新的目标，发掘新鲜感。把曾经的梦想捡起来，找机会实现它，不断审视自己的工作，看看有哪些事情还没做，然后把它做完……在解决了一个个问题后，职业劳动者就会产生一些小小的成就感，这种成就感就是让激情每天都陪伴着自己的最佳良药。

（三）学会释放压力

职业劳动者无论多么喜欢自己的工作，工作多多少少也都会带给自己一些压力。面对压力，有些人一味忍受，有些人只顾宣泄。忍受会导致死气沉沉，宣泄则会带来无尽的唠叨。有压力就要发泄，不能闷在心里，更不要一味地忍，职业劳动者应该学会管理压力并科学地释放压力，减轻对工作的恐惧感，只有心情轻松了，才更容易点燃激情。

（四）不要自满

在工作中，最需要注意的就是自满情绪。自满的人不会想方设法前进，必然对工作丧失激情。如果职业劳动者满足于已经取得的工作成绩，忽略了开创未来的重要性，那么现在这个阶段的工作自然会丧失吸引力。自满会减缓职业劳动者前进的脚步，会让自己对工作丧失激情，不能沉湎于过去的成就中，当把过去的成绩当作激励自己更上一层楼的动力，试图超越以往的表现，激情就会重新燃烧起来。

（五）梦想少计划多

职业劳动者应考虑清楚有关自己理想职业的每一件事——从工作形式到工作环境，然后确定自己所追求职业的标准或目的。当确立自己的职业理想后，职业劳动者可以观察一下是否能调到自己期望的部门，或者先谋个较低的理想职务，然后找机会进修，或者找出妨碍自己日后发展的不利因素，并尽量避免不利因素的影响。

（六）把自己看作自由人

职业劳动者可以想象自己是个独立的承包者，雇主是自己的大客户，然后合理分配自己的时间，以达到不仅满足客户所需，而且还可从各方面发展自己的目的。

（七）寻找工作外的成功

职业劳动者应把自己的爱好和业务活动当作本职工作一样认真对待，并同样引以为豪。今天，许多人只把来自办公室的成绩看成真正的成功，结果这些人唯有事业春风得意时才会沾沾自喜，而一旦工作遇到麻烦，就感到羞辱不堪。如果职业劳动者把自己的兴趣爱好也能当作成功的事情一样对待，这样在工作中受挫时，也容易保持一种积极的态度。

总之，激情只能从内燃烧，而不是从外促进。职业劳动者对于工作的激情要靠自己发掘，对于工作士气要由自己负责，天下没有任何一家机构或者任何一个主管能够为自己承担这个责任。当职业劳动者觉得工作乏味时，就要从工作中寻找乐趣和惊喜，点燃心中的激情。不要怀抱着不切实际的想法，以为别人会为自己加油打气，或是给自己更刺激、更具挑战性的工作。职业劳动者得靠自己的力量，从事业生涯中获得意义。正如一位著名企业家所说："成功并不是几把无名火所烧出来的成果，你得靠自己点燃内心深处的火苗。如果要靠别人为你煽风点火，这把火恐怕没多久定会熄灭。"

美国得克萨斯州有一句古老的谚语："湿火柴点不着火。"当职业劳动者觉得工作乏味、无趣时，有时不是因为工作本身出了问题，而是因为自己的易燃点不够低。点燃心中的热情，从工作中发现乐趣和惊喜，在工作的激情中创造属于自己的奇迹吧！

第三节　做文明有礼的高职生

【案例】　　　　第一位进入太空的宇航员

1961 年 4 月 12 日，宇航员加加林乘坐"东方 1 号"宇宙飞船进入太空遨游 89 分钟，成为世界上第一位进入太空的宇航员。他是如何从 20 名宇航员中脱颖而出的呢？在确定人选前，宇宙飞船的主设计师罗廖夫发现，在进入飞船前，只有加加林一个人脱下鞋子，只穿袜子进入座舱。这个细小的举动一下子赢得了罗廖夫的好感。他觉得这个青年珍爱他为之倾注心血的飞船，于是决定让加加林执行太空飞行的神圣使命。就这样，加加林成为人类历史上第一位进入太空的宇航员。

【点评】　日常生活中，细节往往会被人所忽视，而恰恰是这些不经意中流露出来的细节，最能表现一个人的内在修养。加加林脱鞋子的举动，体现了他珍爱他人劳动成果的修养和素质，也使他成为遨游太空的第一人。由此可见，良好的礼仪可以提升个人的职业竞争力。

本节希望高职生了解礼仪的相关内容，认识到做文明有礼的高职生对于每一个人的重要意义。

一、礼仪的概述

（一）礼仪的概念

礼仪就是律己、敬人的一种行为规范，是表现对他人尊重和理解的过程和手段。礼仪的"礼"字指的是尊重，即在人际交往中既要尊重自己，也要尊重别人。古人讲"礼者，敬人也"，实际上是一种待人接物的基本要求。礼仪的"仪"字顾名思义，指的是仪式，即尊重自己、尊重别人的表现形式。礼仪是尊重自己、尊重别人的表现形式。进而言之，礼仪其实就是交往艺术，就是待人接物之道。礼仪是指受历史传统、风俗习惯、宗教信仰、时代潮流等因素影响而形成的，既为人们所认同，又为人们所遵守的，以建立和谐关系为目的的各种符合交往要求的行为准则和规范的总和。礼仪是在社会生活中约定俗成的，指导、协调人际关系的行为和活动的总和。礼仪的表现形式有：礼节、礼貌、仪表、仪式、器物、服饰、标志、象征等。总而言之，礼仪就是人们在社会交往活动中应共同遵守的行为规范和准则。

礼仪是人类为维系社会正常生活而要求人们共同遵守的基本的道德规范，是人们在长期共同生活和相互交往中逐渐形成，并且以风俗、习惯和传统等方式固定下来的。对一个人来说，礼仪是一个人的思想道德水平、文化修养、交际能力的外在表现，对一个社会来说，礼仪是一个国家社会文明程度、道德风尚和生活习惯的反映。重视、开展礼仪教育已成为道德实践的一个重要内容。

礼仪教育的内容涵盖着社会生活的各个方面。从内容上看有仪容、举止、表情、服饰、谈吐、待人接物等；从对象上看有个人礼仪、公共场所礼仪、待客与做客礼仪、餐桌礼仪、馈赠礼仪等。人际交往过程中的行为规范称为礼节，礼仪在言语动作上的表现称为礼貌。加强礼仪建设，可以使人们在"敬人、自律、适度、真诚"的原则上进行人际交往，告别不文明的言行。

礼仪、礼节、礼貌的内容丰富多样，但有自身的规律性，其基本原则有：一是敬人的原则；二是自律的原则，就是在交往过程中要克己、慎重、积极主动、自觉自愿、礼貌待人、表里如一，常常进行自我对照、自我反省、自我要求、自我检点、自我约束，不能妄自尊大、口是心非；三是适度的原则，要适度得体、掌握分寸；四是真诚的原则，要诚心诚意、以诚待人。

（二）礼仪的分类

礼仪是待人接物的行为规范。现代礼仪分得很具体，不同的领域，不同的对象，有不同的讲究，一般而论，现代礼仪大概分成五个方面：

（1）政务礼仪。政务礼仪是国家机关工作人员、国家公务员在执行国家公务时所讲究的礼仪。

（2）商务礼仪。商务礼仪是公司企业从业人员在商务交往中所讲究的礼仪。

（3）服务礼仪。服务礼仪是服务行业从业人员工作中所讲究的礼仪。

（4）社交礼仪。社交礼仪是在人际交往、社会交往和国际交往活动中所讲究的礼仪。

（5）国际礼仪。国际礼仪是国际交往时所讲究的礼仪。

（三）礼仪的作用

1. 有助于提升个人素质

内强素质，外塑形象。如果从业者时时处处都能以礼待人，那么就会使自己显得很有修养。古人有这样的话："修身齐家治国平天下。"把修身放在首位。礼仪体现于细节，细节展示个人素质。

2. 方便交往应酬

一个举止大方、着装得体的人肯定会比举止粗俗、衣着不整的人更受人欢迎，也就更容易进行交往与应酬。著名传播学家布吉尼教授提出了三 A 原则：一是接受对方，Accept。接受对方要求我们尊重差异，容纳对方的缺点，谅解对方的一般过错。"水至清则无鱼，人至察则无徒"。清澈见底的水里面不会有鱼，过分挑剔的人也不会有朋友，无法接受对方，迟早会将人际关系推向崩溃的边缘。二是重视对方，Appreciate。重视对方首先表现在欣赏对方。怎么欣赏，例如与人交往要善于使用尊称。对有行政职务的人要称行政职务，即使对方是自己的老朋友，在正规的场合也要称其行政职务，因为对方是代表单位，有决策权。也可称技术职称，就高不就低，如张教授一般不说张副教授。重视对方还表现在记住对方，每个人都独一无二，名字不能说错。三是赞美对方，Admire。赞美对方表现在发现别人的长处，恰到好处地赞美对方，即使对方是自己的好朋友，在大庭广众之下也要赞美他，即扬善于公庭，规过于私室。

二、做文明有礼的高职生

礼仪是一个人乃至一个民族、一个国家文化修养和道德修养的外在表现形式，是做人的基本要求。中华民族自古以来就非常崇尚礼仪。孔夫子曾说过："不学礼，无以立。"意思就是说一个人要有所成就，就必须从学礼开始。可见，礼仪教育对培养文明有礼、道德高尚的高素质人才有着十分重要的意义。

在当今的高职生中，部分人对应有的礼仪不重视，礼仪观念淡薄，导致思想品德滑坡。因此，深入开展礼仪教育，重塑中华民族"文明礼仪"的新形象，培养文明有礼的新一代高职生，是十分必要的。高职生学生礼仪应从以下几个方面进行：

首先，学习礼仪，要以学会尊重他人为起点。礼仪本身就是尊重人的外在表现形式，"礼仪，从话里来，话从心中来"，只有从内心尊重人，才会有得体的礼仪言行。尊重他人是人与人接触的首要态度。"刘备三顾茅庐"的故事说明只有尊重别人，才能受到别人的尊重和信赖，在事业上才能获得成功。周恩来总理一生鞠躬尽瘁，为了党和人民的事业贡献了毕生精力。每次外出视察工作，周总理离开当地时总是亲自和服务员、厨师、警卫员和医护人员等一一握手道谢。周总理是尊重他人的典范，是高职生学习的榜样。

其次，学习礼仪，要以提高高职生的自尊心为基础。自尊，即自我尊重，是希望被别人尊重的一种心理状态，是人的自我意识的表现，并以特定的方式指导人的行动，是一种积极的行为动机。正确的自尊心应表现在待人谦逊、不骄不躁。高职生在学会尊重他人时，自己也得到他人的尊重，自尊心在提高的同时，其内心的道德要求也在提高。所以，培养高职生高尚的人格，养成自尊、自爱、自律的良好品德显得尤为重要。礼仪教育可以作为动力和导向，在高职生的个体发展上发挥重要作用。

再次，学习礼仪，要重在实践。一个人的礼仪只能在言行中才能反映出来，不说不动就不能说某个人有没有礼仪。每个人都要在理解礼仪要求的基础上，敢于在日常的言行中、平时的待人接物中展现自己文明有礼的形象。一些高职生平时也知道要讲文明、懂礼貌，但在公共场合或遇到不很熟悉的人时，其礼仪规范就无法发挥，这是他们缺乏自信的表现。因此，高职生不仅要树立信心，懂得应用得体的礼仪言行，塑造良好形象，还要敢于展示一个激情有礼、自信文明的自我，并且充分利用各种场合、机会去表现自我。

第四节　职业形象是一种无声的语言

【案例】　　　　　　　独特的个人魅力和风格

香港金牌主持人"肥肥"——沈殿霞，拥有肥胖的身材，但她并没有因此而悲观绝望、自叹自怜，而是乐观豁达地面对现实，把自己活泼可爱的一面淋漓尽致地展现出来。一直以来，她的发型是洋娃娃式的小卷发，服装风格是公主裙、背心裙并装饰有颜色明快的少女式风格的蝴蝶结、小花朵，甚至眼镜也是蝴蝶形的。沈殿霞懂得挖掘和保持自己的个人魅力和风格，直至成为她自己的标志。而事实证明，她的努力成功了，她活泼可爱的形象也被广大电视观众所接受。

【点评】　良好的职业形象并不意味着一定要有苗条的身材和漂亮的面容，良好的职业形象是指每一个人都能展示属于自己的独特魅力与风格。

本节将从完美的第一印象、职业装、形体语言、自我安排井井有条和面试技巧五个方面与高职生一起探讨职业形象的相关内容，希望能够让高职生认识到这五个方面对于每一个人的重要意义。同时，本节提供了很多培养职业形象的途径和方法，希望高职生通过这些方法的训练，能够真正提升自身的职业形象，最终取得事业的成功！

一、完美的第一印象

心理学研究发现，与一个人初次会面，45秒钟内就能产生第一印象。第一印象效应又被称为"首因效应"，是指最先的印象对他人的社会知觉产生较强的影响。心理学家做过一个试验：分别让一位戴金丝眼镜、手持文件夹的青年学者，一位打扮入时的漂亮女郎，一位挎着菜篮子、脸色疲惫的中年妇女，一位留着怪异头发、穿着邋遢的男青年在公路边搭车，结果显示，漂亮女郎、青年学者的搭车成功率很高，中年妇女稍微困难一些，而男青年就很难搭到车。这个试验说明：不同形象的人会有不同的际遇。

在踏上事业道路之初，高职生应花点时间学习塑造良好形象的技能。这不是如何巧妙地掩盖自己的真实形象或明显缺点，而是有意识地注意自己的外表和举止，使外在的自我能保持整洁地走入人群。实际上，在一个人的工作环境中，树立专业形象的时机无所不在。领导、同事，以及求职面试中的面试考官，每天都扮演着自己的观众。

通过大量的分析，研究者们得以成功描绘出影响第一印象形成的因素。

（1）第一印象的形成有一半以上内容与外表有关。外表不仅是一张漂亮的面容就足够了，还包括体态、气质、神情和衣着的细微差异。

（2）第一印象的形成有大约40%的内容与声音有关。其中，音调、语气、语速、节奏都将影响第一印象的形成。

（3）第一印象的形成只有少于10%的内容与言语举止有关。

（一）修饰自己的形象

完美无缺的修饰，能使职业劳动者在任何团体中的形象大大提高。如果职业劳动者经常注意培养自己的修饰习惯，良好的修饰习惯很快就能形成。如果自己天生一个胡子脸，至少要给人一种能打点自己的印象。牙齿、皮肤、头发、指甲的状况和仪态均能反映职业劳动者的自尊程度。如果职业劳动者从头到脚修饰一新——一身裁剪得体的衣服、一头健康干净的头发、一双擦得发亮的高级皮鞋，就一定能赢得他人的尊重。

如果不注意修饰自己的形象，职业劳动者会因为不修边幅而遭到冷落。令人厌烦的形象包括：

（1）呼吸粗鲁。

（2）胡子拉碴。

（3）指甲油残缺。

（4）到处都是头皮屑。

（5）香水味太浓。

（6）肤色不健康。

（7）身体有异味。

这些形象是要避免的，职业劳动者要注意塑造整洁大方、清新自然的职业形象。

（二）注意说话方式

思考自己的说话方式，它是整体专业形象的一个重要组成部分。职业劳动者要注意三"避免"：

（1）避免说大话。

（2）避免陈词滥调。

（3）避免喋喋不休。

我们生活在一个"30秒文化"的世界中，工作质量和责任感在自己的专业形象中只占大约10%，其余部分则是外在形象和可见因素，即一个人的外表，尤其是第一印象。而说话方式在第一印象中起着重要作用，所以职业劳动者要语言规范、彬彬有礼、诚实可信。

二、职业装

塞尔弗瑞茨公司服装顾问盖伊·斯普兰萨指出："穿着的衣服给你什么样的感觉才是最重要的——这是一个生活态度的问题——衣服穿着必须舒服才行，不但身体感觉舒服，而且心情舒畅。"

精心穿戴是让别人认真对待自己的一种方法。穿着可以与众不同，但一定要和自己所从事的工作和所在的单位相协调。传统的职业服装代表着一种正式而保守的形象，男女皆宜，而女式服装比男式服装更能得到自由体现。职业装包括：

（1）深蓝色或深灰色的西装。

（2）男式衬衣、领带，或女式衬衣、围巾。

（3）深色鞋袜。

（4）精心选择的装饰。

某些单位却不鼓励这种传统的城市化着装，认为传统的城市化着装太过正式，而希望其职员的穿着更随意一点。那么对不存在明显的着装规定的单位，问题就简单了，职业劳动者只需判断是否达到了如下要求：

（1）如果自己是高级职员，那就穿得体面些。职位越高，穿着得与众不同就越显重要。

（2）如果自己是一般职员，那么不要穿那些不适于工作的服装。上司不会认为没有付给员工足够的工资，他们只会认为职工没有购置合适的服装，由此得出职工没有足够认真地对待自己的工作的结论。

（3）如果在为自己工作，那也不要胡乱穿衣。穿质量过得去的服装，让自己具有成功者的形象。

总之，在充满竞争的职场环境中，穿着得体又不失趣味，正成为职场竞争中的加分项。穿着得体并非天赋。如果职业劳动者觉得自己不善穿着打扮，不妨找个形象顾问，咨询专家们的建议。为了拥有一个较好的形象，职业劳动者必须对自己的衣柜进行投资，这等于对自己的未来进行投资。

（一）如何选择西服和套装

男性如果在较正式的环境中工作，如银行职员、律师或公司企业的高级管理人员，传统的城市化着装——西装，必不可少。这种服装也适合于与顾客见面、会谈和展示产品或服务等场合。男性至少要备3套西服，颜色以能配的中深色为宜，款式简单，细条纹或其他小花样均可，另外要6件与所有西服相配的衬衣，领带可多准备几条。

女性如果在一个周围男士都穿正式职业套装的环境里工作，一身合体的套裙是稳妥的着装方法。女性要有3件短上衣，3条短裙和8件衬衣或上装。另外一些协调相配的小饰物轮

换更替，将使自己整整一个月每天都有不同的穿着。穿套裤也是不错的选择，但过于保守。选好了外套，基本形象就定下了，再选择不同的高领衫或衬衫，和一些小装饰品，完美的职业套装就形成了。搭配好的套装看上去各不相同，可以塑造正式、友好、有条不紊、魅力四射的形象。

（二）如何选择短上衣

在非正式环境中工作的男性，如照管类工作，必备的服装则包括至少 3 件短上衣和 3 条裤子，8 件衬衣，其中有 2～3 件衬衣比较正式，以及一套西装，以备出席最正式的场合。质地较好的衬衣易于洗熨保管，也不难买到，它们应成为男性从业者的首选目标。

在绝大多数场合，女性都可以穿一件短上衣，但正式、传统的场合除外。关键在于女性选择的短上衣能让自己产生各种变化，来与不同工作场合相适应。短上衣可以穿在简单的连衣裙或衬衣外面，其款式和颜色不必很多。一件深色较正式的短上衣配一条深色短裙是最严肃的打扮。

（三）如何选择饰物

男性，一般选择一条与所有裤子都相配的上好皮腰带；素白手帕或米色全棉织巾或彩色丝巾，要与领带相映；传统款式的上等袖口链扣、雨伞、公文包、工作簿和笔记本；手表别选花哨的，这样会显得有条不紊；自来水笔要自己独有，而非办公室公用的圆珠笔。

女性，一般选择的围巾、腰带和珠宝首饰可以是传统的，也可以是耀眼的，根据自己的喜好而定。穿正式的套装时，连裤袜或长筒袜必不可少，为和短裙或鞋子相配，颜色要选浅色的或通配的深色。雨伞、坤包、手表、工作簿和笔记本应该和整体形象一致，深色、传统款式对应正式外表。

（四）如何选择便装

由于工作性质或公司的要求，有些从业者穿一身职业套装会显得没有必要或不太合适，例如幼儿园阿姨、摄影师、雕刻家或诗人，就不需要穿着职业套装。但是，以便装为主的工作服，仍然需要穿着整洁，并与所从事的工作相配。几件精心挑选的衣服，比穿了又穿的上衣或穿着有失身份的过时衣服，要强得多。

（五）记住 3 个 "A"

1. Aesthetics（美观）。职业装能衬托自己的身段和肤色，且职业装的颜色、质地、纹理彼此和谐。

2. Appropriateness（合适）。想一想要赴会的场合、时间、地点、天气、文化及要会面的人对自己的期望。

3. Attitude（状态）。穿着应尽显自己、公司和所从事的工作的状态。

三、形体语言

（一）五个 "不要" 和四个 "要"

形体语言自古以来就是一种彼此进行交流的方式，商业界已经形成了一整套包括身体的摆放、姿势、动作和面部表情在内的行为举止规范。如果自己刚进入商业领域，那就得花点时间尽快学会在不同的场合下，做出适应该场合的形体语言。自信而不自大，不过于焦虑、急切或低三下四，将显示出从业者的个人气质风度。请高职生注意五个"不要"和四个"要"。

1. 五个"不要"

（1）不要两腿交叉，将文件夹或公文包像挡箭牌一样抱在胸前，这是一种高度的防卫姿态，同时看起来也粗俗不雅。

（2）不要整理头发、抠指甲，或作若有所思状，这些都表示从业者缺乏自信或感到无聊。

（3）不要向后仰着头从鼻子底下看人，这样看起来高人一等。

（4）不要触碰别人，侵入别人的领地，这些是违反行为规范的举止。

（5）不要到处串门，令人生厌。

2. 四个"要"

（1）商业化的站立姿势要将双手插在口袋里，两腿略微分开。

（2）接触到别人的视线时要友好地扬一下眉，眼睛亮一下。

（3）与人握手要坚定而不过于热情。

（4）要尽量不做小动作，这样看起来沉着而有分寸。

（二）入退场时要自然

在入退场方面，自然为第一，最佳形象为第二。如果自己在这些方面感觉不好，那就应该试着找找原因，琢磨琢磨。问一下自己的朋友或同事，在自己感到紧张、感到放松、感到害羞或厌烦时，有什么样的表情，做什么样的动作；也可以拿家庭生活或专项训练视频做参考。

1. 不要看起来冷冰冰

求职者要让自己看起来热情积极、生机勃勃、充满活力，或者偶尔动一动、做个手势、挪个位置，这些永远都是对自己有好处的。而如果求职者全身僵硬、板着脸，也没有什么动作手势，会让人觉得自己心不在焉、害怕或控制不住自己。要预先排练几次入退场，练习怎么站，做些什么手势等。一台便携式的摄影机和几个诚实的朋友可以成为自己入退场的评价者。

2. 适时退场

求职者的退场要合适、适时。如果是站着的，不要说完了坐下来，毁了自己的最佳形象。如果是坐着的，不要边说边站了起来。先站起来再道别会给人留下更深的印象。

四、自我安排井井有条

不管从业者有多出色，在如何安排自己每天的活动上，许多地方稍不注意就有可能损坏自己的形象。一般情况下，从业者会有一张属于自己的办公桌或工作台，而对这一块地方收拾得如何，会提高或降低自己的专业形象。如果必须与人合用一个工作台，那就要小心不要侵犯了别人的空间。要做到自我安排井井有条，需注意以下几点：

（1）经常翻看备忘录。时常翻看备忘录，把工作的先后顺序安排好；把未完成的工作

及时处理；将所有来电、来访者登记下来，写上日期；在每件已经完成的工作项目前，用不同颜色的笔打钩。

（2）留出点时间思考自己当前的工作量和未来的计划。如果自己感到时间总是不够用，要做到这点比较困难，但最好还是挤出点时间来。

（3）准备一个手提包，装上文件和一天必需的所有东西。如果早上时间比较紧张，就在前一天晚上准备妥当。

（4）每天快下班前整理自己的办公桌。工匠在干完活后会收拾工作台，把工具放整齐，并检查一下第二天要使用的材料。如果自己整天与木材、金属或织物在一起，就会知道摆放常用工具，对干好第二天的工作将有多大好处。这种整理工作不但是一天工作结束的象征，同时也能带给自己一个有良好开端的早晨。

（5）如果自己经常离开办公室，就需要安装一个录音电话，并告诉某个人自己在哪里以及有紧急事务时的联络方法。

总之，学会安排自己的工作并不意味着生活在束缚之中，它只不过是将职业劳动者的细致周到的礼仪规范展示出来。

五、面试技巧

高职毕业生处理面试这一问题时要做好充分的准备，事先花足够的时间思考、计划并准备自己的应试策略和预先排演。因为能否被录取取决于面试的表现，所以在积极思考对策和预先排演上下点功夫是值得的。之后高职毕业生将被约见，来检验以下的能力：

（1）判断自己究竟是否"合适"。

（2）检验自己的自信程度，是否因紧张而失态。

（3）观察你是否能成功地推销自己。

为了面试时展示最好的自己，参加面试前的第一步工作，是做好以下几个方面：

（一）准备工作

简单写几句话，陈述面试的意图，并经常提醒自己。准备介绍自己的文字材料、个人简历，以及自己适合这份工作的理由。陈述要实事求是，不自吹自擂，并举些实例来增加陈述的可信度。不妨试试用这样的话开头："我有个很好的名声，那就是……"

（二）制订计划

想一想自己要从面试中得到什么。就面试准备和对策研究做出书面计划。对面试当天也要制订计划，以免跌跌撞撞地前往或丢三落四。安排好交通出行方式。

（三）对策研究

对于应聘单位试着多了解一点：应聘单位的声誉如何？财政状况如何？谁是面试官？面试时间将会持续多久？面试时间和地点？设计一条前往面试地点的最佳路线。如果面试中还包括做一段演示，那就检查一下自己准备的声像设备是否完好。

（四）预先排练

练习用 2 分钟时间介绍自己，按每分钟 120 个字的平均速度计算，自己可以讲 240 个字，这足以让自己做出清楚而精确的表达了。练习如何在讲 30 秒后就表达出中心意思。练习简短生动地讲述自己的经历，但不要夸大或淡化自己的成功得意之处。对自己的失误要诚实，但也要清楚地说明自己从中得到了什么教训。练习不要太多，只要能使自己对要说的话较为熟悉即可，这样在面试时自己会感到很舒服，听起来也自然而然。

另外，面试时还要注意的事项有：

（1）提前到达。

（2）准备一个文件夹，带上所有必备文件和一支笔。

（3）熟悉履历，对自己准备的材料要熟悉。

对下面这些问题要提前做好准备：

（1）你应聘本单位的原因是什么？

（2）如果给你 5 年时间，你想干点什么？你又有什么技能、资格、经验有助于你实现这一目标？

（3）有些同学去读续本了，你为什么不去呢？

面试时，要掌握的方法有：

（1）面试时要观点鲜明，并提出自己独立的见解。

（2）要认真准备专业或职业领域中应了解的问题。

（3）注意倾听，时刻准备回答问题。

（4）充满自信。因为具备良好的心理素质将会使自己感觉自然、充满自信，展示自己的优势。

其实面试是一个展示自己才能的极好机会，一定要珍惜！

总之，做好充分的准备，展示热情大方、诚信有礼、稳重得体、坚毅顽强、认真负责的职业形象，是高职毕业生走向成功的前提和保障。

实践园地

1. 自我检测表：《测测自己的职场气质》

如果看舞台剧迟到了，自己最有可能是下列哪种表现呢？选择一种，由此来判断自己属于哪种职场气质。

A. 面红耳赤地与检票员争吵起来，径自跑到自己的座位上去，并且还会埋怨剧院时钟走得太快了。

B. 明白检票员不会放自己进去，不与检票员发生争吵，而是悄悄跑到楼上另寻一个地方看表演。

C. 检票员不让自己进去，便想反正第一场戏不太精彩，还是暂且到小卖部待一会儿，等幕间休息再进去。

D. 对此情景感叹自己老是不走运，偶尔来一次剧院，就这样倒霉，接着就垂头丧气地回家了。

评价标准：

选择 A：倾向胆汁质；选择 B；倾向多血质；选择 C：倾向黏液质；选择 D：倾向抑郁质。

【结果显示】

1）个人选择：_____。

2）结果对照：了解自己的职场气质类型。

【交流研讨】如何看待自己的气质类型？

2. 实践活动模型

交流研讨：

1）谈谈如何处理好同学关系。

2）结合自身实际说明与人沟通的方法。

素养训练

1. 训练——进入面试间

按下列程序，练习进入面试间：

抬头——呼气——沉肩——步入——停顿——扫视——目光交流——微笑——握手——问好——坐下。

2. 训练——服饰搭配

训练步骤：

第一，教师根据学生的专业，安排学生准备好若干场合服饰（上学、面试、工作、会见客户、单位联欢会、休闲等），并请学生进行着装表演，然后逐一说明服饰搭配所涉及的礼仪知识。

第二，男生准备几件衬衣和几条不同颜色、花色的领带，女生准备几块不同颜色的布料。

第三，男生学配色和打领带，女生讨论不同肤色、气质、容貌的同学适合什么颜色的服饰并用准备的布料进行搭配。

3. 训练——仪容仪表

训练步骤：

第一，根据所学专业及将来可能就业的岗位，分组收集资料（文字、图片），进行社会观察，总结本行业仪容仪表规范的特点。

第二，按照行业仪容仪表的要求，两个人一组反复进行训练、互查。

参 考 文 献

［1］蒋乃平．高等职业院校学生职业指导［M］．北京：中国劳动社会保障出版社，2005.

［2］徐飚．职业素养基础教程［M］．北京：电子工业出版社，2009.

［3］经理人培训项目编写组．培训游戏全案：拓展（钻石版）［M］．北京：机械工业出版社，2014.

［4］赵北平，雷五明．大学生生涯规划与职业发展［M］．武汉：武汉大学出版社，2006.

［5］国家职业分类大典修订工作委员会．中华人民共和国职业分类大典［M］．北京：中国劳动社会保障出版社，中国人事出版社，2015.

［6］布瑞斯·巴勃．没有任何借口［M］．刘阿钢，史茨译．北京：中国社会科学出版社，2004.

［7］刘佳辉．低调做人高调做事［M］．北京：中国长安出版社，2008.

［8］林少波．你有多少问题要请示［M］．北京：石油工业出版社，2010.

［9］韩荣华．新学习革命［M］．上海：上海三联书店，2008.

［10］邱庆剑．忠诚胜于能力［M］．北京：机械工业出版社，2005.

［11］阿尔伯特·哈伯德．把信送给加西亚［M］．路军译．北京：企业管理出版社，2002.

［12］宿春礼，周韶梅．责任胜于能力［M］．北京：石油工业出版社，2006.

［13］祝九堂．职业长青：优秀员工的 7 个职业习惯训练［M］．西安：陕西师范大学出版社，2005.

［14］汪中求．细节决定成败Ⅱ［M］．北京：新华出版社，2007.

［15］吴甘霖．空杯心态［M］．北京：中国城市出版社，2008.

［16］邹建伟．成就职业人生的好习惯［M］．合肥：中国科学技术大学出版社，2007.

［17］李泽尧．执行力．广州：广东经济出版社，2008.

［18］余世维．有效沟通Ⅱ［M］．北京：北京大学出版社，2009.

［19］纲目．现代管理"五常法则"［M］．北京：中信出版社，2002.

［20］姚皓然．每天学点人际关系学：影响你一生的人际关系学全书［M］．北京：九州出版社，2009.

［21］李三支．职业意识训练——认知职场［M］．北京：北京大学出版社，2003.

［22］杨雯，杨玉柱．华为时间管理法［M］．北京：电子工业出版社，2010.

［23］赵静．永远向不可能挑战［M］．郑州：海燕出版社，2008.

［24］爱德华·德·博诺．六项思考帽［M］．冯杨译．太原：山西人民出版社，2008.

［25］林洁．职业形象塑造［M］．北京：中国水利水电出版社，2009.

［26］李国龙．奏响步入职场的序曲：职业院校学生实习指导读本［M］．北京：高等教育出版社，2006.

［27］未来之舟．求职礼仪手册［M］．北京：海洋出版社，2005.

［28］劳动和社会保障部培训就业司，职业技能鉴定中心．国家职业标准汇编：第一分册

[M]. 北京：中国劳动社会保障出版社，2003.

[29] 劳动和社会保障部培训就业司. 国家职业标准汇编：第二分册 [M]. 北京：中国劳动社会保障出版社，2004.

[30] 张树桂. 职业分类介绍 [M]. 杭州：浙江教育出版社，1991.